スバラシク実力がつくと評判の

量子力学

キャンパス・ゼミ

大学の物理がこんなに分かる！単位なんて楽に取れる！

馬場敬之

マセマ出版社

◆ はじめに ◆

みなさん，こんにちは。**マセマ**の**馬場敬之(ばばけいし)**です。**大学数学「キャンパス・ゼミ」シリーズ**に続き，**大学物理学「キャンパス・ゼミ」シリーズ**も多くの方々にご愛読頂き，大学物理学の学習の新たなスタンダードとして定着してきているようです。

そして今回，『**量子力学 キャンパス・ゼミ 改訂6**』を上梓することが出来て，心より嬉しく思っています。これは，量子力学についても，**本格的な内容を分かりやすく解説した参考書**を是非マセマから出版して欲しいという沢山の読者の皆様のご要望にお応えしたものなのです。

20 世紀に入り，ミクロな(量子的)物質の**粒子と波動の 2 重性**が明らかになり，従来の古典力学では対応できなくなりました。この物質の波動性を表現するために，**シュレーディンガーは苦心の末，波動関数についての波動方程式を提案しました**。これは力学的エネルギーの保存則と複素関数による平面波とを組み合わせることにより導き出される微分方程式であり，その理論的根拠は定かではないのですが，ミクロな粒子の力学的な状態を記述する基礎方程式であることが確認されました。

このミクロな物質の**粒子と波動の 2 重性**を表現するための理論も，**複素関数と実数関数の 2 重構造**にならざるを得なかったことは，非常に興味深いと思います。

しかし，量子力学は，かの**アインシュタイン**が「神はサイコロを振りたまわず！」と**ボーア**を嘆息せしめた程，曖昧で分かりづらい力学であることも事実です。波動関数が，粒子を測定したときにその場所で見い出される確率と密接に関係していると言われても，ピンとこないのは当然だと思います。そう…，**ハイゼンベルグ**が提案したように，**量子力学には必ず不確定性**がつきまとうのです。このような不可思議な理論のゆえに，量子力学を学ぼうとする方が壁にぶつかるのも仕方がないことだと思います。

さらに，量子力学の基礎方程式である**シュレーディンガーの波動方程式**そのものは一見シンプルに見えるのですが，これから，正規直交系でかつ完全系の波動関数列や，エルミートの微分方程式とエルミート多項式，**ディラック**の演算子法などなど…，**泉のように，様々な応用数学の分野が，文字通り噴き出して来る**のです。この多彩な数学の難解さも，初学者を量子力学から遠ざける大きな原因の **1** つだと思います。

しかし，この面白くて現代物理学の基盤となる**量子力学の基礎**をどなたでも数ヶ月でマスターできるように，本書では**1**次元のシュレーディンガー方程式の解法に限定してはいますが，毎日検討を重ねながら，分かりやすい**量子力学の入門書**として書き上げました。本書で量子力学の基本的な考え方を十分に習得して頂けると思います。

この『**量子力学 キャンパス・ゼミ 改訂6**』は，全体が**4**章から構成されており，各章をさらにそれぞれ**10～30**ページ程度のテーマに分けているので，非常に読みやすいはずです。量子力学は難しいものだと思っていらっしゃる方も，**まず1回この本を流し読み**されることを勧めます。初めは難しい公式の証明など飛ばしても構いません。**ド・ブロイ波長，光子のエネルギー，シュレーディンガーの波動方程式，運動量の演算子，ハミルトニアン演算子，時刻を含む（含まない）波動関数，無限（有限）の井戸型ポテンシャル，ステップポテンシャル，矩形ポテンシャル，パルスポテンシャル，調和振動子，境界における波動関数の滑らかな接続，正規直交系かつ完全系の固有関数（波動関数）列，演算子と固有値と固有関数，エルミートの微分方程式，エルミート多項式とその母関数，エルミート演算子，調和振動子の生成（消滅）演算子，演算子の行列表示，エルミート行列，ユニタリ行列，ブラ・ベクトル，ケット・ベクトル**などなど…，次々と専門的な内容が目に飛び込んできますが，不思議と違和感なく読みこなしていけるはずです。この**通し読みだけなら，おそらく2週間もあれば十分**のはずです。これで**量子力学の全体像**をつかむ事が大切です。

1回通し読みが終わったら，後は各テーマの詳しい解説文を**精読**して，例題を**実際に自分で解きながら**，勉強を進めていって下さい。

この精読が終わったならば，後は自分で納得がいくまで何度でも**繰り返し練習**することです。この反復練習により本物の実践力が身に付き，**「量子力学の基本も十分にマスターできる」**ようになるのです。頑張りましょう！

この『**量子力学 キャンパス・ゼミ 改訂6**』により，皆さんが**奥深くて面白い本格的な大学の物理学の世界**に開眼されることを心より願ってやみません。

マセマ代表　馬場　敬之（けいし）

この改訂**6**では，補充問題として不確定性原理と原子の直径の問題の解答・解説を加えました。

◆ 目次 ◆

講義1 量子力学のプロローグ

講義2 シュレーディンガーの波動方程式（基礎編）

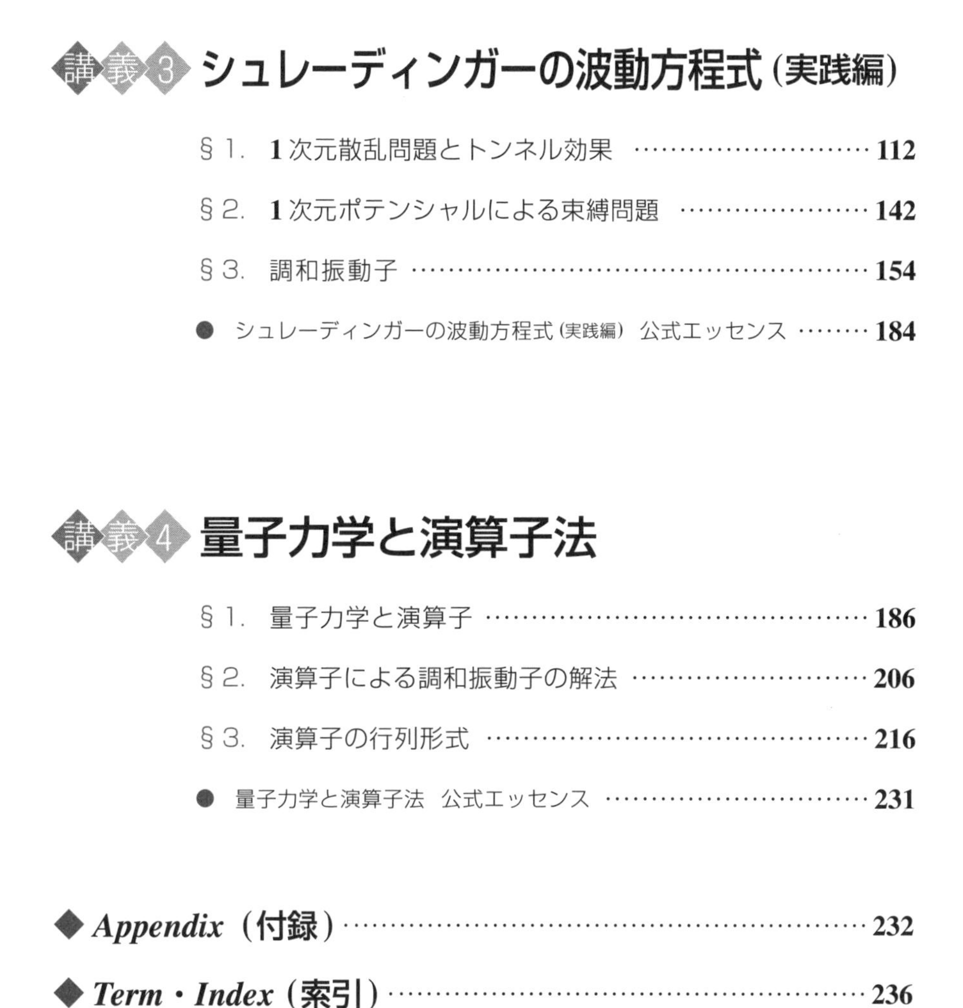

講義3 シュレーディンガーの波動方程式(実践編)

講義4 量子力学と演算子法

量子力学のプロローグ

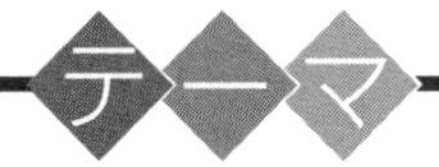

▶ 量子力学のプロローグ
$\left(E = h\nu,\ p = \dfrac{h}{\lambda}\ \left(\lambda = \dfrac{h}{p}\right)\right)$

▶ 波動と確率の関係
(粒子の存在の確率密度 $|\Psi(x,\ t)|^2$)

▶ ラグランジアン L とハミルトニアン H
$(L = T - V,\ H = \dot{q}p - L)$

§1. 量子力学のプロローグ

さァ，これから，本格的な **"量子力学"** (***quantum mechanics***) の講義を始めよう。量子力学とは何かと問われれば，「電子や原子などのミクロな粒子 (量子的粒子) の運動の法則を調べるための，ニュートン力学 (古典力学) とは異なる新たな力学体系」と答えることができると思う。

ニュートン力学が対象とするものは，日頃ボク達が目にするマクロな粒子の運動であり，この位置と運動量は当然同時に決定することができると考えられている (**P69(*ex2*)** を参照)。これに対して，量子力学が対象とするものは，日常生活ではほとんど目にすることができないミクロな粒子の運動であり，これを調べようとしても，位置と運動量を同時に決定することができなかったり，またこの力学的な状態が **"波動関数"** (***wave function***) Ψ (プサイ) という複素関数で間接的にしか表現できなかったりと，様々な不可思議な現象が生じてくるんだね。

では，何故このようなことが起こるのか？それは，ミクロな粒子になれば，**"粒子と波動の 2 重性"** (***particle-wave duality***) が顕著になってくるため，これまでの古典力学の決定論的な考え方では対処できなくなるからなんだね。

したがって，ここではまず，光 (電磁波) を中心に，粒子性と波動性の論争の科学史について，ニュートン以降の考え方の流れを簡潔に振り返ってみよう。これにより，光が波動としての性質だけでなく，同時に **"光子"** (***photon***) という粒子としての性質ももつことが，ご理解頂けるはずだ。さらに，電子など，これまで粒子として考えられていたものも，実は波動としての性質ももつこと，さらにこの世に存在する物質はすべて，粒子と波動の **2** 重性をもつことが，量子力学の出発点であることも示そう。そして，このような不思議な **2** 重性の現象を対象とするため，量子力学の理論も，複素関数 (虚数の世界) と実数関数 (実数の世界) の **2** 重構造になっていることも興味深いんだね。この量子力学のこれまた不可思議な理論については，この後の章からステップ・バイ・ステップに分かりやすく解説していくつもりだ。楽しみにして頂きたい。

まず，このプロローグの節では，量子力学の基盤となる光子のエネルギーと運動量が次の公式で表されることを示そう。

光子のエネルギー $\boldsymbol{E = h\nu}$，運動量 $\boldsymbol{p = \frac{h}{\lambda}}$

($\boldsymbol{h}$：プランク定数，$\boldsymbol{\nu}$：振動数，$\boldsymbol{\lambda}$：波長)

これから，古典物理学では，光の強さは(電磁波の振幅)^{2}に比例すると考えるのに対して，量子力学では，光の強さは，$\boldsymbol{h\nu}\times$(光子の個数)で表されることも解説しよう。

次に，物質波の波長 λ が次式で表されることも教えるつもりだ。

物質波の波長 $\lambda = \boldsymbol{\frac{h}{p}}$　　(ド・ブロイ波長という。)

さらに，歴史的には，相前後するんだけれど，量子力学で扱われる量は，連続的なものではなくて，しばしば離散的な飛び飛びの値しか取り得ないんだね。この典型例として，ボーアが導いた水素原子の“**エネルギー準位**”(***energy level***)についても解説しよう。これで，量子力学の考え方に徐々に慣れていって頂けると思う。

そして，この次の節では，ヤングの干渉実験を基にして，波動と確率の関係，つまり，波動関数の絶対値の **2** 乗 $|\boldsymbol{\Psi}|^2$（プサイ）が粒子の存在する確率密度となることの意味を紹介するつもりだ。

さらに，この後の節では，本格的な量子力学を学ぶ上で欠かせない手法として，解析力学について，その必要な部分にしぼって，ここで解説しておこう。

プロローグだけで，かなりのボリュームになるけれど，これで準備が整うわけだから，ここでしっかり基礎的な考え方を身につけよう。

● 光は粒子と波動の2重性をもつ！

物理学の歴史において，粒子性と波動性が問題となった典型的な例として，光（電磁波）を挙げることができる。

古典力学の創始者であるニュートン（*I.Newton*）は光が直進する性質をもつことから，光は波ではなく粒子と考えていたようだ。しかし，その後，ヤング（*T.Young*）が光の干渉実験を行い，フレネル（*A.J.Fresnel*）が光の波動説をヤングとは独立に確立し，さらに電磁気学の創始者であるマクスウェル（*J.C.Maxwell*）が理論的に電磁波（光）の存在を導き出して以降，実験的にも理論的にも光の波動性が世界的に認められるようになったんだね。

しかし，**20**世紀に入ると，状況がまた一変する。まず，プランク（*M.Planck*）が，振動数νの電磁放射では，エネルギーは$h\nu$の整数倍のやり取りしか許されないとして，放射法則を導いた。次に，アインシュタイン（*A.Einstein*）が**"光子（*photon*）説"**を唱え，これを使って**"光電効果"**（*photoelectric effect*）を説明したんだね。

（アインシュタインは，これを"光量子（*light quantum*）仮説"と呼んだが，現在では光子と呼び，また，これは，確立された理論なので，"仮説"ではなく"説"とした。）

この光子説では，振動数νの光子がもつエネルギーEと運動量pは，次のように表される。

光子のエネルギーEと運動量p

振動数νの光子は，次のエネルギーEと運動量pをもつ。

$$\begin{cases} \cdot\ \text{エネルギー}\ E = h\nu & \cdots\cdots(*a) \\ \cdot\ \text{運動量}\quad p = \dfrac{h}{\lambda} & \cdots\cdots(*b) \end{cases}$$

（E：振動数νの光子がもつエネルギー（J），ν：振動数（s^{-1}），
h：プランク定数（$h = 6.626 \times 10^{-34}$（J·s）），
p：振動数νの光子がもつ運動量（kgm/s），λ：波長（m））

ここで，プランク定数 h を 2π で割ったものを $\hbar$ とおくと，この光子の

（これは“エイチバー”と読もう。）

エネルギー E は，$\hbar$ と ω（角振動数）を用いて，次のように表すこともできる。

$$E = \hbar\omega \quad \cdots\cdots (*a)'$$

$\left(\begin{array}{l}\omega：角振動数\ (s^{-1}) \\ \hbar = \dfrac{h}{2\pi} = 1.055 \times 10^{-34}\ (J \cdot s)\end{array}\right)$

$\omega T = 2\pi$　（T：周期 (s)）より，$\dfrac{\omega}{2\pi} = \dfrac{1}{T} = \nu$

よって，$(*a)$ は，$E = h \cdot \nu = h \cdot \dfrac{\omega}{2\pi} = \dfrac{h}{2\pi} \cdot \omega = \hbar\omega$ ……$(*a)'$ となる。

また，光子のもつ運動量 p の公式 $(*b)$ は，この後に解説する“**ド・ブロイ波長**”(*de Broglie wavelength*) の公式 $\lambda = \dfrac{h}{p}$ と同形であるんだけれど，これは，光速度 $c\ (= 2.9979 \times 10^8\ (m/s))$ で運動する粒子（光子）のエネルギー E と運動量 p の間に成り立つ関係式：

$E = cp$ ………① から導かれたものなんだね。(P41 参照)

①の E に $E = h\nu$ ……$(*a)$ を，また c に $c = \nu\lambda$ を代入すると

$h\nu = \nu\lambda \cdot p \qquad \therefore p = \dfrac{h}{\lambda}$ ……$(*b)$ となる。

また，光子の運動量 p の公式 $(*b)$ についても，新たな物理量として，“**波数**”(*wave number*) k を $k = \dfrac{2\pi}{\lambda}$ で定義すると，$\hbar$ と k を用いて，

（波数 k は量子力学では角振動数 ω と同様によく使うので覚えておこう。）

次のように表現できるんだね。

$$p = \hbar k \quad \cdots\cdots\cdots (*b)' \qquad (k：波数\ (m^{-1}))$$

$p = \dfrac{h}{\lambda} = \dfrac{h}{2\pi} \cdot \dfrac{2\pi}{\lambda} = \hbar \cdot k$ と表せるからね。

光電効果については，高校の物理で既に習っておられると思うが，ここで簡単に復習しておこう。

金属に，振動数 ν の光を照射したとき，金属内の電子は，光のエネルギー $E = h\nu$ を得るが，この振動数 ν がある値 ν_0 より大きくなければ，どんなに強

い光を当てても，電子が外部に飛び出してくることはない。それは，金属内の電子を束縛しているエネルギーW(これを仕事関数という)があるため，電子が最大で$\frac{1}{2}m_e v^2$の運動エネルギーをもって飛び出すためには，$h\nu > W$をみたす必要があるんだね。ここで，$W = h\nu_0$ とおくと，

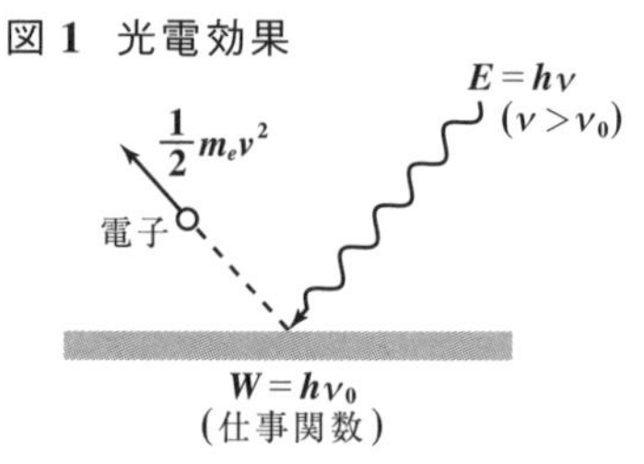

図1　光電効果

$h\nu > h\nu_0$ より　$\nu > \nu_0$ をみたさないといけなかったんだね。

以上を式で表すと，

$$\frac{1}{2}m_e v^2 = h\nu - W$$ ← $h\nu > W$のとき，すなわち$\nu > \nu_0$のときのみ電子は外部に飛び出す。

(m_e：電子の静止質量 ($m_e = 9.109 \times 10^{-31}$(kg))
v：電子の速さ (m/s)，W：仕事関数 (J))

これが，光電効果の考え方で，一見，光子の存在を裏付けているように思える。しかし，ここで明らかとなったことは，光のもつエネルギーの最小単位，つまり貨幣で言うならば，1円や1セントに相当するものが，$h\nu$であると言っているだけで，これだけでは光子の存在そのものを直接的に示しているとはいい難かったんだね。

しかし，さらにコンプトン(*A.H.Compton*)の実験によってコンプトン効果が確認されることにより，光(この場合，*X*線)が光子としての粒子性をもつことが確認された。このコンプトン効果とは，*X*線を光子とみなすことによって，はじめて説明できるもので，光子が電子と衝突することにより，エネルギーを失って振動数が小さくなり，波長が長くなる現象のことなんだ。これから，光子がエネルギー($E = h\nu$)だけでなく，運動量$\left(p = \frac{h}{\lambda}\right)$ももった粒子であることが確認されたんだね。この簡単な例題については，この後で実際に計算してみることにしよう。(P42参照)

ここで，光の強さ(エネルギー)について，光を波動ととらえる古典物理学と光を光子とも考える量子力学との相違点を明らかにしておこう。

(ⅰ) 光を波動 (電磁波) と考えると，光の強さは，電磁波の振幅の **2** 乗に比例する。つまり，

(光の強さ) $\propto$ (波動の振幅)^2 となるんだね。これに対して，

(ⅱ) 光を粒子 (光子) と考えると，光の強さは，光子がもつエネルギー ($E = h\nu$) の総和，すなわち

(光の強さ) $= h\nu \times$ (光子の個数) ということになるんだね。

では，電磁気学で学んだ，光のエネルギーが (振幅)^2 に比例するという考え方は，もう古いのかも知れないって？とんでもない！この (波動の振幅)^2

(本当は絶対値の **2** 乗 |波動の振幅|^2)

こそ，量子力学における "**波動関数**" Ψ の確率解釈で根幹をなす重要な概念になるんだね。これについては，後でまた詳しく解説しよう。(**P28** 参照)

量子力学を学ぶ上で大事なことの **1** つは，相矛盾し対立するような様々な概念や考え方や手法を頭を柔らかくして受け入れ，そして利用していくことなんだ。何故なら，粒子と波動という相矛盾すると思われる **2** つの現象をまとめて明らかにしようとする力学体系が量子力学だからだ。

● 物質にも波動性が存在する！

これまで，波動と考えられていた光に粒子としての性質があることが明らかになったので，それでは，これまで粒子として考えられていた電子や陽子などの物質にも波動としての性質が存在するのではないか？と考えるのは，自然な流れだったんだね。

そして，ド・ブロイ (***L.de Broglie***) は，電荷と質量をもった電子も，波長

$\lambda = \dfrac{h}{p}$ ……$(*b)''$ (λ：波長，h：プランク定数，p：粒子の運動量)

の，波動としての性質をもつはずであると主張し，これもその後の電子回折の実験などにより，正しいことが確認された。この $(*b)''$ の波長 λ は "**ド・ブロイ波長**" (***de Broglie wavelength***) と呼ばれ，これは電子だけでなく，他の物質粒子にも適用できる。

つまり，物質もまた波動としての性質をもち，電子の波動は“**電子波**”，陽子の波動は“**陽子波**”と呼ばれ，また一般の物質に付随した波動は“**物質波**”と呼ばれる。

では，ド・ブロイ波長を次の例題で具体的に求めてみよう。

例題 1　次の各場合のド・ブロイ波長を求めよ。

(1) 質量 0.3g の粒子が，10(m/s) の速度で運動する場合。

(2) 100V の電位差で加速した電子の場合。

（ただし，電子の質量 $m_e = 9.11 \times 10^{-31}$ (kg)
電子の素電荷 $e = -1.60 \times 10^{-19}$ (C)
プランク定数 $h = 6.63 \times 10^{-34}$ (J·s) とする。）

(1) 質量 $m = 0.3 \times 10^{-3}$(kg) の粒子が，速度 $v = 10$(m/s) で運動する場合，

運動量 $p = mv = 0.3 \times 10^{-3} \times 10 = 3 \times 10^{-3}$(kg m/s) より求める。

この粒子のド・ブロイ波長を λ_1 とおくと，

$\lambda_1 = \frac{h}{p} = \frac{6.63 \times 10^{-34}}{3 \times 10^{-3}} = 2.21 \times 10^{-31}$(m) となって，マクロな粒子の波長は非常に小さな値になるんだね。

(2) 電位差 $V = 100$(V) で加速した電子の運動エネルギーを E とおくと，

$E = |e|V = \frac{1}{2}m_e v^2$　より，電子の運動量を p とおくと，

$$E = |e|V = \frac{(m_e v)^2}{2m_e} = \frac{p^2}{2m_e} \qquad \therefore p = \sqrt{2m_e|e|V}$$

よって，この電子のド・ブロイ波長を λ_2 とおくと，

$$\lambda_2 = \frac{h}{p} = \frac{h}{\sqrt{2m_e|e|V}} = \frac{6.63 \times 10^{-34}}{\sqrt{2 \times 9.11 \times 10^{-31} \times 1.60 \times 10^{-19} \times 100}}$$

$\fallingdotseq 1.23 \times 10^{-10}$(m) $=$ $\underline{1.23(\text{Å})}$　である。大丈夫だった？

1(Å) = 10^{-10}(m)（Åはオングストロームと読む。）

さらに，このド・ブロイ波長の公式を利用することにより，水素原子の電子の軌道半径とエネルギー準位を求めることもできる。これについては，高校物理で既にご存知と思うけれど，簡単に復習しておこう。

水素原子は，原子核のまわりを**1**個の電子が回っているものとすると，荷電粒子が運動するわけだから，電子から電磁波が発生する。その結果，電子はエネルギーを失い，その軌道は次第に小さくなって最終的には原子核と一体になるはずだね。しかし，そのような現象は現実には起こってはおらず，水素原子は安定しており，規則正しい系列の光のスペクトルを放出することも分かっている。

ボーア(***N.Bohr***)は，次の**2**つの仮定を用いて，以上の安定した水素原子の電子が描く飛び飛びの(離散的な)軌道とエネルギー準位をうまく説明したんだね。

図 2　水素原子の電子のイメージ

(ⅰ) $2\pi r = n\lambda$ のとき

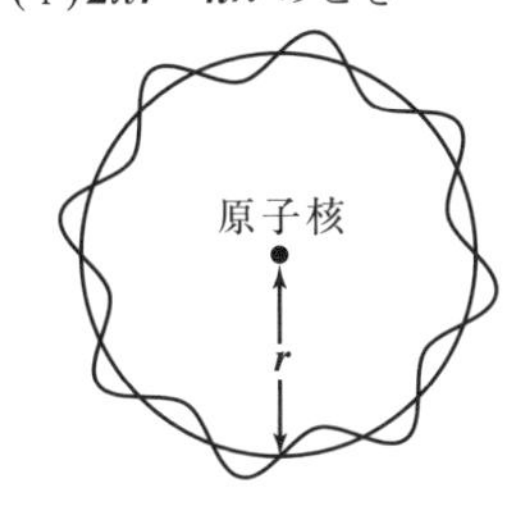

(ⅱ) $2\pi r \neq n\lambda$ のとき

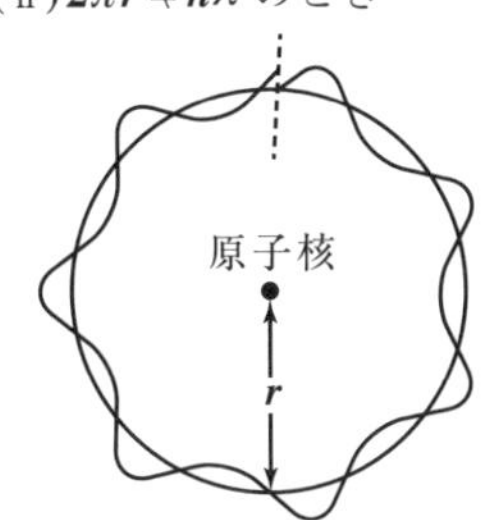

(ⅰ) 運動量 $p = mv$ の電子の電子波の波長 λ は，$\lambda = \frac{h}{p} = \frac{h}{mv}$ で表され，電子はその軌道の長さ $2\pi r$ が，λ の整数倍 (n 倍) であるような軌道のみを安定的に回転するものとする。(図**2**(ⅰ)参照)

すなわち，

$2\pi r = n \cdot \frac{h}{mv}$ ………①　となる。

$\left(\begin{array}{l} h：プランク定数 \\ n：量子数，n = 1, 2, 3, \cdots \end{array}\right)$

> 図**2**(ⅱ)のように，$2\pi r \neq n\lambda$ のとき，電子波は減衰して図**2**(ⅰ)のような定常波にはなり得ないんだね。

また，電子が①をみたす軌道上を回転しているとき，光を放出(または，吸収)しないものとする。

(ⅱ) 電子が高いエネルギー準位 E_n' の軌道から，低いエネルギー準位 E_n の軌道に移るとき，このエネルギーの差 ($= E_n' - E_n$) が光子のエネルギー $h\nu$ となって，放出される(もちろん $E_n' < E_n$ のときは，吸収される)ものとする。つまり，

$h\nu = E_n' - E_n$ ………②　となる。(ν：光の振動数)

以上の仮定を基に，まず電子の軌道を調べてみることにしよう。

$$2\pi r = n \cdot \frac{h}{mv} \quad \cdots\cdots ①$$
$$h\nu = E_{n'} - E_n \quad \cdots\cdots ②$$

電子が陽子から受けるクーロン力を f とすると

$f = \frac{1}{4\pi\varepsilon_0} \cdot \frac{e^2}{r^2}$ ………③ となるね。

(ε_0：真空の誘電率，$\varepsilon_0 = 8.854 \times 10^{-12} (C^2/Nm^2)$)

図3 水素原子モデル

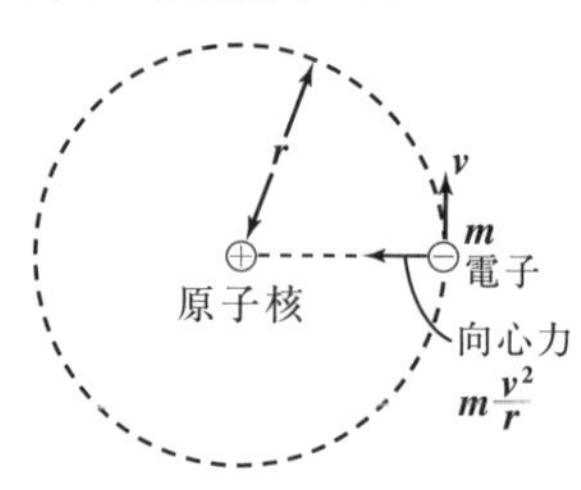

図3に示すように，電子⊖が原子核⊕のまわりを等速円運動しているものとすると，③のクーロン力が，向心力として働いていることになるので，

$\frac{1}{4\pi\varepsilon_0} \cdot \frac{e^2}{r^2} = m\frac{v^2}{r}$ ………④ となる。

ここで，①を，$v = \frac{h}{2\pi rm} n$ ………①′ と変形して，④に代入すると，

$\frac{e^2}{4\pi\varepsilon_0 r^2} = \frac{m}{r} \cdot \frac{h^2}{4\pi^2 r^2 m^2} n^2$ より，$\frac{e^2}{\varepsilon_0} = \frac{h^2}{r\pi m} n^2$

$\therefore r = \frac{\varepsilon_0 h^2}{\pi m e^2} \cdot n^2$ ………⑤ $(n = 1, 2, 3, \cdots)$ となる。

a (定数) とおく

ここで，$\frac{\varepsilon_0 h^2}{\pi m e^2} = a$ (定数) とおき，また半径 r も r_n とおくと，

$r_n = an^2$ ………⑤′

$\left(\begin{array}{l} a = 0.53(\text{Å}) = 0.53 \times 10^{-10} (m) \\ n = 1, 2, 3, \cdots \end{array} \right)$

図4 電子の軌道半径 r_n

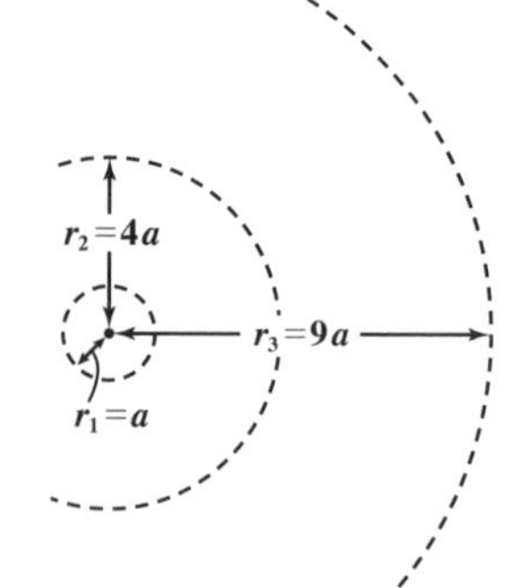

となるので，図4に示すように電子の軌道半径は，⑤′より

$r_1 = a$，$r_2 = 4a$，$r_3 = 9a$，……

と，飛び飛びの値しか取り得ないことが分かったんだね。

次に，電子がもつクーロン力のポテンシャルエネルギーを U とおく。ここで電子の電荷が負 $(-e)$ であることを考慮に入れると，U は，

$$U=-\frac{1}{4\pi\varepsilon_0}\cdot\frac{e^2}{r}\quad\cdots\cdots\cdots⑥$$ となる。

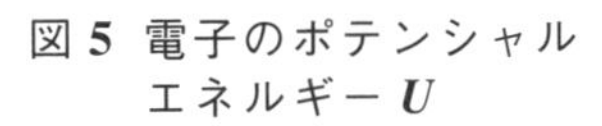
図5 電子のポテンシャルエネルギー U

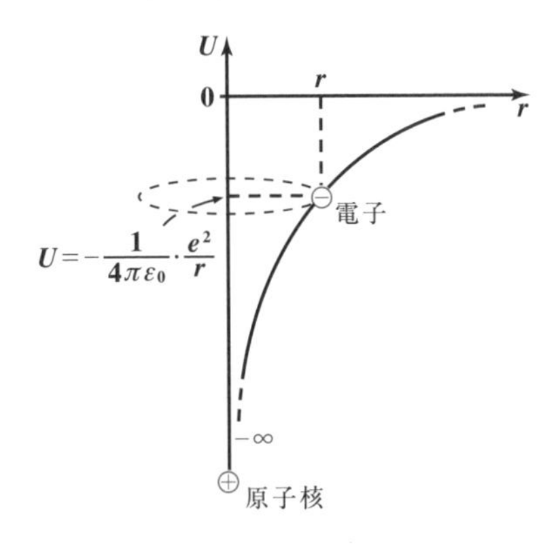

⑥に電子の運動エネルギー $\frac{1}{2}mv^2$ を加えた全エネルギーを E とおくと，

$$E=\frac{1}{2}\underbrace{mv^2}_{\frac{1}{4\pi\varepsilon_0}\cdot\frac{e^2}{r}}-\frac{1}{4\pi\varepsilon_0}\cdot\frac{e^2}{r}\quad\cdots\cdots\cdots⑦$$

ここで，④より，

$$mv^2=\frac{1}{4\pi\varepsilon_0}\cdot\frac{e^2}{r}\quad\cdots\cdots\cdots④'$$

④′を⑦に代入すると，

$$E=-\frac{1}{8\pi\varepsilon_0}\cdot\frac{e^2}{r}\quad\cdots\cdots\cdots⑧$$ となるんだね。

さらに，⑤を⑧に代入してまとめると，

$$E=-\frac{e^2}{8\pi\varepsilon_0}\cdot\frac{\pi me^2}{\varepsilon_0 h^2}\cdot\frac{1}{n^2}=-\underbrace{\frac{me^4}{8\varepsilon_0{}^2h^2}}_{\xi\text{（定数）とおく}}\cdot\frac{1}{n^2}\quad\cdots\cdots\cdots⑨$$

ここで，$\frac{me^4}{8\varepsilon_0{}^2h^2}=\xi$（グザイ）（定数）とおき，全エネルギー E も E_n で表すと，

$$E_n=-\frac{\xi}{n^2}\quad\cdots\cdots\cdots⑨'\quad\left(\begin{array}{l}\xi\fallingdotseq 13.6\,(\mathrm{eV})=2.18\times10^{-18}\,(\mathrm{J})\\ n=1,\ 2,\ 3,\ \cdots\end{array}\right)$$

（$1\,(\mathrm{eV})$（電子ボルト）$=1.602\times10^{-19}\,(\mathrm{J})$）

となる。よって，電子が持つ全エネルギーも，⑨′より，

$E_1=-\xi$，$E_2=-\frac{\xi}{4}$，$E_3=-\frac{\xi}{9}$，…… と，飛び飛びの（離散的な）値しか取り得ないことが分かったんだね。

$n=1$ のとき，$E_1=-\frac{\xi}{1^2}=-13.6(\text{eV})$ が，水素原子の全エネルギーが最も小さい状態で，これを原子の"**基底状態**"といい，$n\geqq 2$ のとき，原子は"**励起状態**"にあるという。そして，$n=1, 2, 3, \cdots$ と n が大きくなるにつれて，水素原子の全エネルギーは飛び飛びの値をとりながら増加するんだね。そして，$n\to\infty$ の極限では，$\lim_{n\to\infty}E_n=0$ となる。

次に，水素原子が発する光のスペクトルについて考えてみよう。図6に示すように，光のスペクトルは電子が高いエネルギー準位 E_n' の軌道から低いエネルギー準位 E_n の軌道に落下するときに発するものなので，このとき1個の光子 (エネルギー $h\nu$) が放出されるものと考えると，

図6 水素原子が出す光のスペクトル

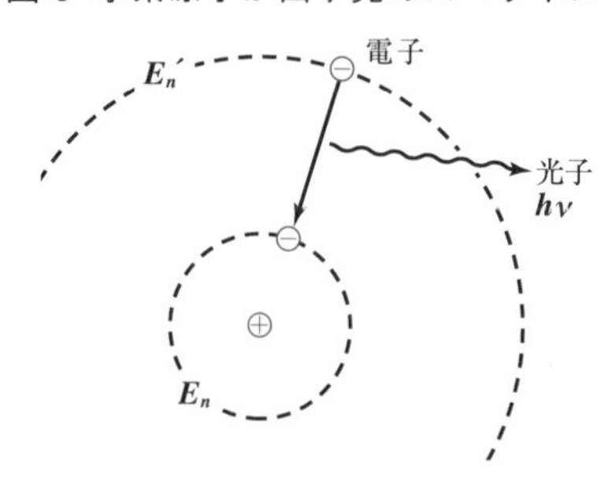

$$h\nu = E_n' - E_n \quad \cdots\cdots\cdots ②$$ となる。

($h\nu$：$\frac{c}{\lambda}$，E_n'：$-\frac{\xi}{n'^2}$，E_n：$\left(-\frac{\xi}{n^2}\right)$ (⑨´より))

光については $\lambda\nu=c$ が成り立つ。
(一般の進行波では $\lambda\nu=v$)

よって，②より，

$$\frac{hc}{\lambda}=-\xi\left(\frac{1}{n'^2}-\frac{1}{n^2}\right) \qquad \frac{1}{\lambda}=\frac{\xi}{hc}\left(\frac{1}{n^2}-\frac{1}{n'^2}\right)$$ となるね。

($\frac{\xi}{hc}$：R (リュードベリ定数) とおく)

ここで，$\frac{\xi}{hc}=R$ (リュードベリ定数) とおくと，

水素原子が発する光のスペクトルの波長 λ は，

$$\frac{1}{\lambda}=R\left(\frac{1}{n^2}-\frac{1}{n'^2}\right) \quad \cdots\cdots\cdots(*c) \qquad \left(\begin{array}{l} R \fallingdotseq 1.097\times 10^7(\text{m}^{-1}) \\ n,\ n'：自然数\ (n<n') \end{array}\right)$$

で表され，これは実験結果と一致することが分かった。

ここで，

(i) $n = 1$，$n' = 2, 3, 4, \cdots$ のとき，
　ライマン系列といい，

(ii) $n = 2$，$n' = 3, 4, 5, \cdots$ のとき，
　バルマー系列といい，

(iii) $n = 3$，$n' = 4, 5, 6, \cdots$ のとき，
　パッシェン系列というんだね。

図 7 に，エネルギー準位と各系列のイメージを示す。

図 7 スペクトル系列

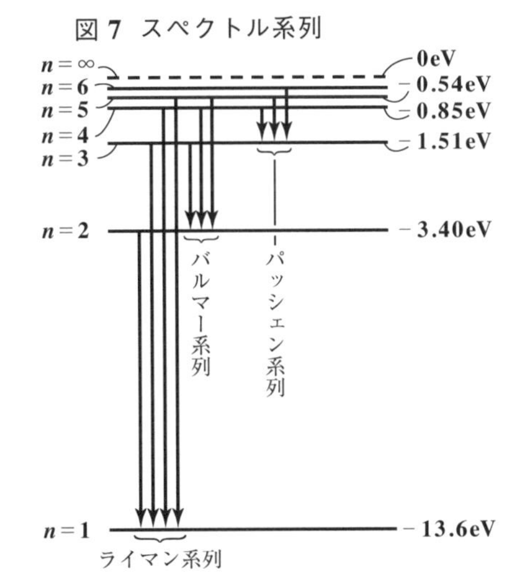

このように，ボーアは 2 つの仮定から水素原子の電子の軌道半径 r_n，エネルギー準位 E_n，そして光のスペクトルの波長 λ まで導いたんだけれど，実は，これは，ド・ブロイが物質波を主張する 10 年程前のことだったんだね。だから，ボーアは物質の波動性を前提としたわけではないんだけれど，これだけの大きな成果をあげたんだね。

そして，ここでも量子力学の基本となる公式：

$$E = h\nu \cdots\cdots\cdots(*a) \quad と \quad \lambda = \frac{h}{p} \cdots\cdots\cdots(*b)'' \quad \left(p = \frac{h}{\lambda} \cdots\cdots\cdots(*b)\right)$$

が主要な役割を演じていること，そして水素原子のエネルギー準位 E_n が連続的な値ではなく，飛び飛びの離散的な値しか取り得ないことも，これから量子力学の本格的な講義を始める前に，シッカリ頭に入れておこう。

それでは，次の節では，波動関数 Ψ（プサイ）を学ぶための基礎として実数関数と複素指数関数による波動の表現法，およびヤングの干渉実験とその確率的な解釈について解説しよう。

§2. 波動と確率の関係

量子力学のメインテーマの1つはシュレーディンガー(*E.Schrödinger*)の波動方程式を解いて，波動関数Ψ(プサイ)を求めることなんだね。したがって，ここではまず，進行波と後退波も含めて，波動の表し方の基本について解説しよう。

ここでさらに，物質の波動性を表し，量子力学的な状態を表現する波動関数Ψについて，簡単に紹介しておこうと思う。波動関数は，一般に複素指数関数($\Psi = Ae^{i\theta}$)の形で表される関数で，その絶対値の2乗，つまり$|\Psi|^2$が，粒子がその位置に存在する確率密度(***probability density***)を表すことが分かっている。

いきなり，話が難しくなったように感じるかも知れないね。これは"**ボルンの解釈**"と呼ばれるもので，波動関数の最も重要な性質の1つで，これを初めに理解しておくことは，これから本格的な量子力学を学んでいく上で，とても重要だと思う。

事実，ボクが学生時代に，量子力学を学ぼうとして，最初にぶつかった大きな疑問が，これだったんだね。波動と確率という，まったく異質に思えるものが実は1つにつながっていることに，驚きを覚えたことを今でもよく覚えている。

しかし，これについては，光の波動性を示す実験として有名な"**ヤングの2スリット干渉**"(***Young´s two-slit interference***)と関連して考えると，スッキリ理解できると思う。ここで，詳しく解説しよう。

今回の講義で，波動と量子力学の波動関数について，その基礎の理解を深めることができると思う。

● まず，波動を表現してみよう！

波動を表す関数として，その変位をuとおくと最もシンプルなものとして，正弦波($u = \sin\theta$)や余弦波($u = \cos\theta$)が考えられるんだね。ここでは，余弦波について考えることにしよう。

図 **1** に示すように，余弦波 $u = \cos\theta$ の周期は 2π であることは大丈夫だね。

図 1　余弦波と周期

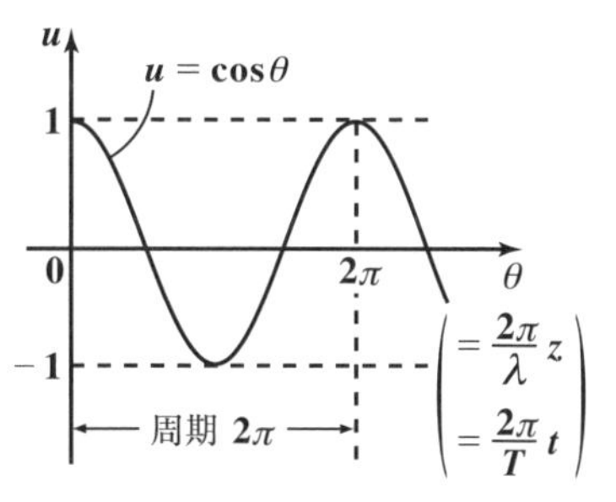

(i) ここで，位置変数 z を用いて，

$\theta = \frac{2\pi}{\lambda} z$　(λ：波長) とおくと，

$\theta : 0 \to 2\pi$ のとき，$z : 0 \to \lambda$ となるので，

$$u = \cos\underbrace{\frac{2\pi}{\lambda}}_{k\,(\text{波数})} z$$

$$= \cos kz \quad \cdots\cdots\cdots ①$$

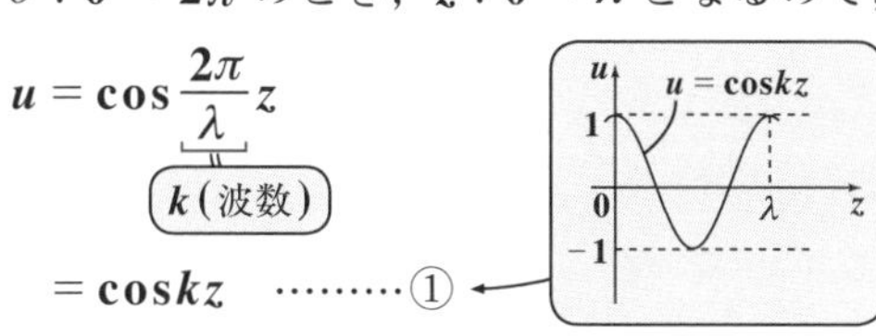

は波長 λ の波動を表す関数になる。

$\theta : 0 \to 2\pi$

(i) $\theta = \frac{2\pi}{\lambda} z$ とおくと，
$z : 0 \to \lambda$

(ii) $\theta = \frac{2\pi}{T} t$ とおくと，
$t : 0 \to T$

(ii) 同様に，時刻の変数 t を用いて，

$\theta = \frac{2\pi}{T} t$　$(= 2\pi\nu t)$　　$\frac{1}{T} = \nu$ より

(T：周期，ν：振動数) とおくと，

$\theta : 0 \to 2\pi$ のとき，$t : 0 \to T$ となるので，

$$u = \cos\underbrace{\frac{2\pi}{T}}_{\omega\,(\text{角振動数})} t = \cos\omega t \quad \cdots\cdots\cdots ②\ \text{は，}$$

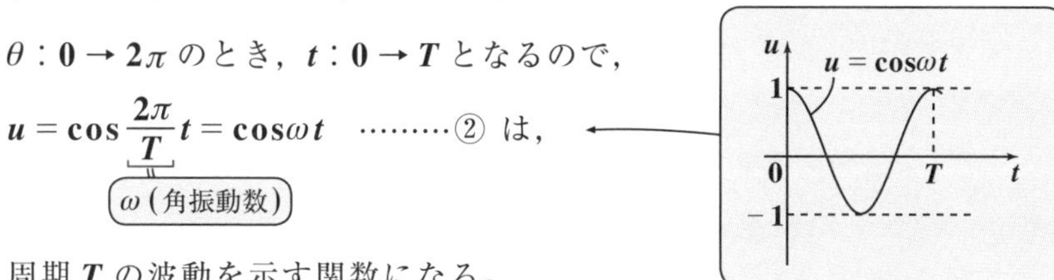

周期 T の波動を示す関数になる。

ここでは，**1** 次元の z 方向に伝播していく平面波と呼ばれる波動を考えることにすると，①と②を用いることにより，次のように (i) 進行波と (ii) 後退波を表現できる。

(i) 進行波

$$u = \cos 2\pi\left(\frac{z}{\lambda} - \frac{t}{T}\right) = \cos 2\pi\left(\frac{z}{\lambda} - \nu t\right) = \cos(kz - \omega t) \quad \cdots\cdots\cdots (*d)$$

(ii) 後退波

$$u = \cos 2\pi\left(\frac{z}{\lambda} + \frac{t}{T}\right) = \cos 2\pi\left(\frac{z}{\lambda} + \nu t\right) = \cos(kz + \omega t) \quad \cdots\cdots\cdots (*e)$$

ン？ 進行波と後退波の意味が分からないって!? 了解！ 説明しよう！

(i) 進行波：$u=\cos(kz-\omega t)$ について，考えよう。$t=0$ のとき，$z\fallingdotseq 0$ 付近の波を図2の左に示す。次に，k と ω は正の定数なので，$kz-\omega t=0$ をみたすある正の定数 z_1 と t_1 が必ず存在するね。つまり，$kz_1-\omega t_1=0$ をみたす z_1 と t_1 のことだ。すると，$t=0$ のとき，$z\fallingdotseq 0$ 付近にあった波は，図2の右の波のように時刻 $t=t_1$ に，$z\fallingdotseq z_1$ 付近に伝播(進行)していることになるんだね。

図2 進行波

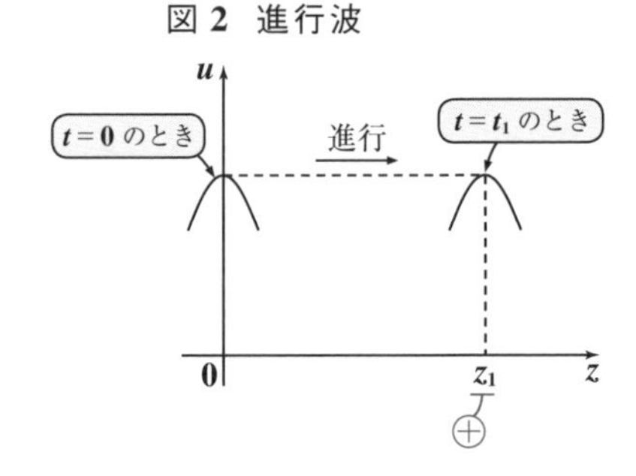

(ii) 後退波：$u=\cos(kz+\omega t)$ についても同様に考えよう。$t=0$ のとき，$z\fallingdotseq 0$ 付近の波を図3の右に示す。次に，k と ω は正の定数なので，$kz+\omega t=0$ をみたす負の定数 z_{-1} と正の定数 t_1 が必ず存在するはずだ。

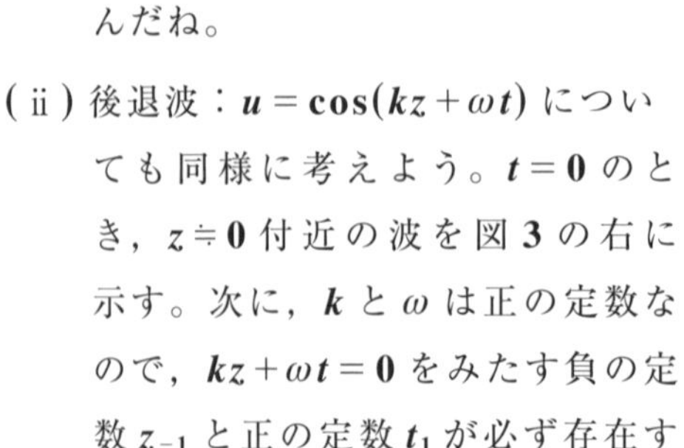

図3 後退波

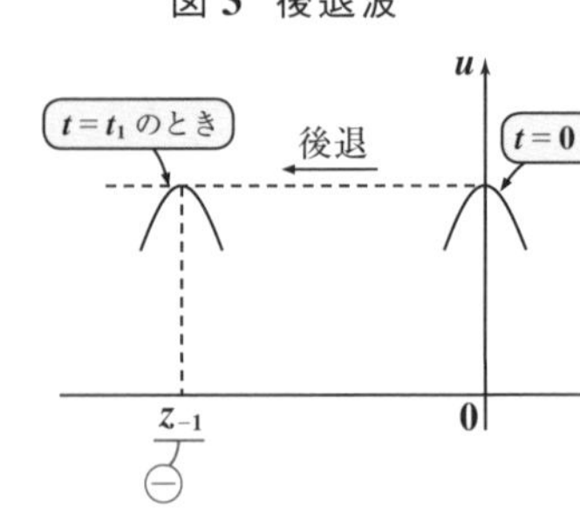

つまり，$k\underbrace{z_{-1}}_{\ominus}+\omega\underbrace{t_1}_{\oplus}=0$ をみたす z_{-1} と t_1 のことだ。すると，

$t=0$ のとき，$z\fallingdotseq 0$ 付近にあった波は，図3の左の波のように，時刻 $t=\underbrace{t_1}_{\oplus}$ に，$z\fallingdotseq\underbrace{z_{-1}}_{\ominus}$ 付近に伝播(後退)していることが分かるはずだ。

もちろん，公式：$\cos(-\theta)=\cos\theta$ より後退波は $u=\cos(-kz-\omega t)$ と表現しても構わないことも頭に入れておこう。

以上で，進行波と後退波の違いもご理解頂けたと思うので，これから進行波 $u=\cos 2\pi\left(\dfrac{z}{\lambda}-\nu t\right)$ を用いて，ヤングの干渉縞を調べてみることにしよう。

● ヤングの干渉実験を調べよう！

図4(i) ヤングの干渉実験

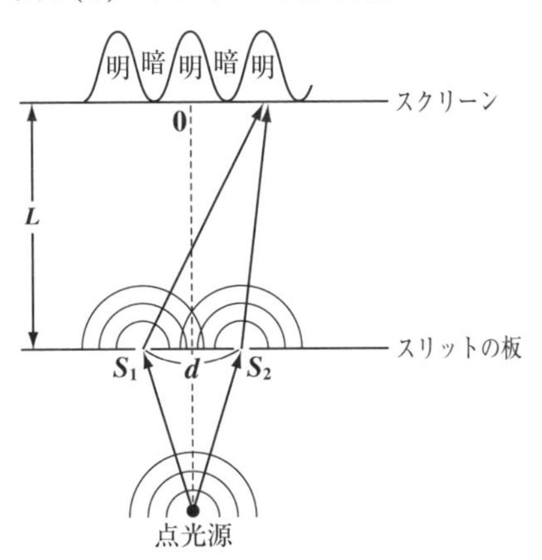

ヤングの干渉実験の概略図を図4(i)に示す。点光源から放射された光は，光源から等距離に設けた2つのスリットS_1とS_2を通過した後，互い

(S_1とS_2の間隔をdとする)

に干渉して，スリットの板からLだけ離れたスクリーン上に明・暗の縞模様を描くことになる。これをヤングの干渉縞という。ここで，$0 < d \ll L$としよう。

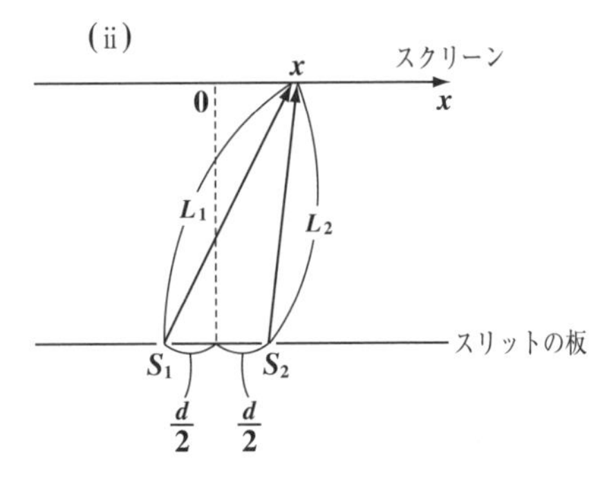

図4(ii)に示すように，スクリーンに沿ってx軸と，原点0を設定し，2つのスリットS_1とS_2からスクリーン上の点xに到る距離をそれぞれL_1，L_2とおこう。ただし，$x \fallingdotseq 0$とする。このとき，間隔がdの2つのスリットから出て，点xに至る光の波動の式が，

$$\begin{cases} u_1 = \cos\theta_1 = \cos 2\pi\left(\dfrac{L_1}{\lambda} - \nu t\right) & \cdots\cdots\text{①} \\ u_2 = \cos\theta_2 = \cos 2\pi\left(\dfrac{L_2}{\lambda} - \nu t\right) & \cdots\cdots\text{②} \end{cases}$$

の進行波の形で表されるものとして$x \fallingdotseq 0$付近におけるヤングの干渉縞の明・暗の様子を調べてみよう。

ここで，スクリーン上の点xにおける波動関数を$\Psi(x, t)$とおくと，波の

(Ψをxとtの2変数関数と考えている)

場合，重ね合わせることができるので，①，②より，

$$\Psi(x, t) = u_1 + u_2 = \cos\theta_1 + \cos\theta_2$$

$$= \cos 2\pi\left(\frac{L_1}{\lambda} - \nu t\right) + \cos 2\pi\left(\frac{L_2}{\lambda} - \nu t\right) \cdots\cdots\text{③}$$ となる。

$u_1 = \cos\theta_1$ ……①
$u_2 = \cos\theta_2$ ……②
$\left(\theta_1 = 2\pi\left(\frac{L_1}{\lambda} - \nu t\right)\right.$
$\left.\theta_2 = 2\pi\left(\frac{L_2}{\lambda} - \nu t\right)\right)$
$\Psi = u_1 + u_2$ ……③

ここで，③に三角関数の和→積の公式を用いると，

$$\Psi(x,\ t) = \cos\theta_1 + \cos\theta_2$$

$$= 2\cos\frac{\theta_1+\theta_2}{2}\cos\frac{\theta_1-\theta_2}{2}$$

和→積の公式
$\cos A + \cos B$
$= 2\cos\frac{A+B}{2}\cos\frac{A-B}{2}$

$\pi\left(\frac{L_1}{\lambda} - \nu t\right) + \pi\left(\frac{L_2}{\lambda} - \nu t\right)$
$= \pi\left(\frac{L_1+L_2}{\lambda} - 2\nu t\right)$

$\pi\left(\frac{L_1}{\lambda} - \nu t\right) - \pi\left(\frac{L_2}{\lambda} - \nu t\right)$
$= \pi\cdot\frac{L_1-L_2}{\lambda}$

$$\therefore\ \Psi(x,\ t) = 2\cos\pi\frac{L_1-L_2}{\lambda}\cdot\cos\pi\left(\frac{L_1+L_2}{\lambda} - 2\nu t\right) \quad \text{………④}$$

となる。

ここで，$L_1 - L_2$ の近似値を求めよう。

右図より，三平方の定理から

$x + \frac{d}{2}$　L　L_1　$x - \frac{d}{2}$　L　L_2

$$\cdot\ L_1 = \sqrt{L^2 + \left(x + \frac{d}{2}\right)^2}$$

$$= L\left\{1 + \left(\frac{x + \frac{d}{2}}{L}\right)^2\right\}^{\frac{1}{2}}$$

$d \ll L$，$x \fallingdotseq 0$ より，これは1に比べて十分に小さい

$$\fallingdotseq L\left\{1 + \frac{1}{2}\left(\frac{x + \frac{d}{2}}{L}\right)^2\right\}$$

近似公式：
$\alpha \fallingdotseq 0$ のとき
$(1+\alpha)^n = 1 + n\alpha$

$$\cdot\ L_2 = \sqrt{L^2 + \left(x - \frac{d}{2}\right)^2}$$

$$= L\left\{1 + \left(\frac{x - \frac{d}{2}}{L}\right)^2\right\}^{\frac{1}{2}} \fallingdotseq L\left\{1 + \frac{1}{2}\left(\frac{x - \frac{d}{2}}{L}\right)^2\right\}$$

よって，

$$L_1 - L_2 \fallingdotseq L\left\{1 + \frac{1}{2}\left(\frac{x + \frac{d}{2}}{L}\right)^2\right\} - L\left\{1 + \frac{1}{2}\left(\frac{x - \frac{d}{2}}{L}\right)^2\right\}$$

$$= \frac{1}{2L}\left\{\left(x + \frac{d}{2}\right)^2 - \left(x - \frac{d}{2}\right)^2\right\} = \frac{xd}{L}$$

となる。

$xd + xd = 2xd$

ここで，$d \ll L$，$x \doteqdot 0$ より，

$L_1 - L_2 \doteqdot \dfrac{xd}{L}$ ……⑤ となる。⑤を④に代入して，$x \doteqdot 0$ 付近の波動関数は，

$\Psi(x,\ t) = 2\cos\dfrac{\pi xd}{L\lambda}\cdot\cos\pi\left(\dfrac{L_1+L_2}{\lambda}-2\nu t\right)$ ………④´ となる。

ここで，古典物理学に従って，光の強さ(明るさ)は，(振幅)^2，すなわち Ψ^2 に比例するものとすると，④´の両辺を2乗して，

$\Psi^2(x,\ t) = 4\cos^2\dfrac{\pi xd}{L\lambda}\cdot\cos^2\pi\left(\dfrac{L_1+L_2}{\lambda}-\dfrac{2t}{T}\right)$ ………⑥ となる。

これは，時刻 t によって変化するため干渉縞の明暗がチラチラしているはずだね。ボク達の眼はこれをならして，平均化して見ることになるはずだ。

したがって，この平均，すなわち $\dfrac{1}{T}\displaystyle\int_0^T\cos^2\pi\left(\dfrac{L_1+L_2}{\lambda}-\dfrac{2t}{T}\right)dt$ を求めて時刻 t による変動を無視するものとしよう。

$$\frac{1}{2T}\int_0^T\left\{1+\cos2\pi\left(\frac{L_1+L_2}{\lambda}-\frac{2t}{T}\right)\right\}dt$$

半角の公式：$\cos^2\theta = \dfrac{1}{2}(1+\cos2\theta)$ より

$$=\frac{1}{2T}\left[t-\frac{T}{4\pi}\sin2\pi\left(\frac{L_1+L_2}{\lambda}-\frac{2t}{T}\right)\right]_0^T$$

$$=\frac{1}{2T}\cdot T=\frac{1}{2}$$

これが，時刻 t による変動分の平均値だね。

⑥について，時刻 t による変動を無視するように補正を行うと，

$$\Psi^2 = 4\cos^2\frac{\pi xd}{L\lambda}\times\frac{1}{2}$$

$$= 2\cos^2\frac{\pi d}{L\lambda}x$$

半角の公式：$\cos^2\theta = \dfrac{1+\cos2\theta}{2}$

$$= 1+\cos\frac{2\pi d}{L\lambda}x$$

となるんだね。これから，図5に示すように，明，暗，明，…のヤングの干渉縞が Ψ^2 で，うまく表現できることが分かったんだね。

図5 ヤングの干渉縞

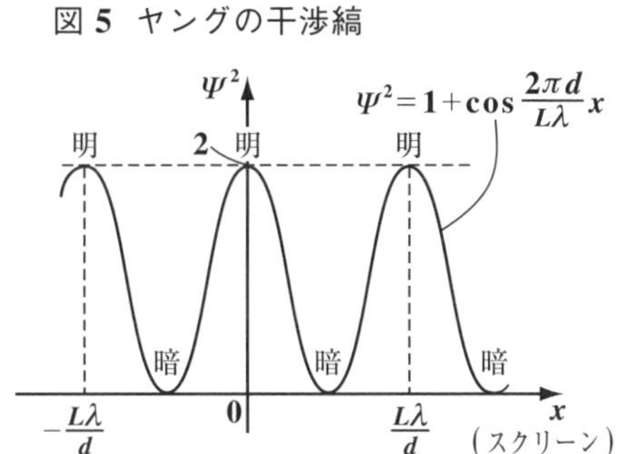

● 波動を複素指数関数で表現しよう！

量子力学で用いる波動関数は，前回解説した実数関数の余弦波 $u=\cos\theta=\cos 2\pi\left(\frac{x}{\lambda}-\nu t\right)$ の形ではなく，一般には次のような複素指数関数の形で与えられるんだね。

波動関数 $\overset{プサイ}{\Psi}=e^{i\theta}=e^{2\pi i\left(\frac{x}{\lambda}-\nu t\right)}=e^{i(kx-\omega t)}$ ………………(*f)

（ただし，i：虚数単位 $(i^2=-1)$，λ：波長，ν：振動数
k：波数，ω：角振動数）

$e^{i\theta}$ については，次の有名なオイラー (*L.Euler*) の公式により，実部 $(\cos\theta)$ と虚部 $(\sin\theta)$ で，次のように表されることもご存知だと思う。

$$e^{i\theta}=\underbrace{\cos\theta}_{\text{実部}}+i\,\underbrace{\sin\theta}_{\text{虚部}} \quad \cdots\cdots\cdots(*g)$$

このオイラーの公式を，e^x と $\sin x$ と $\cos x$ のマクローリン展開の式から導いたり，微分方程式 $\frac{d\Psi}{d\theta}=i\Psi$ から解説される教官も多いと思う。しかし，実はこのオイラーの公式は，複素変数 $\overset{ゼータ}{\zeta}=x+iy$ (x：実部，y：虚部）についての複素指数関数 $e^{\zeta}=e^{x+iy}$ の次の定義式から導かれるものなんだ。

複素指数関数：$e^{\zeta}=e^{x+iy}=e^x(\cos y+i\sin y)$ ………(*h)

(*h) の定義式について

(i) $x=0$ のとき　$e^{\zeta}=e^{iy}=\cos y+i\sin y$ となって **"オイラーの公式"** (*g) が導ける。そして，

(ii) $y=0$ のとき　$e^{\zeta}=e^x$ となって実指数関数も導けるんだね。

一般に複素数 $\zeta=x+iy$ (x，y：実数，i：虚数単位）の共役（きょうやく）複素数を ζ^* とおくと，$\zeta^*=x-iy$ であり，ζ の絶対値の 2 乗 $|\zeta|^2$ は $|\zeta|^2=x^2+y^2$ で表される。ここで，

"*" は，スターまたはアスタリスクと呼ぼう

$$\zeta\cdot\zeta^*=(x+iy)(x-iy)=x^2-\underbrace{i^2}_{(-1)}\cdot y^2=x^2+y^2$$ となるので重要な公式

$|\zeta|^2=\zeta\cdot\zeta^*$ ………(*i)　が成り立つ。これも覚えよう。

以上より，量子力学で用いられる波動関数 Ψ ……$(*f)$ は，実部と虚部で次のように表せる。

$$\Psi = e^{i\theta} = e^{2\pi i\left(\frac{x}{\lambda}-\nu t\right)} = \underbrace{\cos 2\pi\left(\frac{x}{\lambda}-\nu t\right)}_{\text{実余弦関数(進行波)}} + i\,\underbrace{\sin 2\pi\left(\frac{x}{\lambda}-\nu t\right)}_{\text{実正弦関数(進行波)}}$$

ここで，$e^{-i\theta} = e^{i(-\theta)} = \underbrace{\cos(-\theta)}_{\cos\theta} + i\,\underbrace{\sin(-\theta)}_{(-\sin\theta)} = \underbrace{\cos\theta - i\sin\theta}_{\text{これは，}e^{i\theta}\text{の共役複素数だね}}$ より

$\Psi^* = (e^{i\theta})^* = e^{-i\theta}$ となる。よって，$|\Psi|^2$ は

$|\Psi|^2 = \psi\cdot\psi^* = e^{i\theta}\cdot e^{-i\theta} = e^0 = 1$ となるんだね。また，

$$\begin{cases} e^{i\theta} = \cos\theta + i\sin\theta & \cdots\cdots\cdots ① \\ e^{-i\theta} = \cos\theta - i\sin\theta & \cdots\cdots\cdots ② \end{cases}$$

より，三角関数 $\cos\theta$ と $\sin\theta$ は，それぞれ

・$\dfrac{①+②}{2}$ より，$\cos\theta = \dfrac{e^{i\theta}+e^{-i\theta}}{2}$ ………$(*j)$

・$\dfrac{①-②}{2i}$ より，$\sin\theta = \dfrac{e^{i\theta}-e^{-i\theta}}{2i}$ ………$(*j)'$ と，複素指数関数で表せることも頭に入れておこう。

ここで，実数関数の波動方程式と同様に

(i) $\Psi = e^{2\pi i\left(\frac{x}{\lambda}-\nu t\right)}$ ………$(*f)$ は進行波を表し，

(ii) $\Psi = e^{2\pi i\left(\frac{x}{\lambda}+\nu t\right)}$ ………$(*f)'$，または $\Psi = e^{2\pi i\left(-\frac{x}{\lambda}-\nu t\right)}$ ………$(*f)''$

は後退波を表す。

では，波動関数 $\Psi = e^{i\theta}$ のイメージをボク達はどのようにとらえたらいいのだろうか？ $\Psi = \cos\theta + i\sin\theta$ と表されているので，図 6 に示すように，Ψ は複素数平面上の原点を中心とする半径 1 の円周上を，θ の増加と共に，反時計まわりに回転していく動点であると考えることができる。ここで，さらに，

図 6 波動関数 Ψ のイメージ

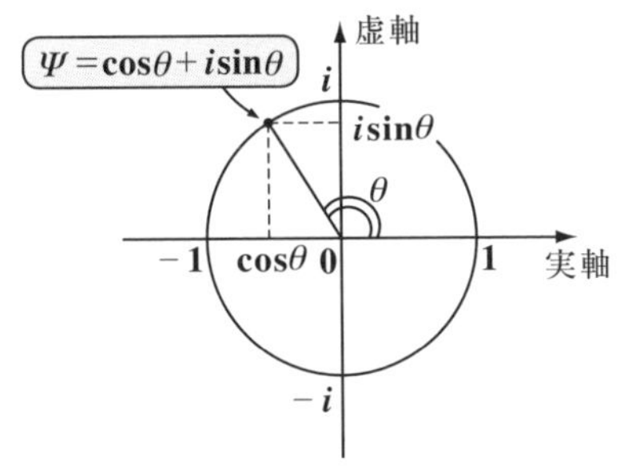

$\theta\left(=2\pi\left(\frac{x}{\lambda}-\nu t\right)\right)$ を時空間軸 θ として，複素数平面と垂直な向きにとると，

図 **7** に示すように，波動関数 Ψ は，θ 軸のまわりにらせんのような曲線を描くことになる。しかし，各 θ の値に対して，実際に複素数平面が存在しているわけではないので，これはあくまでも，Ψ のイメージの **1** つとしてとらえて頂きたい。

図 7 波動関数 Ψ のイメージ

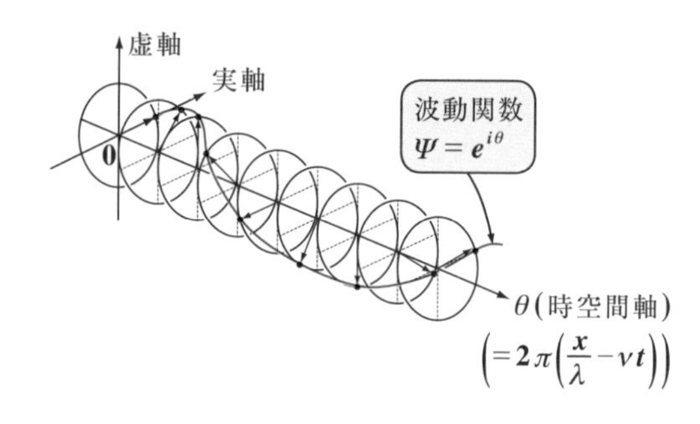

では何故，物理的な実測値はすべて実数であるにもかかわらず，量子力学では複素指数関数の形の波動関数を用いるのだろうか？ それは，図 **8** に示すように，量子力学が対象とする量子的粒子の“**粒子と波動の 2 重性**”を解明するためには，その理論構造も複素関数(複素数の世界)と実数関数(実数値の世界)の **2** 重構造にならざるを得ないのだと考えて頂いたら良いと思う。

図 8 量子力学の理論構造

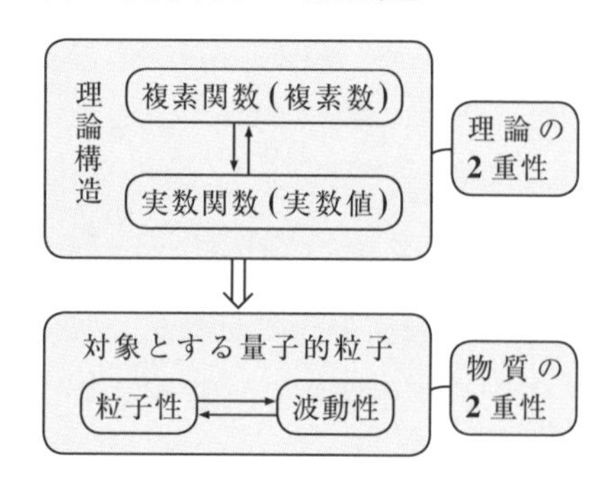

● 波動と確率の関係を調べよう！

それでは，複素指数関数の形の波動関数 $\Psi = e^{i\theta} = e^{2\pi i\left(\frac{x}{\lambda}-\nu t\right)}$ を使って，電子の波動性について調べてみよう。

図 **9** に示すように，ヤングの干渉実験のときと同様に，間隔が d の **2** つのスリットのある板と，それから L だけ離れたスクリーンを設置し，今回は点光源の代わりに，電子を **1** つずつ発射できる電子銃を用意する。

そして，電子銃から発射された電子は **2** つのスリット S_1 と S_2 をどのように通過するのかはよく分からないのだけれど，図 **9** に示すように，電子はスクリーン上のある位置にポツリと検出される。

発射された電子の個数が**10**個や**20**個程度あればスクリーン上で検出される電子の位置はランダムであるように見える。しかし，電子の数を**100**個，**1000**個，**10000**個，…と増やしていくと，これら電子によって，スクリーン上にヤングの干渉縞と同様の縞模様が現れることになるんだね。

図9　電子の波動性の実験

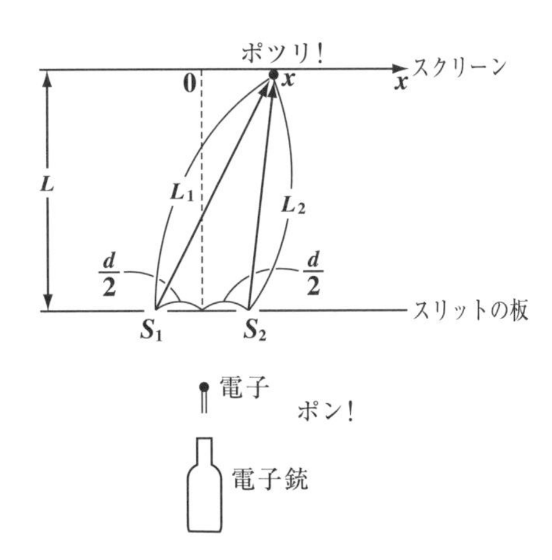

つまり，**1**つ**1**つの電子は，波動性をもっており，自分自身と干渉してスクリーン上のそれぞれの位置に検出され，しかも，全体として見ると，キレイな干渉縞を作るという不思議な現象が生じるんだね。

この電子の波動性を表す波動関数として，**2**つのスリット S_1 と S_2 からスクリーン(x軸)上の座標 x の点におけるものをそれぞれ Ψ_1，Ψ_2 とおき，これらを次のように複素数表示の波動関数で表すことにしよう。

$$\begin{cases} \Psi_1 = e^{i\theta_1} = e^{2\pi i\left(\frac{L_1}{\lambda} - \nu t\right)} & \cdots\cdots\cdots ① \\ \Psi_2 = e^{i\theta_2} = e^{2\pi i\left(\frac{L_2}{\lambda} - \nu t\right)} & \cdots\cdots\cdots ② \end{cases}$$

ここで，$x \fallingdotseq 0$ で，$d \ll L$ とし，ヤングの干渉実験とすべて同様にすると，**P24**で示したように，

$L_1 - L_2 \fallingdotseq \dfrac{xd}{L}$ ………③　と，近似式が成り立つのは大丈夫だね。

スクリーン上の点 x における波動関数 Ψ は，①と②の重ね合わせにより求められるので，

$\Psi = \Psi_1 + \Psi_2 = e^{i\theta_1} + e^{i\theta_2}$ ………④　となる。

$$\left(\theta_1 = 2\pi\left(\frac{L_1}{\lambda} - \nu t\right),\ \theta_2 = 2\pi\left(\frac{L_2}{\lambda} - \nu t\right)\right)$$

そして，光の強度と同様に $|\Psi|^2$ を求めてみると，

（Ψ は複素関数なので，Ψ^2 ではなく，$|\Psi|^2 = \Psi\Psi^*$ を求める。）

$$|\Psi|^2 = \Psi \cdot \Psi^* = (\Psi_1 + \Psi_2) \cdot (\Psi_1 + \Psi_2)^*$$

$$= (\Psi_1 + \Psi_2) \cdot (\Psi_1{}^* + \Psi_2{}^*)$$

$$= \underbrace{\Psi_1 \Psi_1{}^*}_{|\Psi_1|^2 = 1} + \underbrace{\Psi_2 \Psi_2{}^*}_{|\Psi_2|^2 = 1} + \underbrace{\Psi_1 \Psi_2{}^*}_{e^{i\theta_1} \cdot e^{-i\theta_2}} + \underbrace{\Psi_1{}^* \Psi_2}_{e^{-i\theta_1} \cdot e^{i\theta_2}}$$

> $\Psi = \Psi_1 + \Psi_2 = e^{i\theta_1} + e^{i\theta_2}$ ……④
>
> $\theta_1 = 2\pi\left(\frac{L_1}{\lambda} - \nu t\right)$
>
> $\theta_2 = 2\pi\left(\frac{L_2}{\lambda} - \nu t\right)$
>
> $L_1 - L_2 \fallingdotseq \frac{xd}{L}$ ………………③

> 一般に，$|e^{i\theta}|^2 = |\cos\theta + i\sin\theta|^2$
> $= \cos^2\theta + \sin^2\theta = 1$ となる。または，
> $|e^{i\theta}|^2 = e^{i\theta} \cdot (e^{i\theta})^* = e^{i\theta} \cdot e^{-i\theta} = e^0 = 1$
> としてもいい。

> 2つの複素数 α，β について，
> 次の公式が成り立つ
> $\cdot (\alpha \pm \beta)^* = \alpha^* \pm \beta^*$
> $\cdot (\alpha \cdot \beta)^* = \alpha^* \cdot \beta^*$
> $\cdot \left(\frac{\beta}{\alpha}\right)^* = \frac{\beta^*}{\alpha^*}$

よって，

$$|\Psi|^2 = 2 + \underbrace{e^{i(\theta_1 - \theta_2)} + e^{-i(\theta_1 - \theta_2)}}_{2\cos(\theta_1 - \theta_2)}$$

> 公式：
> $e^{i\theta} + e^{-i\theta} = 2\cos\theta$ ……$(*l)$

$$= 2 + 2\cos(\theta_1 - \theta_2)$$

$$= 2 + 2\cos\left\{2\pi\left(\frac{L_1}{\lambda} - \nu t\right) - 2\pi\left(\frac{L_2}{\lambda} - \nu t\right)\right\}$$

$$= 2 + 2\cos 2\pi \frac{L_1 - L_2}{\lambda}$$

ここで，$L_1 - L_2 \fallingdotseq \frac{d}{L}x$ ………③　を代入して，

$$|\Psi(x)|^2 = 2\left(1 + \cos 2\pi \frac{d}{L\lambda}x\right) \quad \text{………⑤}$$

が導けるんだね。

> これは，ヤングの干渉縞の光の強度の式 $\Psi^2 = 1 + \cos 2\pi \frac{d}{L\lambda}x$ (P25) とほぼ同じ式だ。

⑤より，$|\Psi|^2$ のグラフを図10に示す。では，この $|\Psi|^2$ は一体何を意味しているのだろうか？

…，そうだね。スクリーンに到達した電子により，縞模様が描かれるということは，この $|\Psi|^2$ は，スクリーンに到達した電子の個数の多，少，多，少，…を表現し

図10　電子の波動性の実験

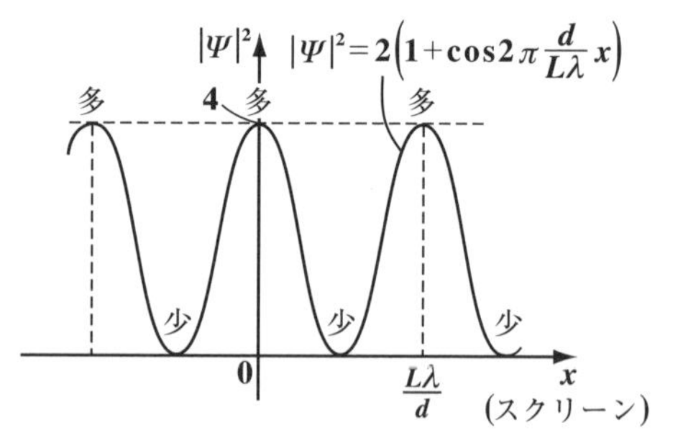

ていることになる。しかし，スクリーン上の各位置 x に到達する電子の個数そのものは電子銃から発射される電子の総数に依存することになるわけだから，結局 $|\Psi(x)|^2$ は，連続型の確率密度 (*probability density*) と考えるべきなんだね。

数学的に，$|\Psi|^2$ が確率密度となるためには，x の全区間 $a \leqq x \leqq b$ における積分が，

$\int_a^b |\Psi(x)|^2 dx = 1$ (全確率) ……㋐ の条件をみたさないといけない。(a，b は $-\infty$ や $+\infty$ でも構わない。)

"規格化" または "正規化" という。

したがって，この場合，正確にはある係数 C を用いて $C|\Psi|^2$ が確率密度というべきなんだけれど，ここでは解説を簡略化するために $|\Psi|^2$ を確率密度として話しておこう。まだプロローグの段階だからね。でも，この知識があると，P25 で求めたヤングの干渉縞についての

$\Psi^2 = 1 + \cos\frac{2\pi d}{L\lambda}x$ と，今回の電子の波動性の実験についての

$|\Psi|^2 = 2\left(1 + \cos\frac{2\pi d}{L\lambda}x\right)$ とが，本質的に同じものであることが分かるはずだ。

量子力学において，係数倍だけ違う波動関数は，どうせみんな㋐の条件をみたすように規格化されるわけだから，同じ波動関数とみなす。つまり Ψ や 2Ψ や $-\frac{1}{2}\Psi$ や $-\Psi$ は，みんな同じ波動関数なんだね。これも覚えておこう。

つまり，スクリーン (x 軸) 上の $[x,\ x+dx]$ の微小区間に電子が到達 (存在) する確率が，$|\Psi(x)|^2 dx$ ということなんだね。したがって，予め確率密度 $|\Psi|^2$ で表される連続型の確率分布があり，電子はこの分布に従ってスクリーン上に出現することになる。だから，電子の個数が少ない場合は，ランダムに現れるように見えるけれど，個数が増えていくにつれて，この $|\Psi|^2$ の確率密度の分布に従って，キレイな縞模様が描かれることになるんだね。

以上の解説で，量子力学における波動関数 Ψ の絶対値の 2 乗，すなわち $|\Psi|^2$ が，粒子の存在確率を決める重要な確率密度関数になっていることが，ご理解頂けたと思う。

§3. 解析力学の基本と積分公式

量子力学を学ぶ上で必要な"**解析力学**"(***analytical mechanics***)の基本と，積分公式について，このプロローグで解説しておこう。

解析力学とは，ニュートンの運動方程式の代わりに，"**ラグランジュの運動方程式**"や"**ハミルトンの正準方程式**"(せいじゅん)を用いて，様々な運動を記述する古典力学の**1**つの手法なんだけれど，量子力学でも，この手法の一部を利用する。ここでは，**1**次元問題にのみ話をしぼって，量子力学を学ぶ上で必要な解析力学の基本について解説しよう。また，相対論から導かれるハミルトニアンを基にして，光子と電子の共通点と相違点についても教えるつもりだ。また，コンプトン効果についても簡単な例題を解いてみよう。

さらに，量子力学では，様々なポテンシャルエネルギーや境界条件の下でシュレーディンガーの波動方程式を解いて，波動関数や様々な物理量を調べていくんだけれど，その際によく出てくる積分公式(ガウス積分)についても，証明と共にここで紹介しておこう。

● 解析力学の基本を押さえよう！

量子力学は，古典力学とは相当異なる力学体系をもっているんだけれど，理論形式として，解析力学の手法を用いる点で，古典力学と接点があるんだね。ここでは，一次元の問題に話をしぼって，解析力学の基本について解説しよう。

解析力学では，ニュートンの運動方程式$(m\ddot{x}=f)$の代わりに，次の"**ラグランジュの運動方程式**"(***Lagrange's equation of motion***)を利用する。

$$\frac{d}{dt}\left(\frac{\partial L}{\partial \dot{q}}\right)-\frac{\partial L}{\partial q}=0 \quad \cdots\cdots\cdots(*k)$$

(ただし，L：ラグランジアン，q：一般化座標，t：時刻，
$L=T-V$ (T：運動エネルギー，V：ポテンシャルエネルギー))

一般化座標とは，普通に x や y や θ など位置を表す座標を一般化したもので，これを q で表す。また，$\dot{q}$ は q を時刻 t で微分したものだ。
そして，ラグランジアン L は，運動エネルギー (T) からポテンシャルエネルギー (V) を引いたものであり，ラグランジュの運動方程式 $(*k)$ で，様々な運動を表現できるんだね。

では，例題として，図 1 のような調和振動子 (単振動) のラグランジアン L を求めてみよう。一般化座標として x をそのまま用いると，

図 1　調和振動子 (単振動)
(バネ定数 k のバネのイメージで示した)

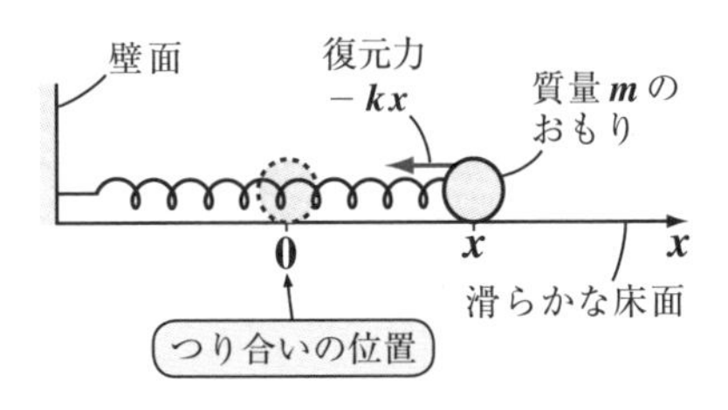

$$\begin{cases} \text{運動エネルギー } T = \dfrac{1}{2}m\dot{x}^2 \\ \text{ポテンシャルエネルギー } V = \dfrac{1}{2}kx^2 \end{cases}$$

であるので，ラグランジアン $L = T - V = \dfrac{1}{2}m\dot{x}^2 - \dfrac{1}{2}kx^2$　となる。

ここで，単振動の角振動数 ω は，$\omega = \sqrt{\dfrac{k}{m}}$ と表されるので，上式に $k = m\omega^2$ を代入して，調和振動子のラグランジアン L は，

$$L = \frac{1}{2}m\dot{x}^2 - \frac{1}{2}m\omega^2x^2 \quad \cdots\cdots\cdots(*l)$$

となる。重要なので，頭に入れておこう。

$(*l)$ を，ラグランジュの運動方程式に代入すると，

$\cdot\ \dfrac{\partial L}{\partial \dot{x}} = \dfrac{\partial}{\partial \dot{x}}\left(\dfrac{1}{2}m\dot{x}^2 - \underbrace{\cancel{\dfrac{1}{2}m\omega^2x^2}}_{\text{定数扱い}}\right) = \dfrac{1}{2}m\cdot 2\cdot\dot{x} = m\dot{x}$

$\cdot\ \dfrac{\partial L}{\partial x} = \dfrac{\partial}{\partial x}\left(\underbrace{\cancel{\dfrac{1}{2}m\dot{x}^2}}_{\text{定数扱い}} - \dfrac{1}{2}m\omega^2x^2\right) = -\dfrac{1}{2}m\omega^2\cdot 2x = -m\omega^2x$　より，

$\dfrac{d}{dt}(m\dot{x}) + m\omega^2x = 0$　となって，ニュートンの運動方程式

$m\ddot{x} = -m\omega^2x \quad (m\ddot{x} = -kx)$　が導けるんだね。

さらに，ラグランジアン $L\ (=T-V)$ を $\dot{q}$ で偏微分したものを，一般化運動量 p と定義する。つまり，

$$p=\frac{\partial L}{\partial \dot{q}} \quad \cdots\cdots\cdots(*m)$$ となるんだね。

そして，一般化座標 q，一般化運動量 p，ラグランジアン L を用いて，ハミルトニアン H を

$$H=\dot{q}p-L \quad \cdots\cdots\cdots(*n)$$ と定義すると，

このハミルトニアン H について，次の "**ハミルトンの正準方程式**" (***Hamilton's canonical equation***) が成り立つ。

$$\frac{dq}{dt}=\frac{\partial H}{\partial p} \quad \cdots\cdots\cdots(*o) \qquad \frac{dp}{dt}=-\frac{\partial H}{\partial q} \quad \cdots\cdots\cdots(*o)'$$

（ただし，H：ハミルトニアン $(H=\dot{q}p-L\ \cdots\cdots(*n))$，$q$：一般化座標，
p：一般化運動量 $\left(p=\dfrac{\partial L}{\partial \dot{q}}\ \cdots\cdots(*m)\right)$，$t$：時刻）

ここで，正準方程式 $(*o)$ と $(*o)'$ の覚え方も教えよう。これは "ヘクトパスカル"，つまり，"ヘ (H) ク (q) ト (t) パ (p) スカル" と覚えるといい。まず，右上に起点となる H(ヘ) の位置を固定し "d" や "∂" を取り払うと，$(*o)$ では "ヘ (H) ク (q) ト (t) パ (p) スカル" の順に反時計回り（⊕ 回り）に文字が並ぶので，そのままとする。これに対して $(*o)'$ では，時計回り（⊖ 回り）に同じ文字が並ぶので，右辺に⊖を付けると覚えておけばいいんだね。下の図を見ながら，シッカリ頭に入れて頂きたい。

図 2　ハミルトンの正準方程式の覚え方

(ⅰ) $(*o)$ の方程式

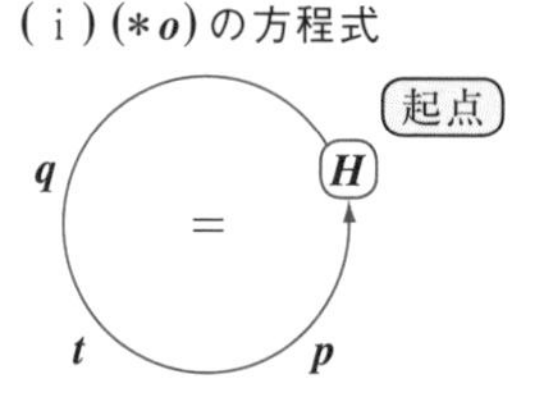

(ⅱ) $(*o)'$ の方程式

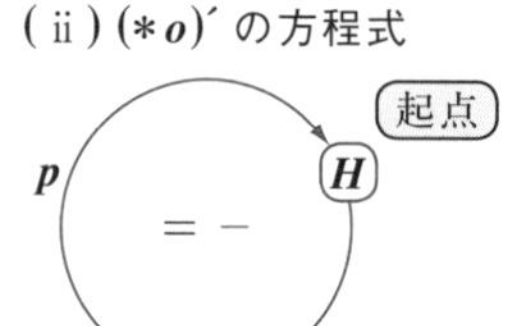

ン？早過ぎて目が回りそうだって!? そうだね，解析力学の骨格を一気に示したからね。でも，量子力学で利用するのは，このハミルトニアン H であって，正準方程式 $(*o)$，$(*o)'$ を解くことではないんだね。少し，ホッとした？

● ハミルトニアンHをpとqで表そう！

量子力学では，ハミルトニアン$H\ (=\dot{q}p-L)$が重要な役割を演じるので，ラグランジアン$L(=T-V)$から，このHを求める手続きに習熟しておく必要があるんだね。この流れを図3に模式図の形でまとめて示す。

(i) まず，$L=T-V$からLを求める。（T：運動エネルギー，V：ポテンシャルエネルギー）

このときLはqと$\dot{q}$の関数$L(q,\ \dot{q})$なんだね。

(ii) 次に，pはLを$\dot{q}$で偏微分して，

$p=\dfrac{\partial L}{\partial \dot{q}}$により求める。

(iii) そして，$H=\dot{q}p-L$からHを求め，さらに，Hをqとpの関数$H(q,\ p)$とする。

図3 ハミルトニアンHの求め方

(i) $L\ (=T-V)$を求める。
$(L=L(q,\ \dot{q}))$
⇓
(ii) $p=\dfrac{\partial L}{\partial \dot{q}}$を求める。
⇓
(iii) $H=\dot{q}p-L$を求め，
$H=H(q,\ p)$の形にする。

以上の手続きを調和振動子の例で確認しておこう。

(ex) 調和振動子のラグランジアンLはP33で求めたように，

(i) $L=L(x,\ \dot{x})=T-V=\dfrac{1}{2}m\dot{x}^2-\dfrac{1}{2}m\omega^2x^2$ ………$(*l)$ ← qと$\dot{q}$の代わりにxと$\dot{x}$で表した。

(ii) 次に，一般化運動量pを定義式$(*m)$の通りに求めると，

$$p=\frac{\partial L}{\partial \dot{x}}=\frac{\partial}{\partial \dot{x}}\left(\frac{1}{2}m\dot{x}^2-\underbrace{\frac{1}{2}m\omega^2x^2}_{\text{定数扱い}}\right)$$

xと$\dot{x}$は，それぞれ独立な変数なので，$\dot{x}$で偏微分するときは，xは定数扱いとなる。

$$=\frac{1}{2}m\cdot 2\dot{x}=m\dot{x}\ \cdots\cdots\cdots①$$ となる。

(iii) ①を用いてハミルトニアンHを求めると，

$$H=\dot{x}\underbrace{p}_{m\dot{x}\,(①より)}-L=m\dot{x}^2-\underbrace{\left(\frac{1}{2}m\dot{x}^2-\frac{1}{2}m\omega^2x^2\right)}_{L\,((*l)より)}=\underbrace{\frac{1}{2}m\dot{x}^2}_{\frac{1}{2}\cdot\frac{(m\dot{x})^2}{m}=\frac{p^2}{2m}\,(①より)}+\frac{1}{2}m\omega^2x^2$$

$\therefore H=H(x,\ p)=\dfrac{p^2}{2m}+\dfrac{1}{2}m\omega^2x^2$ が求まるんだね。大丈夫だった？

ン？ハミルトニアン H を手順に従って求めたけれど，

$$H = \frac{p^2}{2m} + \frac{1}{2}m\omega^2x^2 = T + V = E \text{（全力学的エネルギー）}$$

運動エネルギー　ポテンシャルエネルギー

となって，H は全力学的エネルギー E と一致しているので，それなら初めから $H = E = T + V$ として求めればいいだけなんじゃないかって？確かに，ある条件を満たせば $H = E$ となるので，3 つの手続きを省略して求めることができる。その条件とは次の 2 つなんだね。

(ⅰ) $V = V(q)$　かつ　(ⅱ) $T = a\dot{q}^2$ (a：定数)

ポテンシャルエネルギーが，q のみの関数

運動エネルギーが，$\dot{q}^2$ の係数倍で表される。

このとき，$L = T - V = a\dot{q}^2 - V(q)$ より，

$$p = \frac{\partial L}{\partial \dot{q}} = \frac{\partial}{\partial \dot{q}}\{a\dot{q}^2 - V(q)\} = 2a\dot{q}$$ となる。よって，

$\dot{q}$ からみて，定数扱い

$$H = \dot{q}p - L = \dot{q}\cdot 2a\dot{q} - \{a\dot{q}^2 - V(q)\} = a\dot{q}^2 + V$$

($a\dot{q}^2$：T)

すなわち，$H = E = T + V$ が成り立つんだね。よって，上の 2 つの条件(ⅰ)，(ⅱ)が満たされていれば，$H = E$ から H を求めても構わないんだね。

では次の例題で，単振り子の L と p と H を求めてみよう。

例題 2　右図に示すように，天井の位置を 0 とし，長さ l，質量 m の単振り子の運動について，小さな振れ角 θ を一般化座標として(ⅰ)ラグランジアン L，(ⅱ)一般化運動量 p，(ⅲ)ハミルトニアン H を求めよ。

（ただし，位置エネルギー V は 0 の位置を基準に考えることにする。）

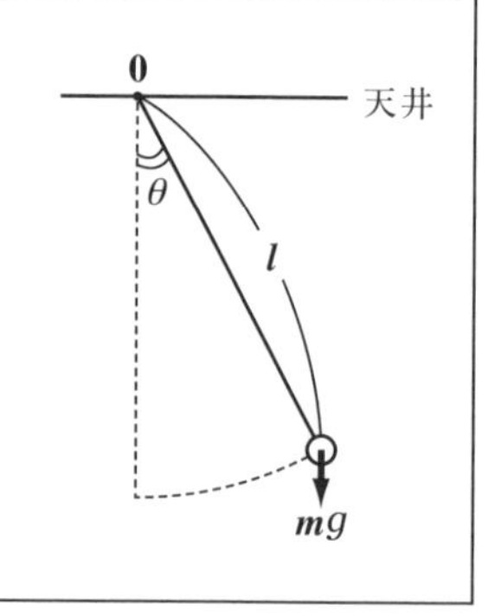

右図より，この単振り子の運動エネルギー T と位置エネルギー V は，

$$\begin{cases} T = \frac{1}{2}m(l\dot{\theta})^2 = \frac{1}{2}ml^2\dot{\theta}^2 \\ V = -mgl\cos\theta \end{cases}$$ となるので，

(i) ラグランジアン L は，

$$L = T - V = \frac{1}{2}ml^2\dot{\theta}^2 + mgl\cos\theta$$ であり，

（q と $\dot{q}$ の代わりに θ と $\dot{\theta}$ を用いている。）

(ii) 一般化運動量 p は，

$$p = \frac{\partial L}{\partial \dot{\theta}} = \frac{\partial}{\partial \dot{\theta}}\left(\frac{1}{2}ml^2\dot{\theta}^2 + \underbrace{mgl\cos\theta}_{\text{定数扱い}}\right) = \frac{1}{2}ml^2 \cdot 2\dot{\theta} = ml^2\dot{\theta}$$ となる。

(iii) よって，求めるハミルトニアン H は，

$$H = \dot{\theta}\underbrace{p}_{ml^2\dot{\theta}} - L = ml^2\dot{\theta}^2 - \left(\frac{1}{2}ml^2\dot{\theta}^2 + mgl\cos\theta\right)$$

$$= \frac{1}{2}\underbrace{ml^2\dot{\theta}^2}_{\frac{(ml^2\dot{\theta})^2}{ml^2} = \frac{p^2}{ml^2}} - mgl\cos\theta = \frac{p^2}{2ml^2} - mgl\cos\theta$$ となるんだね。

（最終的に，H は θ と p の式で表す！）

> $T = \frac{1}{2}ml^2\dot{\theta}^2$ であり，かつ $V = -mgl\cos\theta$ より，ハミルトニアン H は，
>
> （$T = a\dot{\theta}^2$ の形）（$V = V(\theta)$：θ のみの関数）
>
> 全力学的エネルギー $E = T + V$ と一致するので，初めから
>
> $H = T + V = \frac{1}{2}ml^2\dot{\theta}^2 - mgl\cos\theta$ と求めても，もちろん構わない。

どう？これで，L と p と H を求めるやり方にも慣れて頂けたと思う。

では次，**“ポアソン括弧”** について解説しよう。

● ポアソン括弧も押さえよう！

"ポアソン括弧" (*Poisson bracket*) とは，正準変数 q (一般化座標) と p (一般化運動量) を独立変数とする2つの関数 $F(q, p)$ と $G(q, p)$ について，$[F, G]_{q,p}$ と表される数学上の記号のことで，次のように定義されるんだね。

$$\text{ポアソン括弧}\ [F, G]_{q,p} = \frac{\partial F}{\partial q}\cdot\frac{\partial G}{\partial p} - \frac{\partial F}{\partial p}\cdot\frac{\partial G}{\partial q}$$

少し練習しておこう。$[q, q]_{q,p}$，$[p, p]_{q,p}$，$[q, p]_{q,p}$ を求めてみると，

$$\cdot[q, q]_{q,p} = \frac{\partial q}{\partial q}\cdot\frac{\partial q}{\partial p} - \frac{\partial q}{\partial p}\cdot\frac{\partial q}{\partial q} = 1\cdot 0 - 0\cdot 1 = 0$$

$$\cdot[p, p]_{q,p} = \frac{\partial p}{\partial q}\cdot\frac{\partial p}{\partial p} - \frac{\partial p}{\partial p}\cdot\frac{\partial p}{\partial q} = 0\cdot 1 - 1\cdot 0 = 0$$

$$\cdot[q, p]_{q,p} = \frac{\partial q}{\partial q}\cdot\frac{\partial p}{\partial p} - \frac{\partial q}{\partial p}\cdot\frac{\partial p}{\partial q} = 1\cdot 1 - 0\cdot 0 = 1$$ となる。

次の例題もやっておこう。

例題3　$F = q - \log p$，$G = p$ のとき，次のポアソン括弧

(i) $[F, F]_{q,p}$，(ii) $[G, G]_{q,p}$，(iii) $[F, G]_{q,p}$ を求めよ。

$$\text{(i)}\ [F, F]_{q,p} = \frac{\partial(q-\log p)}{\partial q}\cdot\frac{\partial(q-\log p)}{\partial p} - \frac{\partial(q-\log p)}{\partial p}\cdot\frac{\partial(q-\log p)}{\partial q}$$

$$= 1\cdot\left(-\frac{1}{p}\right) - \left(-\frac{1}{p}\right)\cdot 1 = -\frac{1}{p} + \frac{1}{p} = 0$$

$$\text{(ii)}\ [G, G]_{q,p} = \frac{\partial p}{\partial q}\cdot\frac{\partial p}{\partial p} - \frac{\partial p}{\partial p}\cdot\frac{\partial p}{\partial q} = 0\cdot 1 - 1\cdot 0 = 0$$

$$\text{(iii)}\ [F, G]_{q,p} = \frac{\partial(q-\log p)}{\partial q}\cdot\frac{\partial p}{\partial p} - \frac{\partial(q-\log p)}{\partial p}\cdot\frac{\partial p}{\partial q}$$

$$= 1\cdot 1 - \left(-\frac{1}{p}\right)\cdot 0 = 1$$

これで，ポアソン括弧の計算にも慣れることができたでしょう？

量子力学で重要な意味をもつのは，例題**3**の(iii)のように，このポアソン括弧が**1**となるときなんだね。この重要性については**P195**で演算子と交換関係の解説のときに，詳しく解説するつもりだ。

では次，正準方程式$(*o)$と$(*o)'$も，ポアソン括弧を用いると，それぞれ

(i) $\dot{q} = [q,\ H]_{q,\,p}$ ………$(**o)$

(ii) $\dot{p} = [p,\ H]_{q,\,p}$ ………$(**o)'$

と表されることも示しておこう。まず，

(i)の$(**o)$について，(左辺)$= \dot{q} = \dfrac{dq}{dt}$

$$(\text{右辺}) = [q,\ H]_{q,\,p} = \frac{\partial q}{\partial q}\cdot\frac{\partial H}{\partial p} - \underbrace{\frac{\partial q}{\partial p}}_{0}\cdot\frac{\partial H}{\partial q} = 1\cdot\frac{\partial H}{\partial p} = \frac{\partial H}{\partial p}$$

$\therefore (**o)$は，正準方程式：$\dfrac{dq}{dt} = \dfrac{\partial H}{\partial p}$ ………$(*o)$ を表す。次に，

(ii)の$(**o)'$について，(左辺)$= \dot{p} = \dfrac{dp}{dt}$

$$(\text{右辺}) = [p,\ H]_{q,\,p} = \underbrace{\frac{\partial p}{\partial q}}_{0}\cdot\frac{\partial H}{\partial p} - \frac{\partial p}{\partial p}\cdot\frac{\partial H}{\partial q} = -1\cdot\frac{\partial H}{\partial q} = -\frac{\partial H}{\partial q}$$

$\therefore (**o)'$は，正準方程式：$\dfrac{dp}{dt} = -\dfrac{\partial H}{\partial q}$ ………$(*o)'$ を表すことになるんだね。大丈夫だった？

● 相対論を考慮に入れたLとHを押さえよう！

では，次のテーマ，相対論を考慮に入れた解析力学についても少し調べてみよう。粒子の速度vが，光の速度$c\ (= 2.998\times10^8(\text{m/s}))$に対して無視できない大きさである場合のラグランジアンLは，次式で与えられる。ただし，ポテンシャルエネルギーVは無視しているので，これは質量mの自由粒子の運動のラグランジアンLのことなんだね。このLの式は，“作用積分”(***action integral***)から導かれるんだけれど，このLの導出については，**Appendix**(付録)(**P232**)で解説しよう。

$$L = -mc^2\sqrt{1-\frac{v^2}{c^2}} \quad \cdots\cdots\cdots(*p)$$

そして，この $(*p)$ を基に，一般化運動量 p とハミルトニアン H が次のように導かれる。

$$p = \frac{mv}{\sqrt{1-\frac{v^2}{c^2}}} \quad \cdots\cdots\cdots\cdots(*q)$$

$$H = \sqrt{m^2c^4 + c^2p^2} \quad \cdots\cdots\cdots(*r)$$

（ただし，m：粒子の静止質量 (kg)，v：粒子の速度 (m/s)，
c：光速度 $(=2.998\times 10^8\ (\mathrm{m/s}))$）

(i) $(*p)$ の L から，$(*q)$ の p を導いてみよう。p を求める公式より，

$$p = \frac{\partial L}{\partial \dot{x}} = \frac{\partial L}{\partial v} = \frac{\partial}{\partial v}\left\{\underbrace{-mc^2}_{\text{定数}}\left(1-\frac{v^2}{c^2}\right)^{\frac{1}{2}}\right\} \quad ((*p)\text{ より})$$

$$= -mc^2\cdot\frac{1}{2}\left(1-\frac{v^2}{c^2}\right)^{-\frac{1}{2}}\cdot\left(-\frac{2v}{c^2}\right) = \frac{mv}{\sqrt{1-\frac{v^2}{c^2}}}$$ となって，$(*q)$

が導ける。ここで $(*q)$ を v^2 でまとめると，

$$v^2 = \frac{c^2p^2}{m^2c^2+p^2} \quad \cdots\cdots\cdots ① \quad \text{となる。}$$

> $(*q)$ より，$p\sqrt{1-\frac{v^2}{c^2}} = mv$
> 両辺を 2 乗して，
> $p^2 - \frac{p^2}{c^2}v^2 = m^2v^2$
> $\left(m^2+\frac{p^2}{c^2}\right)v^2 = p^2$

では次に，ハミルトニアン H も求めよう。

(ii) ハミルトニアン H は，p と L の式 $(*q)$ と $(*p)$ を用いて，

$$H = \underset{\dot{x}}{v}\cdot p - L = v\cdot\underbrace{\frac{mv}{\sqrt{1-\frac{v^2}{c^2}}}}_{p\,((*q)\text{ より})} - \underbrace{\left(-mc^2\sqrt{1-\frac{v^2}{c^2}}\right)}_{L\,((*p)\text{ より})}$$

$$= \frac{mv^2 + mc^2\left(1-\frac{v^2}{c^2}\right)}{\sqrt{1-\frac{v^2}{c^2}}} = \frac{mc^2}{\sqrt{1-\frac{v^2}{c^2}}} \quad \cdots\cdots\cdots ②$$

②に①を代入して，

$$H=\frac{mc^2}{\sqrt{1-\frac{1}{\cancel{c^2}}\frac{\cancel{c^2}p^2}{m^2c^2+p^2}}}=\frac{mc^2}{\frac{\sqrt{m^2c^2}}{\sqrt{m^2c^2+p^2}}}=\frac{\cancel{m}c^{\cancel{2}}\sqrt{m^2c^2+p^2}}{\cancel{mc}}$$

$\therefore H=\sqrt{m^2c^4+c^2p^2}$ ………$(*r)$　も導けるんだね。大丈夫？

ここで，$(*r)$ の H は，相対論を考慮に入れた自由粒子の力学的エネルギー E と考えることにして，

$E=\sqrt{m^2c^4+c^2p^2}$ ………③　となる。

これは，公式：$E^2=m^2c^4+c^2p^2$ ………$(*s)$　と覚えておいてもいい。

(i) 粒子が光子（フォトン）のとき，③の質量 m に 0 を代入して，

$E=\sqrt{c^2p^2}=cp$　となって P11 で解説した光子のエネルギーが導ける。

(ii) 粒子が質量 m の電子で，さらに，その速さ v が $v\ll c$ のとき，（非相対論的）

$\frac{v^2}{c^2}=\frac{m^2v^2}{m^2c^2}=\frac{p^2}{m^2c^2}\fallingdotseq 0$　より，③から，

$$E=mc^2\left(1+\frac{p^2}{m^2c^2}\right)^{\frac{1}{2}}\fallingdotseq mc^2\left(1+\frac{1}{2}\cdot\frac{p^2}{m^2c^2}\right)$$

（$x\fallingdotseq 0$ のとき，$(1+x)^\alpha\fallingdotseq 1+\alpha x$）

$\therefore E=\frac{p^2}{2m}+mc^2$　が導けるんだね。

（$\frac{p^2}{2m}$：運動エネルギー，mc^2：静止エネルギー（これは定数））

以上より，光子（フォトン）と電子について，共通点と相違点を挙げておこう。

(I) 共通点として，いずれの波長 λ もエネルギー E も

$\lambda=\frac{h}{p}$，$E=\sqrt{m^2c^4+c^2p^2}$　で表される。

（$E=cp$ に，$p=\frac{h}{\lambda}$ と $c=\nu\lambda$ を代入すると，$E=\nu\lambda\cdot\frac{h}{\lambda}=h\nu$ となる。）

(II) 相違点として，

・光子の質量 $m=0$ より，$E=cp\ (=h\nu)$　と表される。

・電子の速度 v が $v\ll c$ のとき，$E=\frac{p^2}{2m}+mc^2$　と表される。

それでは，以上の結果を用いて，光子と電子が **1** 次元上で衝突する場合のコンプトン効果について調べてみよう。

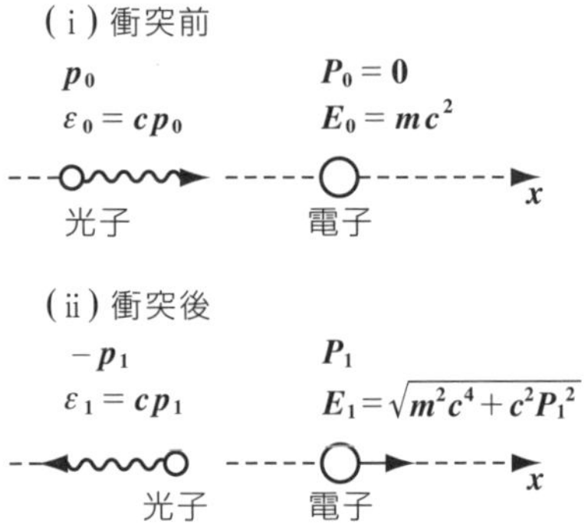

図 **3**(i) に示すように運動量 p_0，エネルギー $\varepsilon_0 = cp_0$ の光子が，静止している電子，すなわち運動量 $P_0 = 0$，エネルギー

$$E_0 = \sqrt{m^2c^4 + \underbrace{c^2P_0^2}_{0}} = mc^2$$

の電子に衝突した結果，図 **3**(ii) に示すように，光子の運動量とエネルギーは，$-p_1$ と $\varepsilon_1 = cp_1\ (p_1 > 0)$ に変化し，また，電子の運動量とエネルギーは，

図 3　1 次元のコンプトン効果

(i) 衝突前

p_0　$\varepsilon_0 = cp_0$　光子

$P_0 = 0$　$E_0 = mc^2$　電子　x

(ii) 衝突後

$-p_1$　$\varepsilon_1 = cp_1$　光子

P_1　$E_1 = \sqrt{m^2c^4 + c^2P_1^2}$　電子　x

P_1 と $E_1 = \sqrt{m^2c^4 + c^2P_1^2}$ に変化したものとする。このとき，

・運動量保存則より，$p_0 + 0 = -p_1 + P_1$ ……………………………①

・エネルギー保存則より，$cp_0 + mc^2 = cp_1 + \sqrt{m^2c^4 + c^2P_1^2}$ ………②

となる。①より，$P_1 = p_0 + p_1$ ……①′　①′を②に代入して変形すると，

$cp_0 + mc^2 - cp_1 = \sqrt{m^2c^4 + c^2(p_0 + p_1)^2}$　この両辺を **2** 乗して，

$c^2\{(p_0 - p_1) + mc\}^2 = m^2c^4 + c^2(p_0 + p_1)^2$　両辺を c^2 で割って，

$$\underbrace{(p_0 - p_1)^2}_{p_0^2 - 2p_0p_1 + p_1^2} + 2mc(p_0 - p_1) + m^2c^2 = m^2c^2 + \underbrace{(p_0 + p_1)^2}_{p_0^2 + 2p_0p_1 + p_1^2}$$

$2mc(p_0 - p_1) = 4p_0p_1$　　$mc(p_0 - p_1) = 2p_0p_1$ ………③　となる。

ここで，$p_0 = \frac{h}{\lambda_0}$，$p_1 = \frac{h}{\lambda_1}$　を③に代入すると，

$mc\left(\frac{h}{\lambda_0} - \frac{h}{\lambda_1}\right) = 2\frac{h}{\lambda_0}\cdot\frac{h}{\lambda_1}$　　両辺に $\frac{\lambda_0\lambda_1}{mch}$ をかけると，

$\lambda_1 - \lambda_0 = \frac{2h}{mc}$　となって，光子の波長が衝突の前後で，λ_0 から λ_1 に変化することが分かり，これは実験的に観測できる。

このコンプトン効果により，光子(フォトン)は運動量とエネルギーをもつ粒子としての性質をもつことが確認されたんだね。

ここで，面白い問題が生じる。つまり，光子(光)を電子に当てるということは，ボク達が電子の位置 x と運動量 P を観測していることに対応している。しかし，光を当てることによって電子は今回の 1 次元上だけでなく，実際は空間上を自由に動いて，その位置と運動量を変化させてしまうんだね。

このように，量子力学では，古典力学と違って，粒子の位置 x と運動量 P を同時に確定することはできない。粒子の位置 x と運動量 P を観測したときに生じるバラツキをそれぞれ Δx，ΔP とおくと，

$$\Delta x \cdot \Delta P \gtrsim \hbar \quad \cdots\cdots\cdots(*t) \qquad \left(\hbar = \frac{h}{2\pi} = 1.055 \times 10^{-34}\,(\mathrm{J \cdot s})\right)$$

$\left[\text{より厳密には，} \Delta x \cdot \Delta P \geqq \dfrac{\hbar}{2} \quad \cdots\cdots\cdots(*t)'\right]$ ← P202 参照

の関係が成り立つ。この $(*t)$ の式の意味は，

「$\Delta x \cdot \Delta P$ をどれだけ小さくしても，微小ではあるが，正の数 $\hbar$ より小さくなることはない。」ということなんだね。したがって，$\Delta x \to 0$ として，x の値を確定しようとすると，$\Delta P \to \infty$ となって，運動量 P の値はまったく分からなくなってしまうんだね。これは，ハイゼンベルグ(***W.K.Heisenberg***)が導いた原理で，“**不確定性原理**”(***uncertainty principle***)と呼ばれる。この不確定性原理についても，後でより正確に詳しく解説するつもりだ。

それでは，プロローグの最後に，量子力学を学ぶ上で頻出のガウス積分と呼ばれる積分公式についても解説しておこう。

● ガウス積分の公式もマスターしよう！

量子力学を学ぶ上で，様々な数学的な知識が必要となるんだけれど，このプロローグでは，次のガウス積分を公式として覚えて頂くことにしよう。

ガウス積分

(i) $\displaystyle\int_{-\infty}^{\infty} e^{-ax^2}dx = \sqrt{\frac{\pi}{a}}$ ……………(∗u)　$(a>0)$

(ii) $\displaystyle\int_{-\infty}^{\infty} x^2e^{-ax^2}dx = \frac{\sqrt{\pi}}{2a\sqrt{a}}$ ………(∗v)　$(a>0)$

ここでまず，無限積分 $I=\int_{-\infty}^{\infty}e^{-x^2}dx$ を求めてみよう。

$$I^2=\int_{-\infty}^{\infty}e^{-x^2}dx\cdot\underbrace{\int_{-\infty}^{\infty}e^{-y^2}dy}_{\text{積分変数は}y\text{でも構わない。}}=\int_{-\infty}^{\infty}\int_{-\infty}^{\infty}e^{-(x^2+y^2)}dxdy \quad\cdots\cdots①$$

ここで，$x=r\cos\theta$，$y=r\sin\theta$　とおくと，

$$\text{ヤコビアン}J=\frac{\partial(x,\,y)}{\partial(r,\,\theta)}=\begin{vmatrix}\frac{\partial x}{\partial r} & \frac{\partial x}{\partial\theta}\\ \frac{\partial y}{\partial r} & \frac{\partial y}{\partial\theta}\end{vmatrix}=\begin{vmatrix}\cos\theta & -r\sin\theta\\ \sin\theta & r\cos\theta\end{vmatrix}$$

$$=r\cos^2\theta+r\sin^2\theta=r(\underbrace{\cos^2\theta+\sin^2\theta}_{1})=r$$

また，$x:-\infty\to\infty$，$y:-\infty\to\infty$ のとき，

$r:0\to\infty$，$\theta:0\to2\pi$ より，①の 2 重積分は，

$$I^2=\int_0^{2\pi}\int_0^{\infty}e^{-r^2}\underbrace{r}_{|J|\text{のこと}}drd\theta=\int_0^{2\pi}1\cdot d\theta\cdot\int_0^{\infty}re^{-r^2}dr$$

$$=[\theta]_0^{2\pi}\cdot\left(-\frac{1}{2}\right)\left[e^{-r^2}\right]_0^{\infty}=2\pi\cdot\left(-\frac{1}{2}\right)\cdot\lim_{p\to\infty}(\underbrace{e^{-p^2}}_{0}-1)$$

$\therefore\ I^2 = 2\pi\cdot\left(-\frac{1}{2}\right)\cdot(-1) = \pi$　であり，かつ $I > 0$ より，

$I = \int_{-\infty}^{\infty} e^{-x^2}dx = \sqrt{\pi}$　………②　となる。

この②を基に（ i ）と（ii）の積分公式が導けるんだね。

（ i ）$x = \sqrt{a}\,t\quad(a > 0)$　とおくと，

x：$-\infty\to\infty$ のとき，t：$-\infty\to\infty$　また，$dx = \sqrt{a}\,dt$ より，

②の積分は，

$$\sqrt{\pi} = \int_{-\infty}^{\infty} e^{-x^2}dx = \int_{-\infty}^{\infty} e^{-(\sqrt{a}t)^2}\sqrt{a}\,dt = \sqrt{a}\int_{-\infty}^{\infty} e^{-at^2}dt$$

$\therefore \int_{-\infty}^{\infty} e^{-ax^2}dx = \sqrt{\frac{\pi}{a}}$　………(*u)　が導かれる。 ← 積分変数を x に戻した。

（ii）$\int_{-\infty}^{\infty} x^2\cdot e^{-ax^2}dx$　を部分積分にもち込むと，

$$\int_{-\infty}^{\infty} x^2\cdot e^{-ax^2}dx = -\frac{1}{2a}\int_{-\infty}^{\infty} x\cdot\underbrace{(-2ax)\cdot e^{-ax^2}}_{(e^{-ax^2})'}dx$$

$$= -\frac{1}{2a}\int_{-\infty}^{\infty} x\cdot\left(e^{-ax^2}\right)'dx$$

部分積分

$$= -\frac{1}{2a}\left\{\underbrace{\left[x\cdot e^{-ax^2}\right]_{-\infty}^{\infty}}_{\lim_{p\to\infty}\left(\frac{p}{e^{ap^2}}-\frac{-p}{e^{ap^2}}\right)=\lim_{p\to\infty}\frac{2p}{e^{ap^2}}=0} - \int_{-\infty}^{\infty} 1\cdot e^{-ax^2}dx\right\}$$

$$= \frac{1}{2a}\underbrace{\int_{-\infty}^{\infty} e^{-ax^2}dx}_{\sqrt{\frac{\pi}{a}}\ ((*u)\text{より})} = \frac{\sqrt{\pi}}{2a\sqrt{a}}$$

となって，(*v) も導けるんだね。

以上でプロローグの解説はすべて終了したので，次章以降，本格的な量子力学の講義に入っていこう！

講義1 ● 量子力学のプロローグ　公式エッセンス

1.　光子のエネルギー E と運動量 p

$$E = h\nu = \hbar\omega, \quad p = \frac{h}{\lambda} = \hbar k \qquad \left(2\pi\nu = \omega,\ k = \frac{2\pi}{\lambda}\right)$$

2.　物質波のド・ブロイ波長

$$\lambda = \frac{h}{p}$$

3.　水素原子のエネルギー準位 E_n とスペクトルの波長 λ

$$E_n = -\frac{\xi}{n^2}, \quad \frac{1}{\lambda} = R\left(\frac{1}{n^2} - \frac{1}{n'^2}\right)$$

4.　波動関数

(i) $u = \cos 2\pi\left(\frac{z}{\lambda} \mp \frac{t}{T}\right) = \cos 2\pi\left(\frac{z}{\lambda} \mp \nu t\right) = \cos(kz \mp \omega t)$

(ii) $\Psi = e^{2\pi i\left(\frac{z}{\lambda} \mp \frac{t}{T}\right)} = e^{2\pi i\left(\frac{z}{\lambda} \mp \nu t\right)} = e^{i(kz \mp \omega t)}$

5.　波動関数の絶対値の 2 乗 $|\Psi|^2$

粒子の存在する確率密度を表す。

6.　ラグランジアン L とハミルトニアン H

(i) $L = T - V$　　(ii) $p = \frac{\partial L}{\partial \dot{q}}$　　(iii) $H = \dot{q}p - L$

7.　ポアソン括弧

$$[F,\ G]_{q,\,p} = \frac{\partial F}{\partial q}\cdot\frac{\partial G}{\partial p} - \frac{\partial F}{\partial p}\cdot\frac{\partial G}{\partial q}$$

8.　光子と電子について

(i) 共通点：$\lambda = \frac{h}{p}$，$E = \sqrt{m^2c^4 + c^2p^2}$

(ii) 相違点：(ア) 光子は，$m = 0$ より，$E = cp$

(イ) 電子の速度 v が $v \ll c$ のとき，$E = \frac{p^2}{2m} + mc^2$

9.　ガウス積分

(i) $\int_{-\infty}^{\infty} e^{-ax^2}dx = \sqrt{\frac{\pi}{a}}$　　(ii) $\int_{-\infty}^{\infty} x^2 e^{-ax^2}dx = \frac{\sqrt{\pi}}{2a\sqrt{a}}$　(a：正の定数)

シュレーディンガーの波動方程式(基礎編)

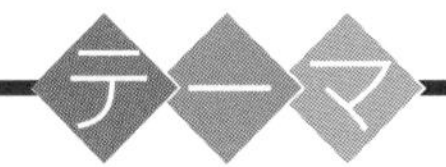

▶シュレーディンガーの波動方程式

$$\left(i\hbar \frac{\partial \Psi}{\partial t} = -\frac{\hbar^2}{2m} \frac{\partial^2 \Psi}{\partial x^2} + V\Psi,\ E\psi = -\frac{\hbar^2}{2m} \frac{d^2\psi}{dx^2} + V\psi \right)$$

▶波動関数 Ψ の意味

$$\int_{-\infty}^{\infty} |\Psi|^2 dx = \int_{-\infty}^{\infty} |\psi|^2 dx = 1$$

▶不確定性原理

$$\Delta x\, \Delta p \gtrsim \hbar$$

▶正規直交系・完全系の固有関数

$$\left((\psi_m,\ \psi_n) = \delta_{mn},\quad \sum_{n=1}^{\infty} \psi_n(x)\, \psi_n(t)^* = \delta(x-t) \right)$$

§1. シュレーディンガーの波動方程式

さァ，これから，量子力学の土台とも言える“**シュレーディンガー(*E.Schrödinger*)の波動方程式**”の解説に入ろう。シュレーディンガーが，この方程式を提出した**1926**年の**1**年前に，ハイゼンベルク(***W.Heisenberg***)も“**行列力学**”を提案し，これらによって，量子力学の基本的な枠組みが完成された。そして，このシュレーディンガーの波動方程式とハイゼンベルクの行列力学は，理論的に同等なものであることが，後に確認されたんだね。この**2**つの内，シュレーディンガーの波動方程式の方が，日頃ボク達が解き慣れている偏微分方程式の形で表されているため，量子力学の解説では行列力学より，この方程式で解説される教官の方が多いと思う。本書でも，このシュレーディンガーの波動方程式を中心に，これから詳しく解説していくつもりだ。行列力学の考え方については，この節の最後に簡単に紹介しよう。

シュレーディンガーの波動方程式は，“**波動関数**”(***wave function***) $\Psi(x,\ t)$（プサイ(大文字)）に関する虚数単位 i を含む偏微分方程式であり，ここではまず，この波動方程式の興味深い導き方について解説しよう。また，このシュレーディンガーの波動方程式には，時刻 t を含むものと，含まないものの**2**種類があることも示すつもりだ。さらに，波動関数 $\Psi(x,\ t)$ や $\psi(x)$（プサイ(小文字)）の意味や性質についても詳しく教えよう。

● シュレーディンガーの波動方程式を導こう！

シュレーディンガーの波動方程式は，シュレーディンガーが物質波を表す波動関数がどのような方程式で表現されるのか？試行錯誤の結果導き出したものなんだね。まず，**1**次元のシュレーディンガーの波動方程式について，

$$\begin{cases} (\text{I})\ \text{時刻}\ t\ \text{を含む波動関数}\ \Psi(x,\ t)\ \text{についてのものと，} \\ (\text{II})\ \text{時刻}\ t\ \text{を含まない波動関数}\ \psi(x)\ \text{についてのものの} \end{cases}$$

2種類があるので，それらを次に示そう。

シュレーディンガーの波動方程式

(Ⅰ) 時刻 t を含む波動関数 $\Psi(x,\ t)$（プサイ(大文字)）についての波動方程式

$$i\hbar\frac{\partial\Psi}{\partial t}=-\frac{\hbar^2}{2m}\frac{\partial^2\Psi}{\partial x^2}+V(x)\Psi \quad \cdots\cdots\cdots(*w)$$

(Ⅱ) 時刻 t を含まない波動関数 $\psi(x)$（プサイ(小文字)）についての波動方程式

$$E\psi=-\frac{\hbar^2}{2m}\frac{d^2\psi}{dx^2}+V(x)\psi \quad \cdots\cdots\cdots\cdots\cdots(*x)$$

（ただし，$\Psi(x,\ t)$，$\psi(x)$：波動関数，i：虚数単位，m：粒子の質量，
x：位置，$V(x)$：ポテンシャルエネルギー，
E：力学的エネルギー）

どう？$(*w)$ も $(*x)$ も意外とシンプルな形をしてるでしょう？でもシュレーディンガーの波動方程式は，一般の波動を表す偏微分方程式とは異なる形式になっているんだね。一般の 1 次元の波動方程式は変位を u とおくと，$\frac{\partial^2u}{\partial t^2}=v\frac{\partial^2u}{\partial x^2}$ (v：定数) で表され，時刻 t での 2 階微分の項が存在する。これに対して $(*w)$ では，t での 1 階微分の項しかなく，$(*x)$ については，そもそも t での微分項そのものがないんだね。これは，物質波の波動関数として，実数関数ではなく，複素指数関数を用いたことに起因している。$(*w)$ の左辺に，虚数単位 i がかかっていることからも，波動関数 Ψ が複素関数であることが分かると思う。

ではまず (Ⅰ) の $(*w)$ の波動方程式を導いてみよう。この $(*w)$ の波動方程式の構造は面白いことに，次の 2 つの式から成り立っているんだね。

力学的エネルギー　$E=\frac{p^2}{2m}+V$ ………………①
平面波 (進行波)　$\Psi(x,\ t)=e^{2\pi i\left(\frac{x}{\lambda}-\nu t\right)}$ ………②

②の $\Psi(x,\ t)$ は，平面波と呼ばれる複素指数関数表示の波動関数で，P26 で既に示した。

ここで，Ψ を光子の波動と考えると，$p=\frac{h}{\lambda}$，$E=h\nu$ より，②は，

$$\Psi(x,\ t)=e^{2\pi i\left(\frac{x}{\lambda}-\nu t\right)}=e^{2\pi i\left(\frac{p}{h}x-\frac{E}{h}t\right)}$$
（$\frac{x}{\lambda}=\frac{p}{h}x$，$\nu t=\frac{E}{h}t$）　ここで，$\hbar=\frac{h}{2\pi}$ より，

$$\Psi(x,\ t)=e^{i\left(\frac{p}{\hbar}x-\frac{E}{\hbar}t\right)} \quad \cdots\cdots\cdots②'$$ と表すことができる。

ここで，②′を t と x でそれぞれ偏微分してみると，次のようになるんだね。

$$E=\frac{p^2}{2m}+V \quad \cdots\cdots\cdots ①$$
$$\Psi=e^{i\left(\frac{p}{\hbar}x-\frac{E}{\hbar}t\right)} \quad \cdots\cdots\cdots ②'$$

$$\begin{cases} \cdot\ \dfrac{\partial \Psi}{\partial t}=\dfrac{\partial}{\partial t}\left(\underbrace{e^{i\frac{p}{\hbar}x}}_{\text{定数扱い}}\cdot e^{-i\frac{E}{\hbar}t}\right)=-i\dfrac{E}{\hbar}e^{i\frac{p}{\hbar}x}\cdot e^{-i\frac{E}{\hbar}t}=-i\dfrac{E}{\hbar}\underbrace{e^{i\left(\frac{p}{\hbar}x-\frac{E}{\hbar}t\right)}}_{\Psi(x,\ t)} \\ \cdot\ \dfrac{\partial \Psi}{\partial x}=\dfrac{\partial}{\partial x}\left(e^{i\frac{p}{\hbar}x}\cdot \underbrace{e^{-i\frac{E}{\hbar}t}}_{\text{定数扱い}}\right)=i\dfrac{p}{\hbar}e^{i\frac{p}{\hbar}x}\cdot e^{-i\frac{E}{\hbar}t}=i\dfrac{p}{\hbar}\underbrace{e^{i\left(\frac{p}{\hbar}x-\frac{E}{\hbar}t\right)}}_{\Psi(x,\ t)} \end{cases}$$

よって，$\begin{cases} \dfrac{\partial \Psi}{\partial t}=-\dfrac{i}{\hbar}E\Psi & \cdots\cdots\cdots ③ \\ \dfrac{\partial \Psi}{\partial x}=\dfrac{i}{\hbar}p\Psi & \cdots\cdots\cdots ④ \end{cases}$ より，

$$\begin{cases} E\Psi=-\dfrac{\hbar}{i}\dfrac{\partial \Psi}{\partial t}=\dfrac{i^2\hbar}{i}\dfrac{\partial \Psi}{\partial t}=i\hbar\dfrac{\partial \Psi}{\partial t} & \cdots\cdots\cdots ③' \\ p\Psi=\dfrac{\hbar}{i}\dfrac{\partial \Psi}{\partial x}=-\dfrac{i^2\hbar}{i}\dfrac{\partial \Psi}{\partial x}=-i\hbar\dfrac{\partial \Psi}{\partial x} & \cdots\cdots\cdots ④' \end{cases}$$ となる。

④′より，p を Ψ にかけるということは「$-i\hbar\dfrac{\partial}{\partial x}$ という演算子を Ψ に作用させることである」と考えよう。すると，$p^2\Psi$ は，

$$p^2\Psi=\left(-i\hbar\frac{\partial}{\partial x}\right)^2\Psi=i^2\hbar^2\frac{\partial^2}{\partial x^2}\Psi=-\hbar^2\frac{\partial^2\Psi}{\partial x^2} \quad \cdots\cdots\cdots ④''$$ となるんだね。

以上で，準備が整ったので，$E=\dfrac{p^2}{2m}+V$ ……① を利用して，早速シュレーディンガーの波動方程式を導いてみよう。

①の両辺に波動関数 Ψ を右からかけて，

$$\underbrace{E\Psi}_{i\hbar\frac{\partial\Psi}{\partial t}\ (③'\text{より})}=\frac{1}{2m}\underbrace{p^2\Psi}_{-\hbar^2\frac{\partial^2\Psi}{\partial x^2}\ (④''\text{より})}+V\Psi$$ これに③′と④″を代入すると，

時刻 t を含む波動関数 $\Psi(x,\ t)$ のシュレーディンガーの波動方程式

$$i\hbar\frac{\partial\Psi}{\partial t}=-\frac{\hbar^2}{2m}\frac{\partial^2\Psi}{\partial x^2}+V\Psi \quad\cdots\cdots\cdots(*w)$$

が導けるんだね。

どう？ 意外と簡単に導けたでしょう。この一連の流れを頭に入れておけば，いつでも自力で $(*w)$ を導けるはずだ。

一般的に，ハミルトニアン H は時刻 t を含まない場合が多いので，ここで，時刻 t を含まない波動関数 $\psi(x)$ の方程式も求めておこう。

波動関数 $\Psi(x,\ t)$ が，次のように変数分離形で表されるものとしよう。

$$\underbrace{\Psi(x,\ t)}_{t\text{を含む波動関数}}=\underbrace{\psi(x)}_{t\text{を含まない波動関数}}\overset{タウ}{\tau}(t) \quad\cdots\cdots\cdots⑤$$

← これは，偏微分方程式を解く際の定石だね。

⑤を $(*w)$ に代入して，

$$i\hbar\psi\underbrace{\dot{\tau}}_{\frac{d\tau}{dt}}=-\frac{\hbar^2}{2m}\underbrace{\psi''}_{\frac{d^2\psi}{dx^2}}\tau+V\psi\tau$$

この両辺を $\psi\tau$ で割ると，次のように左辺は t のみの，そして右辺は x のみの式となるので，これが成り立つためには，これはある定数に等しくなければならない。ここで，その定数を $E(>0)$ とおくと，

$$\underbrace{i\hbar\frac{\dot{\tau}}{\tau}}_{(\text{i})t\text{のみの式}}=\underbrace{-\frac{\hbar^2}{2m}\frac{\psi''}{\psi}+V}_{(\text{ii})x\text{のみの式}}=\underbrace{E}_{力学的エネルギーのこと}$$

（正の定数）となる。← このように，エネルギー E が定数として現れる。

(i) まず，$i\hbar\dfrac{\dot{\tau}}{\tau}=E$ より，$\dot{\tau}=\dfrac{E}{i\hbar}\tau=-\dfrac{i^2E}{i\hbar}\tau=-i\dfrac{E}{\hbar}\tau$

$\dfrac{d\tau}{dt}=-i\dfrac{E}{\hbar}\tau$ となり，これをみたす $\tau(t)$ は，

$$\tau(t)=e^{-i\frac{E}{\hbar}t}$$

← 定数係数 C は，$\psi(x)$ の方につけることにして，この係数は 1 とした。← $\dfrac{df}{dt}=\alpha f$ のとき，一般解は $f=Ce^{\alpha t}$ となるからね。

となるんだね。では次，

(ⅱ) $-\frac{\hbar^2}{2m}\frac{\psi''}{\psi}+V=E$　より，両辺に $\psi(x)$ をかけると，

時刻 t を含まない波動関数 $\psi(x)$ のシュレーディンガーの波動方程式

$$E\psi=-\frac{\hbar^2}{2m}\frac{d^2\psi}{dx^2}+V\psi \quad \cdots\cdots\cdots(*x)$$ が導ける。

この $(*x)$ は，$\Psi(x,\ t)=\psi(x)e^{-i\frac{E}{\hbar}t}$　とおいて，

$$i\hbar\frac{\partial\Psi}{\partial t}=-\frac{\hbar^2}{2m}\frac{\partial^2\Psi}{\partial x^2}+V\Psi \quad \cdots\cdots\cdots(*w)$$ に代入することによっても

求められる。実際に実行してみると，

$$i\hbar\psi\underbrace{\frac{\partial}{\partial t}\left(e^{-i\frac{E}{\hbar}t}\right)}_{-i\frac{E}{\hbar}e^{-i\frac{E}{\hbar}t}}=-\frac{\hbar^2}{2m}e^{-i\frac{E}{\hbar}t}\frac{d^2\psi}{dx^2}+V\psi e^{-i\frac{E}{\hbar}t}$$

$$E\psi\cancel{e^{-i\frac{E}{\hbar}t}}=-\frac{\hbar^2}{2m}\frac{d^2\psi}{dx^2}\cdot\cancel{e^{-i\frac{E}{\hbar}t}}+V\psi\cancel{e^{-i\frac{E}{\hbar}t}}$$

よって，両辺を $e^{-i\frac{E}{\hbar}t}$ で割ると，$(*x)$ になるからね。

このように，$\Psi(x,\ t)=\psi(x)\cdot e^{-i\frac{E}{\hbar}t}$ で表されるとき，これは，エネルギーが一定の値 E (定数)をとる定常状態と考えることができるんだね。そして，単にシュレーディンガー方程式と呼ぶ場合，$(*x)$ を指すことが多いことも知っておくといいね。

以上をもう 1 度ここにまとめておこう。

(Ⅰ) 時刻 t を含む波動関数 $\Psi(x,\ t)$ の波動方程式は，

$$i\hbar\frac{\partial\Psi}{\partial t}=-\frac{\hbar^2}{2m}\frac{\partial^2\Psi}{\partial x^2}+V(x)\Psi \quad \cdots\cdots\cdots(*w)$$ で表され，

(Ⅱ) $(*w)$ の解の 1 つとして，$\Psi(x,\ t)=\psi(x)\cdot e^{-i\frac{E}{\hbar}t}$ と表され，時刻 t を含まない波動関数 $\psi(x)$ の波動方程式は，

$$E\psi=-\frac{\hbar^2}{2m}\frac{d^2\psi}{dx^2}+V(x)\psi \quad \cdots\cdots\cdots(*x)$$ で表されるんだね。

これで，2種類のシュレーディンガー方程式の導き方と，2つの波動関数 $\Psi(x,\ t)$ と $\psi(x)$ の特徴も理解して頂けたと思う。

そして，様々なポテンシャル $V(x)$ や境界条件の下で，これらの波動方程式を解くことにより，波動関数 $\Psi(x,\ t)$ や $\psi(x)$ を求めることができるんだね。具体的な解法の例については，P78以降で詳しく教えよう。

ン？でも，何か納得がいかない様子だね。…そうだね，このように $(*w)$ と $(*x)$ のシュレーディンガー方程式の導き方は分かっても，しかし，何故，古典力学のエネルギー保存則 $E=\frac{p^2}{2m}+V$ とド・ブロイの平面波 $\Psi(x,\ t)=e^{i\left(\frac{p}{\hbar}x-\frac{E}{\hbar}t\right)}$ を組み合わせて波動方程式を導く，その理論的な根拠は何なのか？と問われると，それに対して答えることはおそらく誰にもできないと思う。物質の波動を表す方程式もまた，理論のごった煮(?)のような不可思議な要素から構成されているとしか言えないんだね。

しかし，シュレーディンガーが苦心の末に導いた，これらの波動方程式を適用して計算した結果，水素原子や電子などの量子的粒子の実験データと見事に一致することが確認された。したがって，古典力学におけるニュートンの運動方程式と同様に，シュレーディンガーの波動方程式は，量子力学の基盤となる方程式であり，ミクロな世界の法則を解き明かす基本原理であることが分かったんだね。しかし，この波動関数 Ψ や ψ をどのように解釈するべきなのか？という大きな疑問は残ったんだね。もちろん，これについては，既にプロローグ(P31)で波動関数の絶対値の2乗 $|\Psi|^2$ (または，$|\psi|^2$) が，粒子が微小区間 $[x,\ x+dx]$ に存在する確率と密接に関連していることを解説した。しかし，これについてはまたさらに正確に詳しくこの節のP57で解説しよう。

それではまた，2つの波動関数 $(*w)$ と $(*x)$ に話を戻そう。これらの右辺は，次のように，演算子 $\hat{H}$ を用いて，より簡潔に表現する

"^"は，ハットまたはマウントと呼ぼう

ことができるんだね。

$$i\hbar\frac{\partial\Psi}{\partial t}=-\frac{\hbar^2}{2m}\frac{\partial^2\Psi}{\partial x^2}+V(x)\Psi \quad \cdots\cdots(*w)$$

$$E\psi=-\frac{\hbar^2}{2m}\frac{d^2\psi}{dx^2}+V(x)\psi \quad \cdots\cdots\cdots(*x)$$

$$((*w)\text{の右辺})=\left(-\frac{\hbar^2}{2m}\frac{\partial^2}{\partial x^2}+V\right)\Psi=\hat{H}\Psi$$

演算子 $\hat{H}$ とおく。($\hat{H}$ は Ψ に作用する)

$$((*x)\text{の右辺})=\left(-\frac{\hbar^2}{2m}\frac{d^2}{dx^2}+V\right)\psi=\hat{H}\psi$$

これも，演算子 $\hat{H}$ とおく。($\hat{H}$ は ψ に作用する)

偏微分では $\frac{\partial^2}{\partial x^2}$ を，常微分では $\frac{d^2}{dx^2}$ を用いるんだね。

ここで，演算子 $\hat{H}$ は p と x の関数であるハミルトニアン $H(p,\ x)$ を基にしている。P50 で示した

$$p\Psi=-i\hbar\frac{\partial}{\partial x}\Psi \quad \cdots\cdots\cdots④'$$ から分かるように，

演算子 $\hat{p}$ とおく

p の演算子を $\hat{p}$ とおくと，これは，

$$\hat{p}\equiv-i\hbar\frac{\partial}{\partial x} \quad \cdots\cdots\cdots(*y)$$ [または，$$\hat{p}\equiv-i\hbar\frac{d}{dx} \quad \cdots\cdots\cdots(*y)'$$]と

定義できるし，また同様に x の演算子を $\hat{x}$ とおいて，これは，

$$\hat{x}\equiv x \quad \cdots\cdots\cdots(*z)$$ と定義しよう。

すると，$(*y)$ や $(*z)$ を用いることにより，ハミルトニアン $H(p,\ x)$ の演算子も，これを $\hat{H}$ とおくと，

$$\hat{H}\equiv H(\hat{p},\ \hat{x}) \quad \cdots\cdots\cdots(*a_0)$$ と定義することができるんだね。

具体例で考えてみよう。

(i) ハミルトニアン $H=\frac{p^2}{2m}+V$ の演算子 $\hat{H}$ は，

$$\hat{H}=H(\hat{p},\ \hat{x})=\frac{1}{2m}\underbrace{\hat{p}^2}+V=-\frac{\hbar^2}{2m}\frac{\partial^2}{\partial x^2}+V$$

$\left(-i\hbar\frac{\partial}{\partial x}\right)^2=i^2\hbar^2\frac{\partial^2}{\partial x^2}=-\hbar^2\frac{\partial^2}{\partial x^2}$

常微分の場合は，$\frac{\partial^2}{\partial x^2}$ の代わりに，$\frac{d^2}{dx^2}$ となる。

となるので，**2** つのシュレーディンガーの波動方程式 $(*w)$ と $(*x)$ は，

$$i\hbar\frac{\partial\Psi}{\partial t}=\hat{H}\Psi\ \cdots\cdots\cdots(*w)' ,\quad E\psi=\hat{H}\psi\ \cdots\cdots\cdots(*x)'$$ と，

シンプルに表現できるんだね。

(ii) 調和振動子のハミルトニアン H は，ポテンシャルエネルギー $V=\frac{1}{2}m\omega^2x^2$

より，$H=\frac{p^2}{2m}+\frac{1}{2}m\omega^2x^2$ だね。よって，このときの演算子 $\hat{H}$ は，

$$\hat{H}=H(\hat{p},\ \hat{x})=\frac{1}{2m}\underbrace{\hat{p}^2}+\frac{1}{2}m\omega^2\underbrace{\hat{x}^2}=-\frac{\hbar^2}{2m}\frac{\partial^2}{\partial x^2}+\frac{1}{2}m\omega^2x^2$$

$\left(-i\hbar\frac{\partial}{\partial x}\right)^2=-\hbar^2\frac{\partial^2}{\partial x^2}$　　x^2 と変化なし

となる。これを使って，$(*w)$，$(*x)$ いずれの波動方程式も同様に表現できるんだね。

本書では，**1** 次元のシュレーディンガーの波動方程式にしぼって解説するが，これまでマセマで数学を学習されてきた方ならば，この **2** 次元や **3** 次元の方程式への拡張も容易に理解できるはずだ。ここでは $(*x)$ について示しておこう。

(i) **2** 次元のシュレーディンガー方程式

$$E\psi=-\frac{\hbar^2}{2m}\left(\frac{\partial^2\psi}{\partial x^2}+\frac{\partial^2\psi}{\partial y^2}\right)+V(x,\ y)\psi$$

(ii) **3** 次元のシュレーディンガー方程式

$$E\psi=-\frac{\hbar^2}{2m}\underbrace{\left(\frac{\partial^2\psi}{\partial x^2}+\frac{\partial^2\psi}{\partial y^2}+\frac{\partial^2\psi}{\partial z^2}\right)}+V(x,\ y,\ z)\psi$$

これは，$\mathrm{div}(\mathrm{grad}\,\psi)=\nabla^2\psi=\Delta\psi$ と書いてもよい。

それでは，$(*w)$ と $(*x)$ の波動方程式とそれらの解の波動関数 $\Psi(x,\ t)$ と $\psi(x)$ について，重要な性質をまとめて示しておこう。

シュレーディンガーの波動方程式

$$i\hbar\frac{\partial\Psi}{\partial t}=\hat{H}\Psi \quad \cdots\cdots(*w)'$$

$$E\psi=\hat{H}\psi \quad \cdots\cdots\cdots(*x)'$$

(Ⅰ) 波動方程式 $(*w)'$ は線形方程式なので，Ψ_1 と Ψ_2 が解とするならば，$C_1\Psi_1+C_2\Psi_2$ (C_1，C_2：定数) も $(*w)'$ の解になる。これは次のように示せる。

Ψ_1 と Ψ_2 が $(*w)'$ の解のとき，

$$i\hbar\frac{\partial}{\partial t}\Psi_1=\hat{H}\Psi_1 \quad \cdots\cdots\cdots①, \qquad i\hbar\frac{\partial}{\partial t}\Psi_2=\hat{H}\Psi_2 \quad \cdots\cdots\cdots②$$

が成り立つ。よって，$C_1\times①+C_2\times②$を実行すると，

$$C_1 i\hbar\frac{\partial}{\partial t}\Psi_1+C_2 i\hbar\frac{\partial}{\partial t}\Psi_2=C_1\hat{H}\Psi_1+C_2\hat{H}\Psi_2$$ より，

$$i\hbar\frac{\partial}{\partial t}(C_1\Psi_1+C_2\Psi_2)=\hat{H}(C_1\Psi_1+C_2\Psi_2)$$ となるので，

$C_1\Psi_1+C_2\Psi_2$ も $(*w)'$ の解になるんだね。これを，解の線形性と呼んだり，解の重ね合わせの原理と呼ぶ。

(Ⅱ) 波動方程式 $(*x)$ は，任意のエネルギー E に対して解をもつとは限らない。これは，微分方程式の固有値問題に対応する。E がある E_1 の値であるとき，$(*x)$ が解 $\psi_1(x)$ をもつとき，E_1 を "**固有値**" といい，$\psi_1(x)$ を "**固有関数**" というんだね。

(Ⅲ) 従って，H が時刻 t を含まないとき，$E\psi=\hat{H}\psi$ $\cdots\cdots(*x)'$ が，離散的な固有値 E_1，E_2，…，E_n，… をもつとき，これらに対応する固有関数をそれぞれ ψ_1，ψ_2，…，ψ_n，… とおくと，$i\hbar\frac{\partial\Psi}{\partial t}=\hat{H}\Psi$ $\cdots\cdots(*w)'$ の一般解は，解の線形性 (解の重ね合わせ) により，

$$\Psi(x,\ t)=\sum_n C_n\psi_n(x)e^{-i\frac{E_n}{\hbar}t}$$ と表せる。

また，連続的な E に対して $(*x)$ の解 $\psi_E(x)$ が存在するときは，

$$\Psi(x,\ t)=\int C(E)\psi_E(x)e^{-i\frac{E}{\hbar}t}dE$$ で表せる。

(Ⅳ) 波動関数 $\Psi(x,\ t)$ は，量子的粒子の量子力学的な状態を表し，$\Psi(x,\ t)$ と $C\Psi(x,\ t)$ (C：定数係数) は同じ量子的状態を表す。何故なら，

$\displaystyle\int|\Psi(x,\ t)|^2dt=\frac{1}{|C|^2}$ (C は，複素定数) のとき，$C\Psi(x,\ t)$ を新たな $\Psi(x,\ t)$ とおいて規格化 (正規化) すれば，$\Psi(x,\ t)$ は，

$\displaystyle\int|\Psi(x,\ t)|^2dt=1$ (全確率) をみたすからなんだね。

この規格化された波動関数 $\Psi(x,\ t)$ に対して，図 1 に示すように，粒子が微小な範囲 $[x,\ x+dx]$ に存在する (見出される) 確率は $|\Psi(x,\ t)|^2dx$ となるんだね。

図 1 確率密度 $|\Psi(x,\ t)|^2$

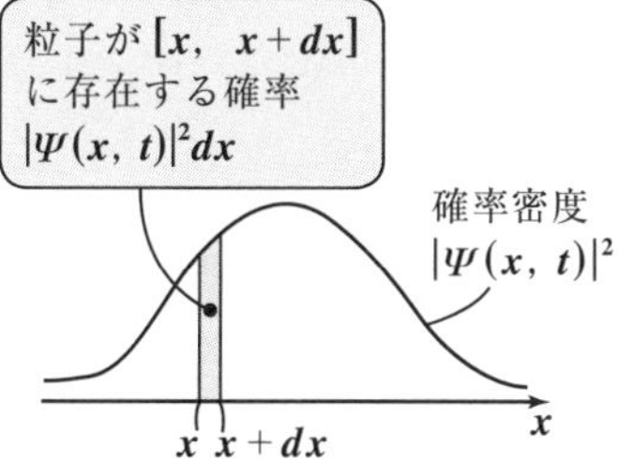

ここで，$\Psi(x,\ t)=\psi(x)\cdot e^{-i\frac{E}{\hbar}t}$ のとき，

$|\Psi(x,\ t)|^2=|\psi(x)|^2\underbrace{\left|e^{-i\frac{E}{\hbar}t}\right|^2}_{1}=|\psi(x)|^2$ より，

一般に，実数 θ に対して，
$|e^{i\theta}|^2=e^{i\theta}(e^{i\theta})^*$
$=e^{i\theta}\cdot e^{-i\theta}$
$=e^{i\theta-i\theta}=e^0=1$

粒子が，微小区間 $[x,\ x+dx]$ に存在する確率は，

$\underbrace{|\psi(x)|^2}_{\text{確率密度}}dx$ と表すこともできる。

以上より，規格化された波動関数 $\Psi(x,\ t)$，$\psi(x)$ に対して，粒子が区間 $\underbrace{[a,\ b]}_{a\leqq x\leqq b\text{ のこと}}$ に存在する (見出される) 確率は，$\displaystyle\int_a^b|\Psi(x,\ t)|^2dx=\int_a^b|\psi(x)|^2dx$

となるんだね。ここで，粒子の存在する確率という言葉を使ったけれど，実は物質粒子は，粒子と波動の 2 重性をもった存在なので，常に粒子として存在していると考えてはいけない。ここでいう **“存在確率”** とは「粒子を観測したときに見出される確率」という意味と考えて頂きたい。

(Ⅴ) $(*x)'$ において，固有値 E_n に対する固有関数を $\psi_n(x)$ とおくと，すなわち $E_n\psi_n(x)=\hat{H}\psi_n(x)$ のとき，$\psi_n(x)$ は 1 つの固有状態を表す。そして，このときエネルギーを測定すると固有値 E_n が測定される。

以上が，シュレーディンガーの波動方程式と波動関数 $\Psi(x, t)$，$\psi(x)$ についての基本の解説だったんだね。

● 行列力学の概略は押さえておこう！

では，シュレーディンガーの波動力学から少し離れて，ハイゼンベルクが提案した行列力学についても，その概略を手短かに説明しておこう。

古典力学における 2 変数 p と q の積には当然，交換法則が成り立つので，

$pq = qp$ ……………①　であり，これから，

$pq - qp = 0$ ………①´　と表すこともできる。

しかし，ハイゼンベルクの行列力学においては，この交換法則が成り立たない。ハイゼンベルクは位置 q や運動量 p などの物理量を表す変数として，行列表示を提案した。これをアルファベットの大文字で示すと，

$$A = \begin{bmatrix} a_{11} & a_{12} & a_{13} & \cdots \\ a_{21} & a_{22} & a_{23} & \cdots \\ a_{31} & a_{32} & a_{33} & \cdots \\ \vdots & \vdots & \vdots & \ddots \end{bmatrix}$$ のような無限行 × 無限列の行列の形で，

物理量を表現するんだね。

すると，行列の積では，一般に交換法則は成り立たないので，たとえば，運動量を表す行列 P と，位置を表す行列 Q の積では，当然

$PQ \neq QP$ ……………②　すなわち，

$PQ - QP \neq O$ ………②´　となるんだね。

ここでさらに，ハイゼンベルクは，$PQ - QP$ を，虚数単位 i と $\hbar\left(= \frac{h}{2\pi}\right)$ と

単位行列 $$I = \begin{bmatrix} 1 & 0 & 0 & \cdots \\ 0 & 1 & 0 & \cdots \\ 0 & 0 & 1 & \cdots \\ \vdots & \vdots & \vdots & \ddots \end{bmatrix}$$ を用いて，

$PQ - QP = -i\hbar I$ ………③　と表現した。

そして，ハイゼンベルクは古典力学の方程式の中の通常の変数を，行列変数に置き換え，さらに③の条件を与えることにより，水素原子のスペクトルを算出した。そして，その結果が実験結果と一致することが，確認されたんだね。さらに，その結果は，シュレーディンガーの波動方程式から導かれる結果と一致することも確認されたわけだけれど，その後，シュレーディンガーが，自身の波動力学と，ハイゼンベルクの行列力学が数学的に等価であることも示したんだね。

これまでの議論から明らかなようにマクロな粒子を扱う古典力学とミクロ(量子的)な粒子を扱う量子力学とは，本質的に考え方を変えないといけない。

図2　位相空間における古典力学と量子力学

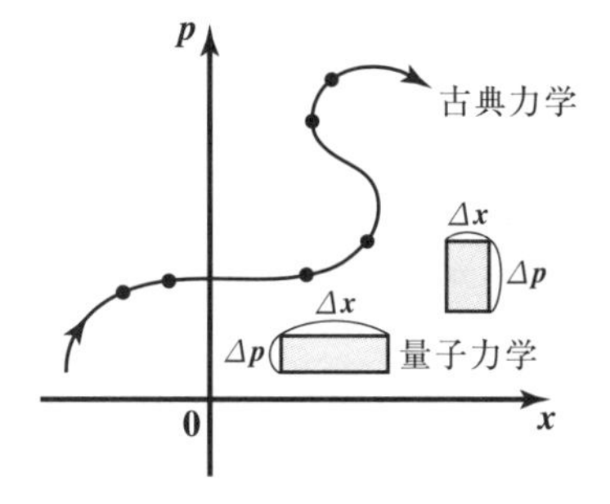

図 **2** に示すように，位置 x と運動量 p を両軸とする位相空間で考えると，古典力学では，粒子のある時点における位置 x と運動量 p は決定され，位相空間内の **1** 点が決まるんだね。そして，時刻 t の経過と共に，その運動の軌跡は，**1** つの曲線 (トラジェクトリー) として描くことができる。

これに対して，量子力学では，粒子の位置 x と運動量 p を同時に決定することはできず，ハイゼンベルクが提示した不確定性原理 $\Delta x \Delta p \gtrsim \hbar$ に従って，漠然とした確率論的な情報しか得られないんだね。これはミクロな粒子が，波動としての性質から空間内にある広がりをもって存在していると考えないといけないからだ。この古典力学と量子力学の本質的な違いを頭に入れながら，さらに学習を進めていこう。

§2. 関数の内積と不確定性原理

波動関数$\Psi(x,\ t)$, $\psi(x)$と関連するテーマとして，まず“**関数の内積**”，xやpなどの物理量の“**平均値(期待値)**”や“**バラツキ(標準偏差)**”について解説しよう。

内積というと，2つのベクトル$\boldsymbol{a}$と$\boldsymbol{b}$の内積$\boldsymbol{a}\cdot\boldsymbol{b}$を連想されると思う。これと同様に，2つの関数についても，その積の積分を内積として定義することができる。そして，これを基にして位置xや運動量pのような物理量の平均値$\langle x\rangle$や$\langle p\rangle$を求めることができるんだね。さらに，これら物

(高校数学では$E(x)$や$E(p)$と表していたが，ここではこのように表す。)

理量のバラツキΔxやΔpも，波動関数の内積の式を利用して求められることも解説しよう。そして，ここでは，ハイゼンベルクの不確定性原理($\Delta x\cdot\Delta p\gtrsim\hbar$)についても言及するつもりだ。

これら一連の流れを理解しておくことは，シュレーディンガーの波動方程式を解く上で，重要な基礎知識となるんだね。

● 2つの複素関数uとvの内積を定義しよう！

複素関数で表された2つの関数$u(x)$と$v(x)$の内積$(u,\ v)$と$u(x)$のノルム$\|u\|$の定義を下に示そう。

uとvの内積とノルム$\|u\|$

2つの複素関数$u(x)$と$v(x)$の内積を$(u,\ v)$と表し，次式のように定義する。

$$(u,\ v)=\int u(x)^* v(x)dx \quad\cdots\cdots\cdots(*b_0)$$

(x：実数変数，“$*$”は共役複素数を表す。)

ここで，$(u,\ u)=\|u\|^2$とおいて，ノルム$\|u\|$を次のように定義する。

$$\|u\|=\sqrt{(u,\ u)}=\sqrt{\int u(x)^* u(x)dx}=\sqrt{\int |u(x)|^2 dx}$$

このノルム$\|u\|$は，ベクトルの大きさに相当する概念であることが分かるはずだ。

また，$(u,\ v)$ の定義から，次の公式が当然成り立つ。

(i) $(v,\ u)=(u,\ v)^*$

(ii) $(\alpha u,\ \beta v)=\alpha^*\beta(u,\ v)$　　$(\alpha,\ \beta$：複素定数）

(i)の証明：$(v,\ u)=\int v^* u\,dx=\int u v^* dx$

$=\int (u^* v)^* dx=\left(\int u^* v\,dx\right)^*=(u,\ v)^*$ となる。

共役複素数をとる操作と，積分操作の順序は入れ替えても当然成り立つからね。

(ii)の証明：$(\alpha u,\ \beta v)=\int \underbrace{(\alpha u)^*}_{\alpha^* u^*}\beta v\,dx=\underbrace{\alpha^*\beta}_{\text{複素定数}}\int u^* v\,dx=\alpha^*\beta(u,\ v)$ となる。

また，規格化された波動関数 $\Psi(x,\ t)$ は，

$\int|\Psi|^2 dx=\underbrace{\int \Psi^*\Psi dx}_{(\Psi,\ \Psi)}=1$ (全確率) より，$(\Psi,\ \Psi)=1$，すなわち

$\|\Psi\|^2=1$ から $\|\Psi\|=1$ と表すこともできるんだね。

$\psi(x)$ についても，これが規格化されているときは，$(\psi,\ \psi)=1$ より，

$\|\psi\|^2=1$ から $\|\psi\|=1$ と表せる。

● x や p など，物理量の平均値を求めよう！

x や p の平均値をそれぞれ $<x>$，$<p>$ と表し，また一般の物理量を α とおくと，この平均値は $<\alpha>$ と表すんだね。ここでは，この平均値の求め方を示そう。

(Ⅰ) 規格化された波動関数 $\Psi(x,\ t)$ を用いて，位置 x と運動量 p の平均値 $<x>$ と $<p>$ は次のように求めることができる。

(i) $<x>=\int x\underbrace{|\Psi(x,\ t)|^2}_{\text{確率密度：}\Psi(x,\ t)^*\cdot\Psi(x,\ t)}dx=\int \Psi(x,\ t)^*\underbrace{x}_{\hat{x}\text{のこと}}\cdot\Psi(x,\ t)dx$

(ii) $<p>=\int \Psi(x,\ t)^*\cdot\underbrace{\hat{p}}_{-i\hbar\frac{\partial}{\partial x}\text{のこと}}\cdot\Psi(x,\ t)dx=-i\hbar\int \Psi(x,\ t)^*\cdot\frac{\partial\Psi(x,\ t)}{\partial x}dx$

一般に，物理量 α の平均値 $<\alpha>$ は，α の演算子 $\hat{\alpha}$ を用いて，次のようにして求めると覚えておこう。

$$<\alpha> = \int \Psi(x,\ t)^* \hat{\alpha} \Psi(x,\ t) dx \quad \cdots\cdots\cdots (*c_0)$$

これは，内積の記号を用いると，次のように簡潔に表せる。

$$<\alpha> = (\Psi,\ \hat{\alpha}\Psi) \quad \cdots\cdots\cdots\cdots\cdots\cdots\cdots\cdots\cdots\cdots (*c_0)'$$

(Ⅱ) $\Psi(x,\ t)$ が規格化（正規化）されていない場合，

物理量 α の平均値 $<\alpha>$ は，全体を $\int \Psi(x,\ t)^* \Psi(x,\ t) dx \ (= \|\Psi\|^2)$ で割る必要があるので，次のように表されるんだね。

$$<\alpha> = \frac{\int \Psi(x,\ t)^* \hat{\alpha} \Psi(x,\ t) dx}{\int \Psi(x,\ t)^* \Psi(x,\ t) dx} \quad \cdots\cdots\cdots (*d_0)$$

または，

$$<\alpha> = \frac{(\Psi,\ \hat{\alpha}\Psi)}{(\Psi,\ \Psi)} = \frac{(\Psi,\ \hat{\alpha}\Psi)}{\|\Psi\|^2} \quad \cdots\cdots\cdots\cdots (*d_0)'$$

次に，ブラ・ベクトルとケット・ベクトルで，内積 $(u,\ v)$ を次のように表すことができる。

（ブラケットで“括弧”を表す。）

$$\begin{cases} (u,\ v) = \langle u | v \rangle & \cdots\cdots\cdots\cdots\cdots ① \\ (u,\ \hat{\alpha} v) = \langle u | A | v \rangle & \cdots\cdots\cdots ② \end{cases}$$

（A は演算子 $\hat{\alpha}$ を行列形式で表したものだ。（P216 参照））

①，②の $\langle u|$ をブラ・ベクトル，$|v\rangle$ をケット・ベクトルという。もちろん①，②の形で u と v が単独の関数の場合，このように表現するメリットは何もないんだけれど，この表記法が役に立つのは，$\langle u|$ が複素共役な行ベクトル，$|v\rangle$ が列ベクトルで，それぞれ次のように表されているときなんだね。

$$\langle u | = [\, u_1^* \ \ u_2^* \ \ u_3^* \ \cdots],\quad | v \rangle = \begin{bmatrix} v_1 \\ v_2 \\ v_3 \\ \vdots \end{bmatrix}$$

このとき，$\langle u | v \rangle$ は次のように表される。これは 2 つの ∞ 次元のベク

トルの内積の成分表示か，または行列の積の積分と考えればいいんだね。

$<u|v> = \int (u_1{}^* v_1 + u_2{}^* v_2 + u_3{}^* v_3 + \cdots)\, dx$ となる。また②式については，

A は (∞行∞列) の行列で，この演算子の行列形式については，**P216** で詳しく教えよう。でも，しばらくは，$<u|$ や $|v>$ の表現は使わずに，内積は (u, v) や $(u, \hat{\alpha} v)$ でそのまま表現することにする。

ここで，波動関数が $\Psi(x, t) = \psi(x) \cdot e^{-i\frac{E}{\hbar}t}$ と表されているとき，

$(\Psi, \Psi) = \int \Psi^* \Psi\, dx = \int \psi^* e^{i\frac{E}{\hbar}t} \psi e^{-i\frac{E}{\hbar}t} dx = (\psi, \psi)$ すなわち，$\|\Psi\|^2 = \|\psi\|^2$

$\left(e^{-i\frac{E}{\hbar}t}\right)^*$

となるんだね。

したがって，$\psi(x)$ についても，これまでの解説は同様に成り立つ。

もちろん $\psi(x)$ が実数関数のとき，$\psi(x)^* = \psi(x)$ であることに気を付けよう。

a が実数のとき，
$a^* = (a + 0i)^* = a - 0 \cdot i = a$

● 物理量のバラツキと不確定性原理を押さえよう！

では次，x や p などの物理量のバラツキ Δx や Δp について解説しよう。このバラツキとは，数学的には標準偏差のことなんだね。高校数学で習った，確率密度 $f(x)$ に従う連続型の確率変数 X の平均 m_X，分散 $\sigma_X{}^2$，標準偏差 σ_X の公式を右に示しておこう。

量子力学の x や p のバラツキ Δx と Δp も，表記の仕方が異なるだけで，右の標準偏差の公式とまったく同様に，次のように表せるんだね。

確率密度 $f(x)$ の分布に従う確率変数 X の平均（期待値）m_X，分散 $\sigma_X{}^2$，標準偏差 σ_X は，次のようになる。

・$m_X = E(X) = \int_{-\infty}^{\infty} x f(x)\, dx$

・$\sigma_X{}^2 = E(X^2) - \{E(X)\}^2$
$= \int_{-\infty}^{\infty} x^2 f(x)\, dx - m_X{}^2$

・$\sigma_X = \sqrt{E(X^2) - \{E(X)\}^2}$

$$\begin{cases} \Delta x = \sqrt{<x^2> - <x>^2} & \cdots\cdots\cdots (*e_0) \\ \Delta p = \sqrt{<p^2> - <p>^2} & \cdots\cdots\cdots (*e_0)' \end{cases}$$

← $\sigma_X = \sqrt{E(X^2) - \{E(X)\}^2}$ と同じ

← $\sigma_P = \sqrt{E(P^2) - \{E(P)\}^2}$ と同じ

同様に，一般の物理量 α のバラツキ $\Delta\alpha$ も

$$\Delta x = \sqrt{<x^2> - <x>^2} \quad \cdots\cdots (*e_0)$$
$$\Delta p = \sqrt{<p^2> - <p>^2} \quad \cdots\cdots (*e_0)'$$

$$\Delta\alpha = \sqrt{<\alpha^2> - <\alpha>^2} \quad \cdots\cdots\cdots (*e_0)''$$

と表せばいいんだね。

ここで，$<x^2>$ と $<p^2>$ については，具体的には

$<x^2> = (\Psi,\ \hat{x}^2\Psi) = \int \Psi^* \underbrace{\hat{x}^2}_{x^2} \Psi dx = \int x^2 |\Psi|^2 dx$ と計算し，また

$<p^2> = (\Psi,\ \hat{p}^2\Psi) = \int \Psi^* \underbrace{\hat{p}^2 \Psi}_{\left(-i\hbar\frac{\partial}{\partial x}\right)^2 \Psi = -\hbar^2 \frac{\partial^2 \Psi}{\partial x^2}} dx = -\hbar^2 \int \Psi^* \frac{\partial^2 \Psi}{\partial x^2} dx$ と計算すればいい。

そして，$(*e_0)$，$(*e_0)'$ によって，Δx と Δp が求まれば $\Delta x \cdot \Delta p$ の値を確かめることができる。この $\Delta x \cdot \Delta p$ についてはプロローグ (P43) で紹介したように，ハイゼンベルクの不確定性原理：

$$\Delta x \cdot \Delta p \gtrsim \hbar \quad \cdots\cdots\cdots (*t)$$

［より正確には，$\Delta x \cdot \Delta p \geqq \dfrac{\hbar}{2}$ $\cdots\cdots\cdots (*t)'$ ］ ← P202 参照

が成り立つんだね。$(*t)$ の "$\sim$" の記号は「大体この程度の値である」という意味だ。$\hbar = \dfrac{h}{2\pi} = 1.055 \times 10^{-34}$ (J·s) は非常に小さな値ではあるけれど，0 ではない正の数なので，$(*t)$ から，$\Delta x = 0$ かつ $\Delta p = 0$ となることはありえない。すなわち，x と p の値を同時に決定することは不可能であることを示しているんだね。

以上より，シュレーディンガーの波動方程式を解いて，波動関数 $\Psi(x,\ t)$ (または，$\psi(x)$) が求まれば，これを基に，$(*e_0)$，$(*e_0)'$ で Δx と Δp を求め，$\Delta x \cdot \Delta p$ の値が分かるので，具体的に不確定性原理が正しいことを確認することができるんだね。この一連の流れも頭の中に描いておこう。

それでは，例題を解いて，実際の計算に慣れよう。

例題 4　波動関数 $\Psi(x,\ t)=ce^{-a|x|-i\frac{E}{\hbar}t}$ $(-\infty<x<\infty,\ a,\ c$：正の定数$)$ について，次の各問いに答えよ。

(1) $\Psi(x,\ t)$ を規格化して，定数 c の値を求めよ。

(2) x の平均値 $\langle x\rangle$ を求めよ。

(1) $\Psi(x,\ t)$ を規格化して $\displaystyle\int_{-\infty}^{\infty}|\Psi(x,\ t)|^2dx=\int_{-\infty}^{\infty}\Psi^*\Psi dx=1$（全確率）となるように，定数 c の値を決定すればいいんだね。ここで，

$\Psi(x,\ t)=\underbrace{ce^{-a|x|}}_{x\text{の実数関数}}\cdot\underbrace{e^{-i\frac{E}{\hbar}t}}_{\text{複素指数関数}}$　より，この共役複素数は

$\Psi(x,\ t)^*=\underbrace{ce^{-a|x|}}_{(ce^{-a|x|})^*}\cdot\underbrace{e^{i\frac{E}{\hbar}t}}_{\left(e^{-i\frac{E}{\hbar}t}\right)^*}$　となる。よって　←$(e^{-i\theta})^*=e^{i\theta}$ だからね。（θ：実数）

$$\int_{-\infty}^{\infty}|\Psi|^2dx=\int_{-\infty}^{\infty}\Psi^*\Psi dx$$

$$=\int_{-\infty}^{\infty}ce^{-a|x|}\cdot e^{i\frac{E}{\hbar}t}\cdot ce^{-a|x|}\cdot e^{-i\frac{E}{\hbar}t}dx$$

$$=c^2\int_{-\infty}^{\infty}\underbrace{e^{-2a|x|}}_{\text{偶関数}}dx$$

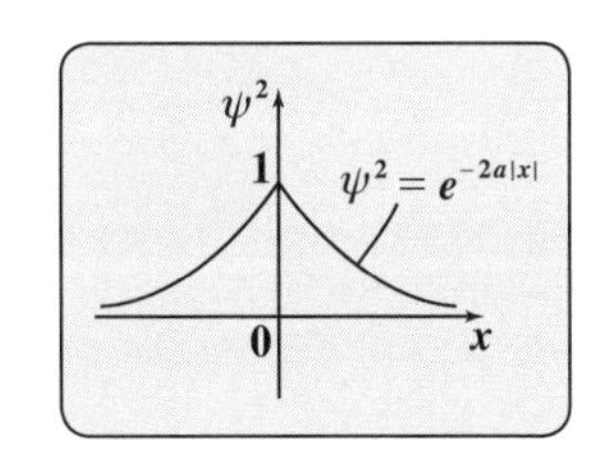

$$=2c^2\int_0^{\infty}e^{-2ax}dx$$

$$=2c^2\cdot\left(-\frac{1}{2a}\right)\left[e^{-2ax}\right]_0^{\infty}=-\frac{c^2}{a}(0-1)=\frac{c^2}{a}=1\ (\text{全確率})$$

$\displaystyle\lim_{p\to\infty}\left[e^{-2ax}\right]_0^p=\lim_{p\to\infty}(\underbrace{e^{-2ap}}_{0}-1)=0-1$　$(\because a>0)$

$\therefore c^2=a$ より，$c=\sqrt{a}$　$(\because a>0,\ c>0)$

(2) 位置 x の平均値 $\langle x\rangle$ は，

$\displaystyle\langle x\rangle=\int_{-\infty}^{\infty}\Psi^*\hat{x}\Psi dx=\int_{-\infty}^{\infty}\underbrace{x}_{\text{奇関数}}\underbrace{|\Psi|^2}_{c^2\cdot e^{-2a|x|}=ae^{-2a|x|}\ (\text{偶関数})}dx=0$　となるんだね。

例題 5　波動関数 $\psi(x) = ce^{-x^2}$ $(-\infty < x < \infty$，c：正の定数$)$ について，次の各問いに答えよ。

(1) $\psi(x)$ を規格化して，定数 c の値を求めよ。

(2) 位置 x，運動量 p について，それぞれのバラツキ Δx と Δp を求めよ。

(3) $\Delta x \cdot \Delta p$ を求めよ。

(1) $\psi(x)$ は実数関数なので $\psi(x)^* = \psi(x)$ であることに気を付けて，規格化すると，

$$\int_{-\infty}^{\infty} |\psi(x)|^2 dx = \int_{-\infty}^{\infty} \underbrace{\psi(x)^*}_{\psi(x)} \psi(x) dx = \int_{-\infty}^{\infty} \underbrace{\psi(x)^2}_{(ce^{-x^2})^2} dx$$

$$= \underbrace{c^2 \int_{-\infty}^{\infty} e^{-2x^2} dx}_{\sqrt{\frac{\pi}{2}}} = \boxed{\sqrt{\frac{\pi}{2}}\, c^2 = 1} \text{（全確率）}$$

ガウス積分の公式：$\int_{-\infty}^{\infty} e^{-ax^2} dx = \sqrt{\frac{\pi}{a}}$

$\psi^2 = c^2 e^{-2x^2}$

よって，$c^2 = \sqrt{\frac{2}{\pi}}$ より，$c = \left(\frac{2}{\pi}\right)^{\frac{1}{4}} = \sqrt[4]{\frac{2}{\pi}}$ である。$(\because c > 0)$

(2) $\Delta x = \sqrt{\langle x^2 \rangle - \langle x \rangle^2}$，$\Delta p = \sqrt{\langle p^2 \rangle - \langle p \rangle^2}$ より，

まず，$\langle x \rangle$，$\langle x^2 \rangle$，$\langle p \rangle$，$\langle p^2 \rangle$ を求める。

(i) $\langle x \rangle = (\psi, x\psi) = \int_{-\infty}^{\infty} \underbrace{\psi^*}_{\psi} x \psi dx = \int_{-\infty}^{\infty} x \underbrace{\psi^2}_{(ce^{-x^2})^2 = c^2 e^{-2x^2} = \sqrt{\frac{2}{\pi}} e^{-2x^2}} dx$

$$= \sqrt{\frac{2}{\pi}} \int_{-\infty}^{\infty} \underbrace{x}_{\text{奇関数}} \cdot \underbrace{e^{-2x^2}}_{\text{偶関数}} dx = 0$$

(ii) $\langle x^2 \rangle = (\psi, x^2\psi) = \int_{-\infty}^{\infty} \psi^* x^2 \psi dx = \int_{-\infty}^{\infty} x^2 \cdot \sqrt{\frac{2}{\pi}} e^{-2x^2} dx$

$$= \sqrt{\frac{2}{\pi}} \underbrace{\int_{-\infty}^{\infty} x^2 e^{-2x^2} dx}_{\frac{\sqrt{\pi}}{2\cdot 2\sqrt{2}}} = \sqrt{\frac{2}{\pi}} \cdot \frac{\sqrt{\pi}}{2\cdot 2\sqrt{2}} = \frac{1}{4}$$

ガウス積分の公式：$\int_{-\infty}^{\infty} x^2 e^{-ax^2} dx = \frac{\sqrt{\pi}}{2a\sqrt{a}}$

(iii) $\langle p \rangle = (\psi,\ \hat{p}\psi) = \int_{-\infty}^{\infty} \psi^* \underbrace{\hat{p}}_{-i\hbar\frac{d}{dx}} \psi dx = -i\hbar \int_{-\infty}^{\infty} \underbrace{\psi}_{ce^{-x^2}} \cdot \underbrace{\frac{d\psi}{dx}}_{c(e^{-x^2})'} dx$

$$= -i\hbar \cdot c^2 \int_{-\infty}^{\infty} e^{-x^2} \cdot (-2xe^{-x^2}) dx = 2i\hbar \sqrt{\frac{2}{\pi}} \cdot \int_{-\infty}^{\infty} \underbrace{x}_{\text{奇関数}} \cdot \underbrace{e^{-2x^2}}_{\text{偶関数}} dx = 0$$

(iv) $\langle p^2 \rangle = (\psi,\ \hat{p}^2\psi) = \int_{-\infty}^{\infty} \psi^* \underbrace{\hat{p}^2}_{\left(-i\hbar\frac{d}{dx}\right)^2 = -\hbar^2\frac{d^2}{dx^2}} \psi dx = -\hbar^2 \cdot c^2 \cdot \int_{-\infty}^{\infty} e^{-x^2} \cdot \underbrace{(e^{-x^2})''}_{(-2xe^{-x^2})' = -2\cdot\{e^{-x^2} + x\cdot(-2xe^{-x^2})\}} dx$

$$= -\hbar^2 \sqrt{\frac{2}{\pi}} \cdot (-2) \int_{-\infty}^{\infty} e^{-x^2}(e^{-x^2} - 2x^2e^{-x^2}) dx$$

$$= 2\hbar^2 \sqrt{\frac{2}{\pi}} \left(\underbrace{\int_{-\infty}^{\infty} e^{-2x^2} dx}_{\sqrt{\frac{\pi}{2}}} - 2 \underbrace{\int_{-\infty}^{\infty} x^2 e^{-2x^2} dx}_{\frac{\sqrt{\pi}}{2\cdot 2\sqrt{2}}} \right)$$

公式
$\int_{-\infty}^{\infty} e^{-ax^2} dx = \sqrt{\frac{\pi}{a}}$
$\int_{-\infty}^{\infty} x^2 e^{-ax^2} dx = \frac{\sqrt{\pi}}{2a\sqrt{a}}$
(P44)

$$= \frac{2\sqrt{2}}{\sqrt{\pi}} \hbar^2 \left(\frac{\sqrt{\pi}}{\sqrt{2}} - \frac{\sqrt{\pi}}{2\sqrt{2}} \right) = \frac{2\sqrt{2}}{\sqrt{\pi}} \hbar^2 \cdot \frac{\sqrt{\pi}}{2\sqrt{2}} = \hbar^2$$

以上 (i) ～ (iv) より，バラツキ Δx と Δp は，

$$\Delta x = \sqrt{\underbrace{\langle x^2 \rangle}_{\frac{1}{4}} - \underbrace{\langle x \rangle^2}_{0^2}} = \sqrt{\frac{1}{4}} = \frac{1}{2},\quad \Delta p = \sqrt{\underbrace{\langle p^2 \rangle}_{\hbar^2} - \underbrace{\langle p \rangle^2}_{0^2}} = \sqrt{\hbar^2} = \hbar$$

となるんだね。

(3) **(2)** の結果より，$\Delta x = \frac{1}{2}$，$\Delta p = \hbar$

$\therefore \Delta x \cdot \Delta p = \frac{\hbar}{2}$　である。

これは厳密な不確率性原理の公式：$\Delta x \cdot \Delta p \geqq \frac{\hbar}{2}$ (P202) の最小値が実現している形なんだね。

● 不確定性原理をさらに練習しておこう！

波動関数 $\Psi(x,\ t)$(または，$\psi(x)$) を基にしなくても，不確定性原理

$\Delta x \cdot \Delta p \gtrsim \hbar$ ………$(*t)$　は，

量子力学的な考察をする際，様々な面で遭遇することになるんだね。ここでは，いくつかの典型的な例で，このアバウトな考え方を身に付けていこう。

(ex1) ある原子の大きさが $a = 2\text{Å}\ (= 2\times10^{-10}(\text{m}))$ であるとき，この原子中にある電子の運動エネルギー E の大きさの程度を，不確定性原理の式：$\Delta x \cdot \Delta p \sim \hbar$ ………①　を利用して求めてみよう。
(ただし，$\hbar = 1.05\times10^{-34}(\text{J}\cdot\text{s})$，電子の質量 $m = 9.1\times10^{-31}(\text{kg})$ とする。)

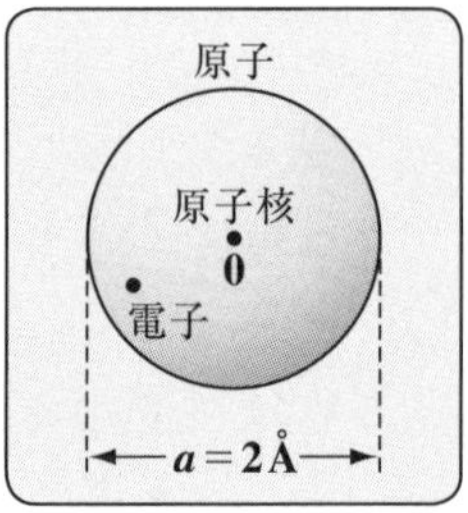

右図のように，電子は原子核を中心にして，運動していると考えられるので原子核の位置を原点 0 とすると，電子の位置 x と運動量 p の平均値はいずれも 0 となるはずだね。

原子
原子核
0
電子
$a = 2\text{Å}$

$\therefore \langle x\rangle = 0$，かつ $\langle p\rangle = 0$

ここで，x のバラツキ(不確定性)Δx は，原子の半径の大きさ $\frac{a}{2}$ と同程度のはずだから，$\Delta x \sim \frac{a}{2}$ ………②　が成り立つ。

②を①に代入すると，$\frac{a}{2}\cdot\Delta p \sim \hbar$　より，

$\Delta p \sim \frac{2\hbar}{a}$　$\left(\Delta p \text{ は } \frac{2\hbar}{a} \text{ 程度の大きさ}\right)$

ここで，$\Delta p = \sqrt{\langle p^2\rangle - \underbrace{\langle p\rangle^2}_{0^2}} = \sqrt{\langle p^2\rangle}$　より，

p^2 の平均値 $\langle p^2\rangle = (\Delta p)^2 \sim \frac{4\hbar^2}{a^2}$　となるので，p^2 は平均として大体 $\frac{4\hbar^2}{a^2}$ 程度の値をとる。すなわち $p^2 \sim \frac{4\hbar^2}{a^2}$ ………③　と考えられる。

よって，電子の運動エネルギー $E = \frac{p^2}{2m}$ に③を代入すると，

$E = \frac{2\hbar^2}{ma^2}$ ………④　となるんだね。

ここで，$\hbar = 1.05 \times 10^{-34}$(J·s)，電子の質量 $m = 9.1 \times 10^{-31}$(kg)，原子の大きさ $a = 2 \times 10^{-10}$(m) を④の右辺に代入すると，電子の運動エネルギー E は，大体

$$E = \frac{2 \times (1.05 \times 10^{-34})^2}{9.1 \times 10^{-31} \times (2 \times 10^{-10})^2} \fallingdotseq 6.06 \times 10^{-19}(\mathrm{J}) \fallingdotseq 3.79(\underline{\mathrm{eV}})$$ 程度である

電子ボルト
$(1\mathrm{eV} = 1.6 \times 10^{-19}\mathrm{J})$

ことが分かるんだね。面白かった？

(*ex*2)

> 古典力学では，粒子の位置 x と運動量 p を同時に決定できる，つまり，$\Delta x = 0$ かつ $\Delta p = 0$ と考えるわけだけれど，これは量子力学とは矛盾している。これについて，不確定性原理の式：
> $\Delta x \cdot \Delta p \sim \hbar$ ………① を用いて，次のボールの静止状態を検証しよう。質量 $m = 0.25$(kg) のボールが静止しているものとする。ただし，この誤差 Δx として紫色の光の波長 $\lambda = 420(\underline{\mathrm{nm}})$ を
> ナノ・メートル $(=10^{-9}\mathrm{m})$
> とることにする。(つまり，ボク達はこれ以上の精度でボールが静止していることを確認できないと考える。)

まず，不確定性原理の式①を利用すると，

$$\Delta p \sim \frac{\hbar}{\Delta x} = \frac{\hbar}{\lambda} = \frac{1.05 \times 10^{-34}}{420 \times 10^{-9}} = 2.5 \times 10^{-28}(\mathrm{kg\,m/s})$$

$\Delta p = m \cdot \Delta v$　より，このボールの速さの誤差 (バラツキ)Δv は，

$$\Delta v = \frac{\Delta p}{m} \sim \frac{2.5 \times 10^{-28}}{0.25} = 10^{-27}(\mathrm{m/s})$$ 程度であることが分かる。

つまり，量子力学で考えると，このボールは，静止しているのではなくて，$\Delta v = 10^{-27}$(m/s) 程度の速さで運動していることになる。しかし，このボールを，人類誕生からの歴史，つまり 200 万年程度かけて，しかもボールが同一の向きに毎秒 Δvずつ運動したものを観察してみたとしても，

$$\Delta v \times 200万年 = 10^{-27} \times \underline{200 \times 10^4 \times 365.25 \times 24 \times 60 \times 60}$$

200 万年を秒で表したもの

$$= 6.3 \times 10^{-14}(\mathrm{m}) = 0.000063(\mathrm{nm})$$

しか動かない。つまり，紫色の光の波長 420(nm)よりもずっと小さいので，このボールの動きは，検出できないことが分かったんだね。これも面白かった？

$(ex3)$ 自由電子の運動量 $p = 7.64\times10^{-24}$(kg m/s) で，そのバラツキ $\Delta p = 1.91\times10^{-27}$(kg m/s) であるとき，(i) 不確定性原理の式：$\Delta x\cdot\Delta p \sim \hbar$ ……① を用いて，位置のバラツキ Δx の程度を求めよう。
また，(ii) この自由電子のエネルギーとそのバラツキをそれぞれ E, ΔE とおくと，近似的に
$\frac{\Delta E}{E} = 2\cdot\frac{\Delta p}{p}$ ……② が成り立つことを示して，E(eV) と ΔE(eV) の値を求めよう。
(電子の質量 $m = 9.1\times10^{-31}$(kg)，1(eV) $= 1.6\times10^{-19}$(J) とする。)

(i) $\Delta x\cdot\Delta p \sim \hbar$ ………① より，Δx は

$$\Delta x \sim \frac{\hbar}{\Delta p} = \frac{1.05\times10^{-34}}{1.91\times10^{-27}} = 5.50\times10^{-8}\text{(m)}$$ 程度である。

(ii) $E = \frac{p^2}{2m}$ ………③ から近似的に，$\frac{\Delta E}{E} = 2\cdot\frac{\Delta p}{p}$ ………② が成り立つことを示す。③の E は，p の 2 次関数と考えて，E を p で微分すると，

$$\frac{dE}{dp} = \frac{1}{2m}\cdot 2p \qquad \therefore\ dE = \frac{p}{m}dp$$ ………③′ となる。

③′ の両辺を③で割ると，$$\frac{dE}{E} = \frac{\frac{p}{m}dp}{\frac{p^2}{2m}} = 2\cdot\frac{dp}{p}$$

∴近似的に，$\frac{\Delta E}{E} = 2\cdot\frac{\Delta p}{p}$ ………② は成り立つんだね。

③より，$$E = \frac{(7.64\times10^{-24})^2}{2\times9.1\times10^{-31}}\text{ (J)}$$

単位を J から eV(電子ボルト) に変えた

$$= \frac{(7.64\times10^{-24})^2}{2\times9.1\times10^{-31}}\times\frac{1}{1.6\times10^{-19}}\text{ (eV)} = 200\text{(eV)}$$ となる。

次に，②より，$$\Delta E = 2\times\frac{\Delta p}{p}\times E = 2\times\frac{1.91\times10^{-27}}{7.64\times10^{-24}}\times200 = 0.1\text{(eV)}$$
となるんだね。納得いった？

● 波束から不確定性原理を考えよう！

平面波とは違って，実際の波動は，x 軸の全範囲に広がっているわけではない。したがって，図1に示すように，限られた区間，たとえば $[x_1,\ x_1+\Delta x]$ の範囲にのみ振幅の大きな波が存在する場合を考えよう。このように，ある区間に集中して存在する波を“**波束**（はそく）”という。

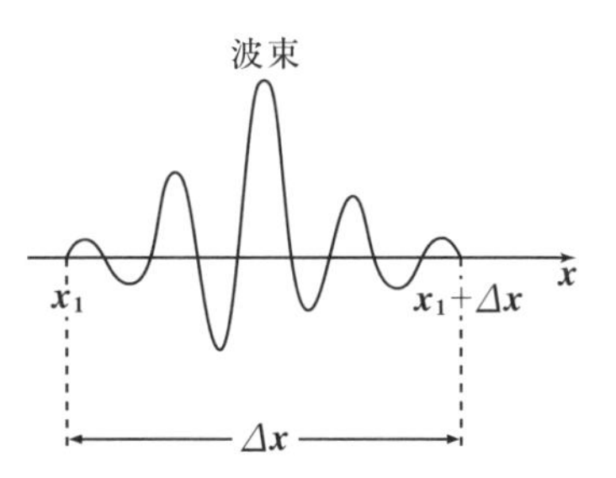

図1 波束と不確定性原理

この波束の区間 Δx の中に存在する波の個数を N とおき，また，$n=\left[\dfrac{\Delta x}{\lambda}\right]$ とおくと，

$N=\left(n+\dfrac{1}{2}\right)\pm\dfrac{1}{2}$ ……㋐ となる。

（$N=n$ または $n+1$ だからね。）

（ガウス記号 $[x]$
$[x]$ は x を越えない最大の整数を表す。したがって，例えば，
・$\dfrac{\Delta x}{\lambda}=4.3$ のとき $\left[\dfrac{\Delta x}{\lambda}\right]=4$
・$\dfrac{\Delta x}{\lambda}=4.8$ のとき $\left[\dfrac{\Delta x}{\lambda}\right]=4$
となる。これから Δx の中に存在する波の個数 N は，$\dfrac{\Delta x}{\lambda}$ を四捨五入すれば n または $n+1$ となるんだね。）

ここで，区間 Δx 当たりの波の個数が N であり，また，区間 2π 当たりの波の個数が k（波数）なので，

$\Delta x : N = 2\pi : k$

$\therefore\ k=\dfrac{2\pi}{\Delta x}N$ ………㋑ となる。

㋑に㋐を代入すると，

$$k=\frac{2\pi}{\Delta x}\left\{\left(n+\frac{1}{2}\right)\pm\frac{1}{2}\right\}=\frac{2\pi}{\Delta x}\left(n+\frac{1}{2}\right)\pm\frac{\pi}{\Delta x}$$

（これが，k のバラツキ Δk の程度を表すんだね。）

$\therefore\ \Delta k\sim\dfrac{\pi}{\Delta x}$ ………㋒ となるんだね。

ここで，$p=\dfrac{h}{\lambda}=\dfrac{h}{2\pi}\cdot\dfrac{2\pi}{\lambda}=\hbar k$ より，$\Delta p=\hbar\Delta k$

$\therefore\ \Delta k=\dfrac{\Delta p}{\hbar}$ ………㊀

㊀を㋒に代入すると，

（π がかかっているけれど，$\hbar$ 程度という意味では気にしない！）

$\dfrac{\Delta p}{\hbar}\sim\dfrac{\pi}{\Delta x}$　$\therefore\ \Delta x\Delta p\sim\pi\hbar$　となって，これからも不確定性原理の式を導くことができるんだね。納得いった？

● 波束は波数の矩形分布から生まれる！

それでは，波束を数学的に生み出す方法について，解説しておこう。ここで，利用するのは，次に示す“フーリエ変換”と“フーリエ逆変換”の公式なんだね。

$$\begin{cases} (\text{I})\ \text{フーリエ変換}：F(k) = F[f(x)] = \displaystyle\int_{-\infty}^{\infty} f(x)\,e^{-ikx}dx \cdots\cdots\cdots\cdots\cdots\cdots(*1) \\ (\text{II})\ \text{フーリエ逆変換}：f(x) = F^{-1}[F(k)] = \dfrac{1}{2\pi}\displaystyle\int_{-\infty}^{\infty} F(k)\,e^{ikx}dk \cdots\cdots(*2) \end{cases}$$

(Ⅰ)フーリエ変換では，$(*1)$より関数$f(x)$→関数$F(k)$に変換し，

(Ⅱ)フーリエ逆変換では，$(*2)$により関数$F(k)$→関数$f(x)$に逆変換する。

ここで，xは，波動関数$f(x)$の位置を表し，kは波数を表すものとする。そして，この波数kの関数$F(k)$が次に示すような矩形波であるとき，$f(x)$は波束を表す波動関数となることを，これから示そう。

図1に示すように，波数kの関数$F(k)$が，次のような矩形波であるものとしよう。

$$F(k) = \begin{cases} 1 & (k_1 \leqq k \leqq k_2) \\ 0 & (0 < k < k_1,\ k_2 < k) \end{cases}$$

図1 矩形波 $F(k)$

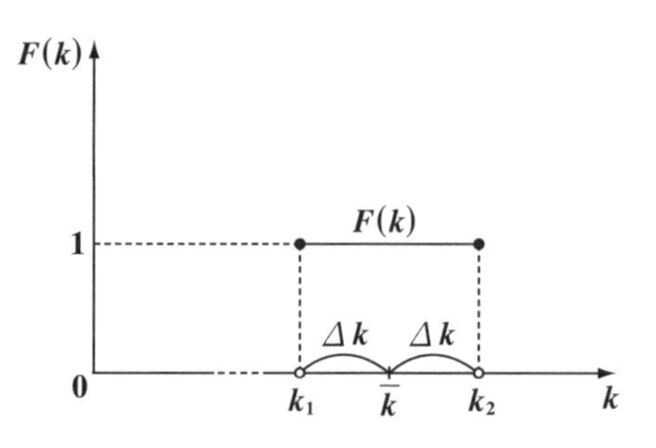

これに対応する実数の波動関数を$f(x)$とおくと，$F(k)\to f(x)$のフーリエ逆変換の公式$(*2)$を用いて，$f(x)$を次のように求めることができる。

$$f(x) = F^{-1}[F(k)] = \frac{1}{2\pi}\underbrace{\int_{-\infty}^{\infty} F(k)\cdot e^{ikx}dk}$$

$$= \underbrace{\int_{-\infty}^{k_1} 0\cdot e^{ikx}dk}_{0} + \int_{k_1}^{k_2} 1\cdot e^{ikx}dk + \underbrace{\int_{k_2}^{\infty} 0\cdot e^{ikx}dk}_{0}$$

よって，$f(x) = \dfrac{1}{2\pi}\displaystyle\int_{k_1}^{k_2} e^{ikx}dk$ ……① となる。

ここで，k_1とk_2は比較的近い値とし，その平均値を$\overline{k}$，その差を$2\cdot\Delta k$とおくと，$\overline{k} = \dfrac{k_1+k_2}{2}$，$\Delta k = \dfrac{k_2-k_1}{2}$ $(k_1 = \overline{k}-\Delta k,\ k_2 = \overline{k}+\Delta k)$となる。

よって，①をさらに変換すると，

$$f(x)=\frac{1}{2\pi}\int_{\bar{k}-\Delta k}^{\bar{k}+\Delta k}e^{ikx}dk=\frac{1}{2\pi}\cdot\frac{1}{ix}\left[e^{ikx}\right]_{\bar{k}-\Delta k}^{\bar{k}+\Delta k}$$

$$=\frac{1}{\pi x}\cdot\frac{1}{2i}\left(e^{i(\bar{k}+\Delta k)x}-e^{i(\bar{k}-\Delta k)x}\right)$$

$$=\frac{1}{\pi x}\cdot\underbrace{\frac{e^{i\cdot\Delta kx}-e^{-i\cdot\Delta kx}}{2i}}_{\sin\Delta kx}\cdot\underbrace{e^{i\bar{k}x}}_{\cos\bar{k}x+i\sin\bar{k}x}$$

・$\sin\theta=\dfrac{e^{i\theta}-e^{-i\theta}}{2i}$
・オイラーの公式
$e^{i\theta}=\cos\theta+i\sin\theta$

$f(x)$ は実数関数なので，純虚数項は無視する。

$$\therefore f(x)=\frac{1}{\pi}\cdot\frac{\sin\Delta kx}{x}\cdot\cos\bar{k}x\ \cdots②$$ となる。（ただし，$\bar{k}\gg\Delta k$ とする。）

波長の短い波動成分

全体の波束を表す波長の長い関数。これを $A(x)$ とおくと，
$$\lim_{x\to0}A(x)=\lim_{x\to0}\frac{\Delta k}{\pi}\cdot\underbrace{\frac{\sin\Delta kx}{\Delta kx}}_{1}=\frac{\Delta k}{\pi}$$

公式：$\displaystyle\lim_{\theta\to0}\frac{\sin\theta}{\theta}=1$

ここで，$A(x)=\dfrac{1}{\pi}\cdot\dfrac{\sin\Delta kx}{x}$ と

$A(0)=\dfrac{\Delta k}{\pi}$ と定義すれば，$A(x)$ は $x=0$ でも連続な関数となる。

おくと，$A(x)$ が波束を形成する波長の長い関数を表す。ここで，$\Delta k=1$，$\bar{k}=12$（$k_1=11$，$k_2=13$）とすると，②は，

$$f(x)=\underbrace{\frac{1}{\pi}\cdot\frac{\sin x}{x}}_{A(x)}\cdot\cos12x$$

$$=A(x)\cdot\cos12x\ \cdots\cdots②'$$

となる。この②′は，波束を表す大きな波長の波 $A(x)$ とその中に存在する波長の短い波動 $\cos12x$ から成り立っているんだね。

図 2　波束の例（$\Delta k=1$，$\bar{k}=12$）

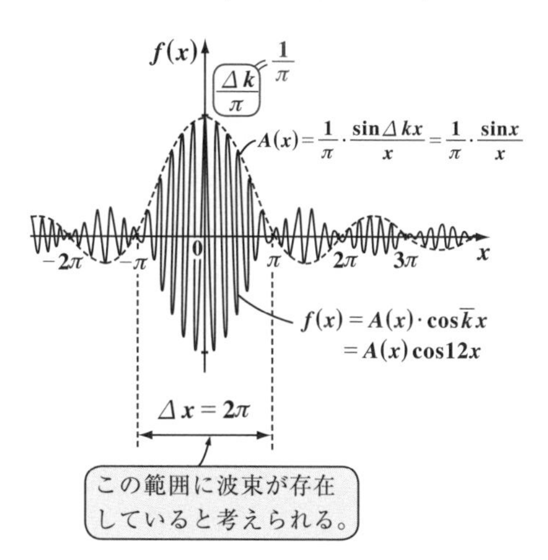

● 波束の時間発展を調べよう！

波束を表す関数 $f(x)=\frac{1}{\pi}\cdot\frac{\sin\Delta\kappa x}{x}\cdot\cos\bar{\kappa}x$ ……② に，時刻 t の項は含まれていない。ここで，これを時刻 $t=0$ のときの波動関数 $u(x,\ 0)=f(x)$ と考えることにしよう。したがって，これに時刻 t の要素を加えた波動関数 $u(x,\ t)$ を作ると，これにより波束が時間発展，すなわち移動することになるんだね。一般に，時刻 t を含まない波動関数 $f(\kappa x)$ を時間発展させるためには κx の代わりに $\kappa x-\omega t\ (=\kappa(x-vt))$ とすれば，波動関数 $f(\kappa x)$ が，速度

（これは，進行波を表すパターンだね。）

$v\left(=\frac{\omega}{\kappa}\right)$ で x 軸の正の向きに進行（移動）することになるんだね。

それでは，波数 κ が，$\bar{\kappa}-\Delta\kappa \leqq \kappa \leqq \bar{\kappa}+\Delta\kappa$ の範囲で変化するとき，ω は近似的にどのように表されるのか考えてみよう。図 3 に示すように，ω と κ の関係式は，分散がある一般の場合として，ある曲線：

$\omega=g(\kappa)$ で表されるものとする。この曲線上の点 $(\bar{\kappa},\ \bar{\omega})$ における接線で，この曲線 $\omega=g(\kappa)$ を近似することにすると，この接線の傾きは，

図 3 κ と ω の関係

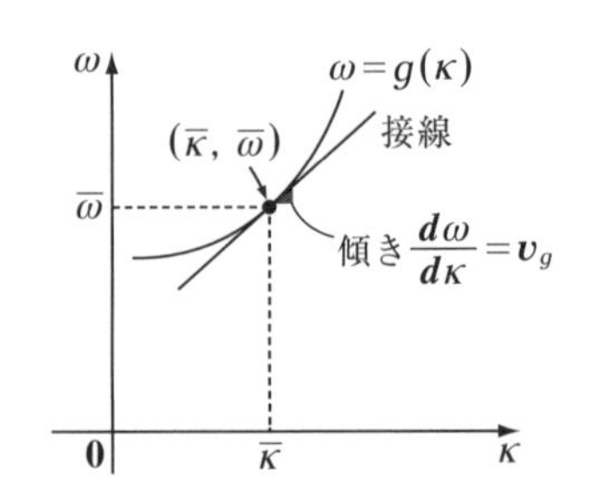

$\frac{d\omega}{d\kappa}=v_g$（群速度）である。よって，この近似接線は点 $(\bar{\kappa},\ \bar{\omega})$ を通り，傾き v_g の直線なので，$\omega=v_g(\kappa-\bar{\kappa})+\bar{\omega}$ ……③ となるんだね。

よって，前述した波数空間における短形分布 $F(\kappa)=1\ (\bar{\kappa}-\Delta\kappa \leqq \kappa \leqq \bar{\kappa}+\Delta\kappa)$ のフーリエ逆変換の際に，③を考慮に入れた時間発展を表す波動関数 $u(x,\ t)$ を求めると次のようになる。

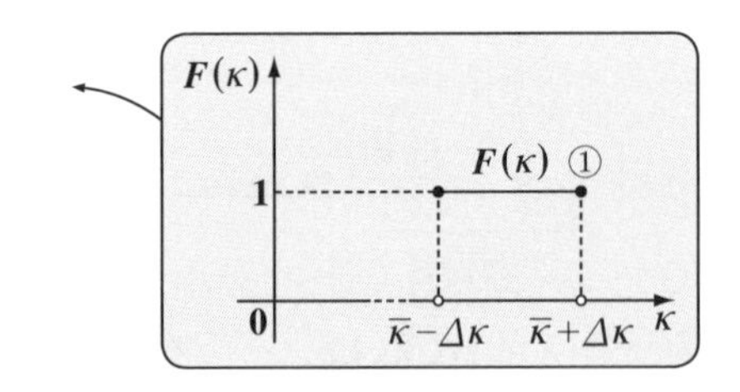

κx の代わりに，$\kappa x-\omega t$ とした！

$$u(x,\ t)=\frac{1}{2\pi}\int_{\overline{\kappa}-\Delta\kappa}^{\overline{\kappa}+\Delta\kappa}1\cdot e^{i(\kappa x-\omega t)}d\kappa$$

$\omega=v_g\kappa-v_g\overline{\kappa}+\overline{\omega}$ （③より）

$$=\frac{1}{2\pi}\int_{\overline{\kappa}-\Delta\kappa}^{\overline{\kappa}+\Delta\kappa}e^{i\{\kappa x-(v_g\kappa-v_g\overline{\kappa}+\overline{\omega})t\}}d\kappa \quad (③より)$$

$$=\frac{1}{2\pi}\int_{\overline{\kappa}-\Delta\kappa}^{\overline{\kappa}+\Delta\kappa}e^{i\{\kappa(x-v_g t)-(\overline{\omega}-v_g\overline{\kappa})t\}}d\kappa$$

$$=\frac{1}{2\pi}e^{-i(\overline{\omega}-v_g\overline{\kappa})t}\int_{\overline{\kappa}-\Delta\kappa}^{\overline{\kappa}+\Delta\kappa}e^{i(x-v_g t)\kappa}d\kappa$$

変数 κ からみて，定数部分

$$\frac{e^{i\theta}-e^{-i\theta}}{2i}=\sin\theta$$

$$=\frac{1}{2\pi}e^{-i(\overline{\omega}-v_g\overline{\kappa})t}\cdot\frac{1}{i(x-v_g t)}\left[e^{i(x-v_g t)\kappa}\right]_{\overline{\kappa}-\Delta\kappa}^{\overline{\kappa}+\Delta\kappa}$$

$$=\frac{e^{-i(\overline{\omega}-v_g\overline{\kappa})t}}{\pi(x-v_g t)}e^{i(x-v_g t)\overline{\kappa}}\cdot\underbrace{\frac{e^{i(x-v_g t)\Delta\kappa}-e^{-i(x-v_g t)\Delta\kappa}}{2i}}_{\sin\Delta\kappa(x-v_g t)}$$

$$=\frac{1}{\pi}\cdot\frac{\sin\Delta\kappa(x-v_g t)}{x-v_g t}e^{-i(\overline{\omega}t-v_g\overline{\kappa}t-\overline{\kappa}x+v_g\overline{\kappa}t)}$$

$$e^{i(\overline{\kappa}x-\overline{\omega}t)}=\cos(\overline{\kappa}x-\overline{\omega}t)+i\sin(\overline{\kappa}x-\overline{\omega}t)$$

$u(x,\ t)$ は実数関数より，この純虚数項は無視する。

$$\therefore u(x,\ t)=\underbrace{\frac{1}{\pi}\cdot\frac{\sin\Delta\kappa(x-v_g t)}{x-v_g t}}_{A(x,\ t)}\cos(\overline{\kappa}x-\overline{\omega}t) \quad \cdots\cdots ④$$

となる。

④について，$A(x,\ t)=\frac{1}{\pi}\cdot\frac{\sin\Delta\kappa(x-v_g t)}{x-v_g t}$ とおくと，これは波束を表す波長の長い関数であり，これは群速度 $v_g\left(=\frac{d\omega}{d\kappa}\right)$ で進行する。これに対して，$\cos(\overline{\kappa}x-\overline{\omega}t)$ の部分は，波長の短い波動成分を表し，これは，位相速度 $\overline{v}=\frac{\overline{\omega}}{\overline{\kappa}}$ で進行することになるんだね。

それでは，進行する波束について，次の例題を解いてみよう。

例題 6　進行する波束の波動方程式が，

$$u(x,\ t)=\frac{1}{\pi}\cdot\frac{\sin\Delta\kappa(x-v_g t)}{x-v_g t}\cos(\bar{\kappa}x-\bar{\omega}t)\ \cdots\cdots(a)\ \ (x\geqq 0,\ t\geqq 0)$$

（ただし，$\bar{\kappa}=12$，$\Delta\kappa=1$）で与えられており，また，
分散関係の式（ω と κ の関係式）が
$\omega=\sqrt{432+\kappa^2}\ \cdots\cdots(b)$（ただし，$\kappa$：波数，$\omega$：角振動数）
で与えられているものとする。
このとき，$\bar{\omega}$，v_g を求めて，(a) の式を完成させよう。そして，時刻 $t=0,\ 8,\ 16,\ 24$（秒）のときの (a) の波束のグラフを描いてみよう。

$\bar{\kappa}=12$ を (b) に代入して，$\bar{\omega}$ を求めると，

$\bar{\omega}=\sqrt{432+12^2}=\sqrt{576}=24\ \cdots\cdots(c)$ となる。

$2\,)\,576$
$2\,)\,288$
144
よって，$576=2^2\times 12^2=24^2$

次に，群速度 $v_g\left(=\dfrac{d\omega}{d\kappa}\right)$ を求めよう。

$$v_g=\frac{d}{d\kappa}(432+\kappa^2)^{\frac{1}{2}}=\frac{1}{2}(432+\kappa^2)^{-\frac{1}{2}}\cdot 2\kappa=\frac{\kappa}{\sqrt{432+\kappa^2}}$$ より，

これに，$\kappa=\bar{\kappa}=12$ を代入すると，

$$v_g=\frac{12}{\sqrt{432+12^2}}=\frac{12}{\sqrt{576}}=\frac{12}{24}=\frac{1}{2}\ \cdots\cdots(d)$$ となる。

(c)，(d) と $\bar{\kappa}=12$，$\Delta\kappa=1$ を (a) の波動方程式に代入すると，

$$u(x,\ t)=\frac{1}{\pi}\cdot\frac{\sin\left(x-\frac{1}{2}t\right)}{x-\frac{1}{2}t}\cos(12x-24t)\ \cdots\cdots(e)\ \ (x\geqq 0,\ t\geqq 0)$$

$v_g=\dfrac{1}{2}$ で進行する，波束を表す波長の長い関数 $A(x,\ t)$

$\bar{v}=\dfrac{\bar{\omega}}{\bar{\kappa}}=\dfrac{24}{12}=2$ で進行する，波長の短い波動成分

となる。(e) は，進行する波束の運動方程式であり，時刻 $t=0,\ 8,\ 16,\ 24$（秒）のときのグラフを，次の図 4 (i)(ii)(iii)(iv) に示す。

図 **4** 波束の移動（時間発展）

(ⅰ) $t=0$ のとき

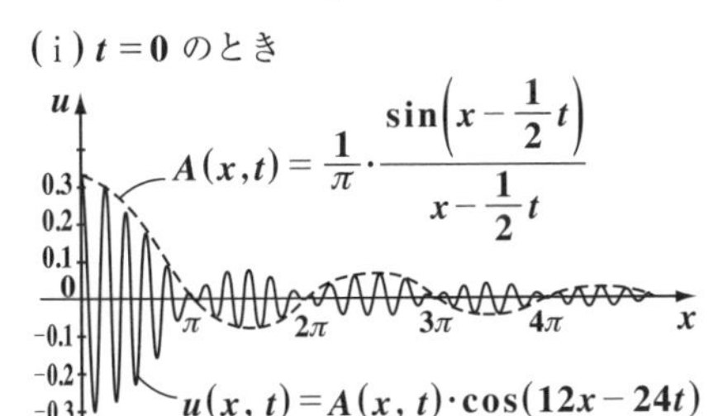

(ⅱ) $t=8$ のとき

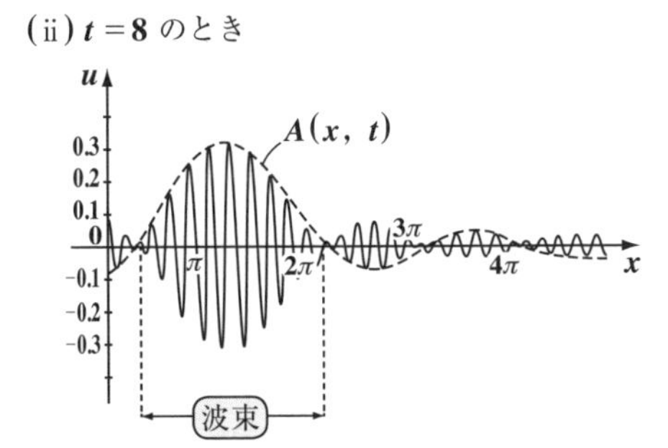

(ⅲ) $t=16$ のとき

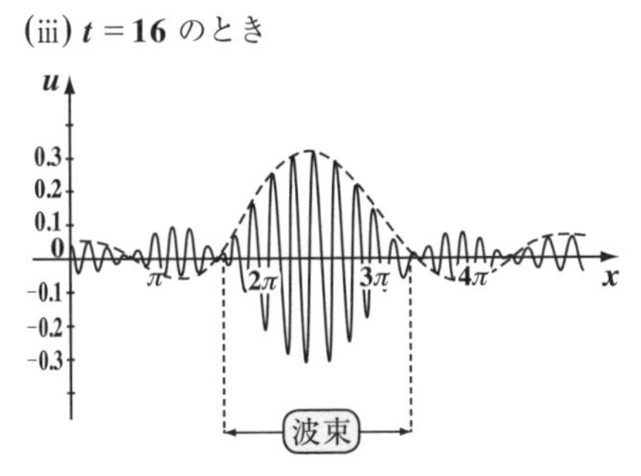

(ⅳ) $t=24$ のとき

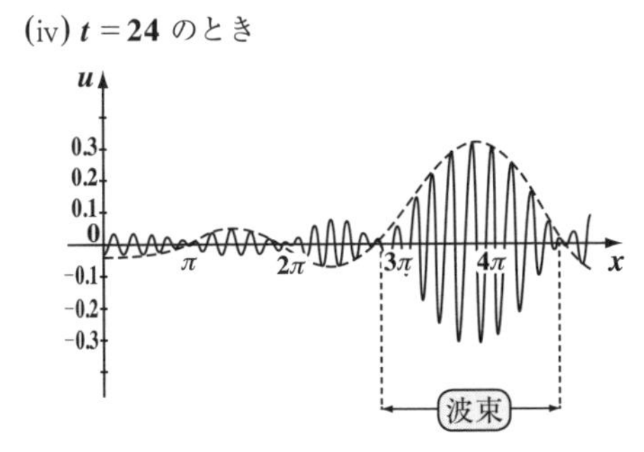

図 **4** では，波束を表す波長の長い波動成分 $A(x,\ t)$ が，群速度 $v_g=\frac{1}{2}$ (m/秒) でゆっくり移動していく様子が分かるんだけれど，その内部の波長の短い波動成分は v_g の **4** 倍の位相速度 $\overline{v}=2$ (m/秒) で進行していくので，この波束をくぐり抜けるようにして，速い速度で移動していることに注意しよう。

図 **4** のグラフは，コンピュータ (**BASIC** プログラム) によって描いたものなんだね。
興味のある方は「**数値解析キャンパス・ゼミ**」や「**有限要素法キャンパス・ゼミ**」で
グラフの描き方についても詳しく解説しているので，これらで学習されるといいと思う。

§3. シュレーディンガーの波動方程式の基本問題

これまで，波動関数 $\Psi(x, t)$ と $\psi(x)$ についての **2** 種類のシュレーディンガーの波動方程式を導き，これらの波動関数の意味について解説した。さらに，複素関数の内積と，物理量 x や p の平均値の関係についても教えたし，また，ハイゼンベルクの不確定性原理 $(\Delta x \cdot \Delta p \gtrsim \hbar)$ についても，例題と併せて詳しく解説した。

これで，ようやく準備が整ったので，これからいよいよシュレーディンガーの波動方程式の基本問題を解いてみよう。まず，初めに自由粒子の問題を解いてみよう。次に，無限に大きいポテンシャル井戸に束縛された粒子の問題を解いてみることにする。さらに，調和振動子の特殊な場合についても，この波動方程式を解いて，結果を調べてみよう。

基本問題とはいっても，波動関数は，一般に複素指数関数の形で与えられるので，初学者にとっては，これでもかなり重く感じるかもしれない。波動方程式の解法，およびその結果の処理に，複素関数の周回積分や，フーリエ積分，それにフーリエ級数解析など，様々な数学的な要素が関連してくるからなんだね。さらに，無限に大きいポテンシャル井戸の問題では，固有値と固有関数の問題が生じる。そして，この固有関数には正規直交性と完全性が備っていることも解説しなければならない。

ン？気が遠くなりそうだって？でも，大丈夫です！**1** つ **1** つ分かりやすく解説していくから，この **3** 題の基本例題を解いて，解説を読むだけでも，量子力学の基本構造をマスターできると思う。これ程詳しい量子力学の解説書はないと思うので，楽しみながら勉強を進めていって頂きたい。

● 1次元自由粒子の問題を解いてみよう！

では，次の **1** 次元自由粒子の波動方程式を解いてみよう。そして，その後の解説を読めば，さらに理解を深めることができると思う。

例題 7　1 次元自由粒子について，次の各問いに答えよ。

(1) $E=\frac{\hbar^2k^2}{2m}$ とおいて，時刻を含まない波動関数 $\psi(x)$ のシュレーディンガー方程式を示せ。

(2) 波数 k がある値のとき，この波動方程式を解いて，波動関数 $\psi(x)$ の一般解が $\psi(x)=C_1e^{ikx}+C_2e^{-ikx}$ (C_1, C_2：任意定数) となることを示せ。

（ただし，E：力学的エネルギー，$\hbar=\frac{h}{2\pi}$，m：粒子の質量，k：正の定数　とする。）

(1) 1 次元自由粒子の波動関数 $\psi(x)$ のシュレーディンガー方程式は，ポテンシャルエネルギー $V(x)=0$ より，

$$E\psi=-\frac{\hbar^2}{2m}\frac{d^2\psi}{dx^2}+V\cdot\psi \quad (V=0)$$

$$=-\frac{\hbar^2}{2m}\frac{d^2\psi}{dx^2} \quad \cdots\cdots\cdots\cdots①$$

シュレーディンガー方程式

(i) 時刻 t を含む場合

$$i\hbar\frac{\partial\Psi}{\partial t}=-\frac{\hbar^2}{2m}\frac{\partial^2\Psi}{\partial x^2}+V\Psi \cdots(*w)$$

(ii) 時刻 t を含まない場合

$$E\psi=-\frac{\hbar^2}{2m}\frac{d^2\psi}{dx^2}+V\psi \cdots\cdots\cdots(*x)$$

ここで，運動量 $p=\frac{h}{\lambda}$ より，

$$p=\frac{h}{2\pi}\cdot\frac{2\pi}{\lambda}=\hbar\cdot k \quad \cdots\cdots\cdots②$$

また，粒子の力学的エネルギー (運動エネルギー) E は，

$$E=\frac{p^2}{2m}=\frac{\hbar^2k^2}{2m} \quad \cdots\cdots\cdots\cdots③$$

となる。(②より)

③を①に代入すると，

$$\frac{\hbar^2k^2}{2m}\psi=-\frac{\hbar^2}{2m}\frac{d^2\psi}{dx^2}$$

となる。よって，1 次元自由粒子の $\psi(x)$ について，時刻を含まないシュレーディンガー方程式は次のように簡単になるんだね。

$$\psi''(x)+k^2\psi(x)=0 \quad \cdots\cdots\cdots④$$

(2) $\psi''(x)+k^2\psi(x)=0$ ………④ の基本解として，

$\psi(x)=e^{\lambda x}$ ………⑤ とおくと，$\psi''(x)=\lambda^2 e^{\lambda x}$ ………⑤′ となるので，

⑤′，⑤を④に代入すると，

$\lambda^2 \cancel{e^{\lambda x}}+k^2\cancel{e^{\lambda x}}=0$ ∴特性方程式：$\lambda^2+k^2=0$

よって，$\lambda^2=-k^2$ より，$\lambda=\pm ki$ （i：虚数単位）となる。

∴④の基本解は e^{ikx}，e^{-ikx} であるので，これらの1次結合が

④の一般解：$\psi(x)=C_1 e^{ikx}+C_2 e^{-ikx}$ ………⑥ （C_1，C_2：任意定数）

（e^{ikx}：進行波）（e^{-ikx}：後退波）

となるんだね。どう？簡単だったでしょう。

では，今回の結果を，さらに深めておこう。

(2) で，波動方程式を解くときに題意より，k はある値（正の値）であるとの前提条件から，⑥の一般解を求めたんだけれど，④の方程式では，実は k は任意の値をとってもかまわない。したがって，⑥の一般解において，k は㊀（負）の値も取り得るものとすると，⑥は，

（k を，波数という物理量から，数学的なパラメータにして，負の値も認めることにすればいいんだね。）

$\psi(x)=Ce^{ikx}$ ……⑥′（C：定数，$-\infty<k<\infty$）と，よりシンプルに表現できる。ここで，解の線形性（解の重ね合わせの原理）から，たとえば k の値が k_1，k_2，…，k_n，…のように離散的な飛び飛びの値のみをとる場合，⑥′の解は

$$\psi(x)=\sum_n C_n e^{ik_n x}=C_1 e^{ik_1 x}+C_2 e^{ik_2 x}+\cdots+C_n e^{ik_n x}+\cdots \quad \cdots\cdots⑥''$$

と表せるんだね。しかし，今回の場合，k は，区間（$-\infty$，∞）の範囲で連続的に変化し得るので，係数 C も k の関数 $C(k)$ とおき，$\psi(x)$ も次のように $\psi_k(x)$ とおくと，

$\psi_k(x)=C(k)e^{ikx}$ ………⑥‴ となる。

よって，任意の値を取り得る k に対する一般解 $\psi(x)$ は，⑥‴ を k で無限積分して，

$$\psi(x)=\int_{-\infty}^{\infty}C(k)e^{ikx}dk \quad \cdots\cdots⑦$$ となるんだね。

また，時刻 t を含む波動関数 $\Psi(x,\ t)$ についても同様に，任意の k に対して，
まず，$\Psi_k(x,\ t)=C(k)e^{ikx}\cdot e^{-i\frac{E(k)}{\hbar}t}$ であり，
一般解は，$\Psi(x,\ t)=\int_{-\infty}^{\infty}C(k)e^{ikx}e^{-i\frac{E(k)}{\hbar}t}dk$ となる。

自由粒子の簡単な例題といっても，結構奥が深いでしょう？

ではさらに，⑦式を基に，不確定性原理にまで解説を加えていくことにしよう。ここでまず，$C(k)$ を次のように正規分布に類似した関数とする。

$$C(k)=e^{-\frac{a^2k^2}{2}} \quad \cdots\cdots⑧ \quad (a：正の定数)$$

係数 $\frac{1}{\sqrt{2\pi}\sigma}$ がかかっていないのは気にしなくていい。最終的に規格化されるからだ。ここでは，$C(k)=e^{-\frac{k^2}{2\cdot\frac{1}{a^2}}}$ とおくと，k の分散 $\sigma_k{}^2=\frac{1}{a^2}$ より，k の標準偏差 $\sigma_k=\frac{1}{a}$ となることに着目しよう。

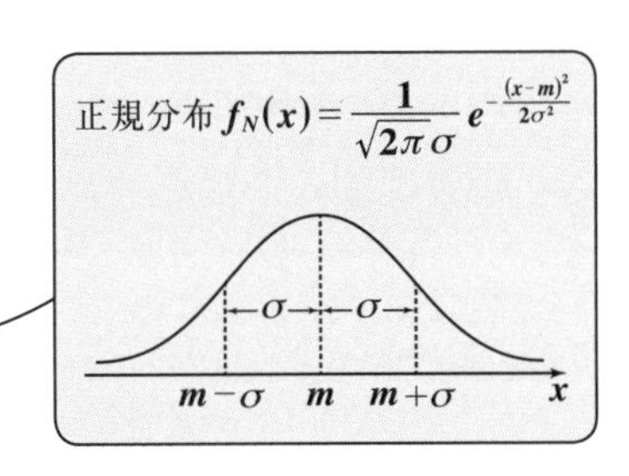

すると，図1に示すように $C(k)$ は，$k=0$ に関して左右対称なグラフで，k のバラツキ(標準偏差 σ_k のこと) Δk は，

$$\Delta k\sim\frac{1}{a} \quad \cdots\cdots⑨$$ となるんだね。

ここで，$p=\hbar k$ より，⑨から

$$\Delta p=\hbar\Delta k\sim\frac{\hbar}{a} \quad \cdots\cdots⑩$$ となる。

図1 $C(k)=e^{-\frac{a^2k^2}{2}}$ のグラフ
$\left(k のバラツキ\ \sigma_k=\frac{1}{a}\right)$

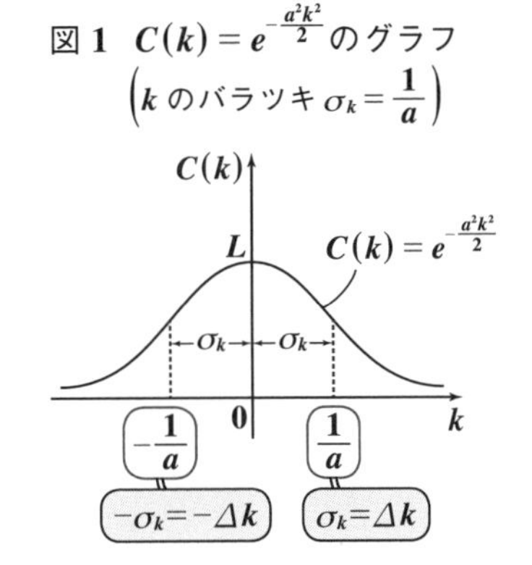

⑧を⑦に代入すると，

$$\psi(x)=\int_{-\infty}^{\infty}\underbrace{e^{-\frac{a^2k^2}{2}}}_{C(k)}e^{ikx}dk \quad \cdots\cdots\cdots ⑦'$$

となる。これもまた，係数$\frac{1}{2\pi}$がないのは気にしなくていいんだけれど，⑦´は$C(k)\to\psi(x)$の"フーリエ逆変換"の式になっていることに気をつけよう。

$$\psi(x)=\int_{-\infty}^{\infty}C(k)e^{ikx}dk \quad \cdots\cdots ⑦$$

$$C(k)=e^{-\frac{a^2k^2}{2}} \quad \cdots\cdots\cdots\cdots\cdots\cdots ⑧$$

$$\Delta k\sim\frac{1}{a} \quad \cdots\cdots\cdots\cdots\cdots\cdots ⑨$$

$$\Delta p=\hbar\Delta k\sim\frac{\hbar}{a} \quad \cdots\cdots\cdots\cdots ⑩$$

・フーリエ変換

$$F(\alpha)=\int_{-\infty}^{\infty}f(x)e^{-i\alpha x}dx$$

・フーリエ逆変換

$$f(x)=\frac{1}{2\pi}\int_{-\infty}^{\infty}F(\alpha)e^{i\alpha x}d\alpha$$

$$\psi(x)=\frac{1}{2\pi}\int_{-\infty}^{\infty}C(k)\cdot e^{ikx}dk$$

では，⑦´の積分計算をやって，波動関数$\psi(x)$を求めてみよう。しかし，この被積分関数に虚数単位iが入っているため，これは複素積分になる。

このように，量子力学では，何かちょっと計算しようとすると，次々に数学的な知識が必要となるんだね。これは，複素数平面上で一周線積分を行う必要がある。これについても，丁寧に解説しよう。

⑦´を変形して，

$$\psi(x)=\int_{-\infty}^{\infty}e^{\overbrace{-\frac{a^2}{2}\left(k^2-i\frac{2x}{a^2}k\right)}^{-\frac{a^2}{2}\left(k^2-i\cdot\frac{2x}{a^2}\cdot k-\frac{x^2}{a^4}\right)-\frac{x^2}{2a^2}}}dk$$

$$=\int_{-\infty}^{\infty}\underbrace{e^{-\frac{x^2}{2a^2}}}_{k\text{から見て，これは定数}}\cdot e^{-\frac{a^2}{2}\left(k-i\frac{x}{a^2}\right)^2}dk$$

$$=e^{-\frac{x^2}{2a^2}}\underbrace{\int_{-\infty}^{\infty}e^{-\frac{a^2}{2}\left(k-i\frac{x}{a^2}\right)^2}dk}_{\text{これを(i)の積分とおく。これは1周線積分で求める。}} \quad \cdots\cdots\cdots ⑦''$$

ここで，(i) $\int_{-\infty}^{\infty} e^{-\frac{a^2}{2}\left(k-\frac{x}{a^2}i\right)^2}dk$ について，複素変数 z を

$z = k - \underbrace{\frac{x}{a^2}}_{\text{定数扱い}} i$ とおき，$g(z) = e^{-\frac{a^2}{2}z^2}$ とおくと，この複素関数 $g(z)$ は，全複素数平面で正則(せいそく)(微分可能) な関数なんだね。したがって，コーシーの積分定理より，図 2 に示すような 4 つの積分経路 c_1，c_2，c_3，c_4 による 1 周線積分の結果は 0 となる。つまり

図 2　1 周線積分の経路

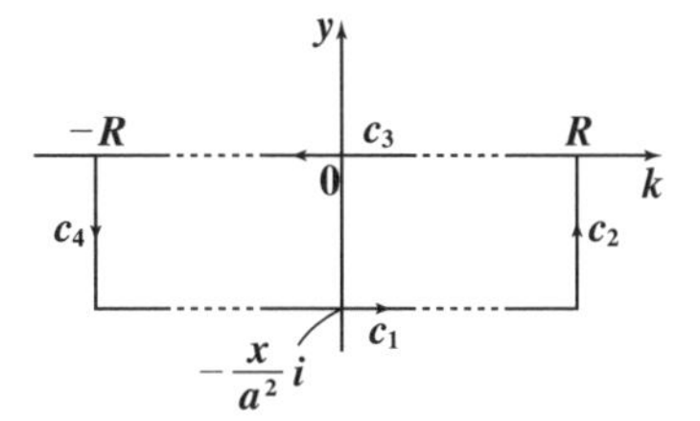

$$\int_{c_1} + \underbrace{\int_{c_2}}_{0} + \int_{c_3} + \underbrace{\int_{c_4}}_{0} = 0 \quad \cdots\cdots\cdots ⑪$$

ここで，$R \to \infty$ のとき，$\int_{c_2} g(z)dz \to 0$，$\int_{c_4} g(z)dz \to 0$ となる。

よって，⑪より，

$\int_{c_1} g(z)dz = -\int_{c_3} g(z)dz$，すなわち

$$\underbrace{\int_{-R}^{R} e^{-\frac{a^2}{2}\left(k-\frac{x}{a^2}i\right)^2}dk}_{\int_{c_1}} = \underbrace{-\int_{R}^{-R} e^{-\frac{a^2}{2}k^2}dk}_{-\int_{c_3}} = \int_{-R}^{R} e^{-\frac{a^2}{2}k^2}dk$$

ここでさらに $R \to \infty$ とすると，(i) の無限積分は

$$\text{(i)} \int_{-\infty}^{\infty} e^{-\frac{a^2}{2}\left(k-\frac{x}{a^2}i\right)^2}dk = \underbrace{\int_{-\infty}^{\infty} e^{-\frac{a^2}{2}k^2}dk}_{\sqrt{\frac{\pi}{\frac{a^2}{2}}} = \frac{\sqrt{2\pi}}{a}}$$

ガウスの積分公式
$\int_{-\infty}^{\infty} e^{-Px^2}dx = \sqrt{\frac{\pi}{P}}$

$$= \frac{\sqrt{2\pi}}{a} \quad \cdots\cdots\cdots ⑫ \quad \text{となる。}$$

⑫を⑦″に代入して，求める $\psi(x)$ は，$\psi(x) = \frac{\sqrt{2\pi}}{a} e^{-\frac{x^2}{2a^2}} \quad \cdots\cdots\cdots ⑬$

⑬より $|\psi(x)|^2$ を求めると，

$$|\psi(x)|^2 = \underbrace{\psi^*(x)}_{\psi(x)\ (\because\ \psi(x)\text{は実数関数})}\psi(x)$$

$$= \psi(x)^2$$

$$= \frac{2\pi}{a^2}e^{-\frac{x^2}{a^2}} \quad \left(-\frac{x^2}{a^2} = -\frac{x^2}{2\cdot\frac{a^2}{2}},\ \frac{a^2}{2} = \sigma_x{}^2\right)$$

$C(k) = e^{-\frac{a^2k^2}{2}}$ ……………⑧

$\Delta p = \hbar\Delta k \sim \frac{\hbar}{a}$ ………⑩

$\psi(x) = \frac{\sqrt{2\pi}}{a}e^{-\frac{x^2}{2a^2}}$ ………⑬

ここで，粒子の存在確率分布を表す確率密度 $|\psi|^2$ の標準偏差 $\sigma_x = \frac{a}{\sqrt{2}}$ である。

正規分布

$f_N(x) = \frac{1}{\sqrt{2\pi}\sigma}e^{-\frac{(x-m)^2}{2\sigma^2}}$ と

比較して，係数は無視すると x の分散

$\sigma_x{}^2 = \frac{a^2}{2}$ となる。

∴ x の標準偏差（バラツキ）Δx は，

$\Delta x = \sigma_x = \frac{a}{\sqrt{2}}$

よって，粒子が側定される位置 x のバラツキ Δx は図3のグラフから明らかに，

$\Delta x \sim \frac{a}{\sqrt{2}}$ ………⑭となる。

これと，$\Delta p \sim \frac{\hbar}{a}$ ………⑩

より，

$$\Delta x \cdot \Delta p \sim \frac{\cancel{a}}{\sqrt{2}} \times \frac{\hbar}{\cancel{a}}$$

よって，不確定性原理の式：

$$\Delta x \cdot \Delta p \sim \frac{\hbar}{\sqrt{2}}$$ が成り立つ。

図3 $|\psi(x)|^2 = \frac{2\pi}{a^2}e^{-\frac{x^2}{a^2}}$ のグラフ
$\left(x \text{ のバラツキ } \sigma_x = \frac{a}{\sqrt{2}}\right)$

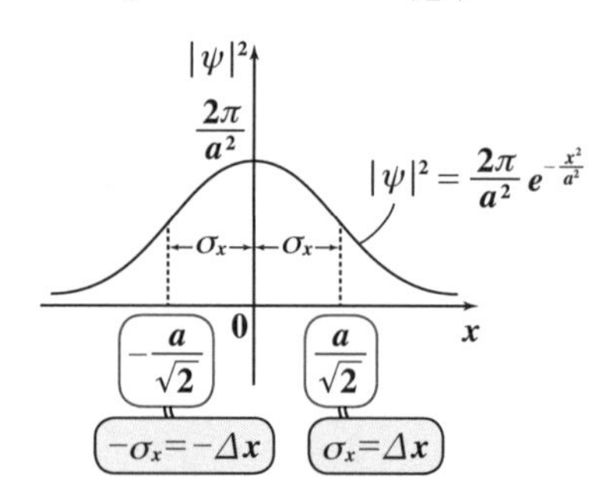

$\Delta x \cdot \Delta p \sim \hbar$ に比べて，$\hbar$ が $\frac{\hbar}{\sqrt{2}}$ に置き換えられてはいるけれど，“〜”は，大体という意味なので，$\frac{1}{\sqrt{2}}$ の係数なんて，無視しても構わないんだね。

例題7そのものは，簡単な問題だったんだけれど，これと関連して，これだけの知識が必要だったんだね。面白かった？

では，波動関数$\psi(x)=\dfrac{\sqrt{2\pi}}{a}e^{-\frac{x^2}{2a^2}}$ ………⑬ を規格化(正規化)しておこう。

$$\int_{-\infty}^{\infty}|\psi(x)|^2dx=\int_{-\infty}^{\infty}\psi(x)^2dx=\int_{-\infty}^{\infty}\frac{2\pi}{a^2}\left(e^{-\frac{x^2}{2a^2}}\right)^2dx$$

$|\psi(x)|^2 = \psi(x)^*\cdot\psi(x)$, $\psi(x)^* = \psi(x)$ (∵ $\psi(x)$は実数関数)

$$=\frac{2\pi}{a^2}\int_{-\infty}^{\infty}e^{-\frac{x^2}{a^2}}dx$$

$$\int_{-\infty}^{\infty}e^{-\frac{x^2}{a^2}}dx=\sqrt{\frac{\pi}{\frac{1}{a^2}}}=\sqrt{\pi}\,a$$

ガウスの積分公式
$$\int_{-\infty}^{\infty}e^{-Px^2}dx=\sqrt{\frac{\pi}{P}}$$

$$=\frac{2\pi}{a^2}\cdot\sqrt{\pi}\,a=\boxed{\frac{2\pi\sqrt{\pi}}{a}=1}\ (\text{全確率})$$

$\therefore a=2\pi\sqrt{\pi}$　これを⑬に代入して，

$$\psi(x)=\frac{\sqrt{2\pi}}{2\pi\sqrt{\pi}}e^{-\frac{x^2}{2\cdot4\pi^3}}=\frac{1}{\sqrt{2}\,\pi}e^{-\frac{x^2}{8\pi^3}}\ \cdots\cdots⑮$$ となる。

また，⑮から，xのバラツキ(標準偏差)Δxを求めてみると，

$$\langle x\rangle=(\psi,\ x\psi)=\int_{-\infty}^{\infty}\psi^*x\,\psi\,dx=\int_{-\infty}^{\infty}x\,\psi(x)^2dx=0$$

x：奇関数，$\psi(x)^2=\dfrac{1}{2\pi^2}e^{-\frac{x^2}{4\pi^3}}$ (偶関数)

$$\langle x^2\rangle=(\psi,\ x^2\psi)=\int_{-\infty}^{\infty}\psi(x)^*x^2\psi(x)dx=\int_{-\infty}^{\infty}x^2\psi(x)^2dx$$

$$=\frac{1}{2\pi^2}\int_{-\infty}^{\infty}x^2\cdot e^{-\frac{x^2}{4\pi^3}}dx=\frac{4\pi^5}{2\pi^2}=2\pi^3$$

$$\int_{-\infty}^{\infty}x^2\cdot e^{-\frac{x^2}{4\pi^3}}dx=\frac{\sqrt{\pi}}{2\cdot\frac{1}{4\pi^3}\sqrt{\frac{1}{4\pi^3}}}=4\pi^5$$

ガウスの積分公式
$$\int_{-\infty}^{\infty}x^2e^{-Px^2}dx=\frac{\sqrt{\pi}}{2P\sqrt{P}}$$

$$\therefore \Delta x=\sqrt{\langle x^2\rangle-\langle x\rangle^2}=\sqrt{2\pi^3-0}=\sqrt{2}\,\pi\sqrt{\pi}\quad\left(=\frac{a}{\sqrt{2}}\quad(\because a=2\pi\sqrt{\pi})\right)$$

となって，⑭の結果と一致するんだね。

● 無限に大きい井戸型ポテンシャルにも挑戦しよう！

この1次元の無限大の井戸型ポテンシャル問題も，量子力学を学ぶ上で最初の方で扱われる典型問題なんだね。でも，これもその解答について，様々な深い意味があるので，詳しく解説していこう。

例題8　質量 m の粒子が右図に示すように無限に大きい1次元の井戸型ポテンシャルに閉じ込められている。

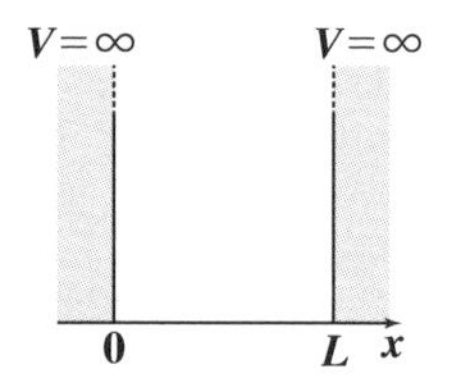

このときの，ポテンシャル $V(x)$ は

$$V(x)=\begin{cases}\infty & (x<0 \text{ または } L<x)\\ 0 & (0<x<L)\end{cases}$$

である。以下の各問いに答えよ。

(1) 次のシュレーディンガーの波動方程式

$$E\psi=-\frac{\hbar^2}{2m}\frac{d^2\psi}{dx^2}+V\psi \quad \cdots\cdots\cdots(*) \quad (\text{境界条件}: \psi(0)=\psi(L)=0)$$

を解いて，固有関数 $\psi_n(x)$ とエネルギー固有値 E_n (n：量子数，$n=1, 2, 3, \cdots$) を求めよ。

(2) 固有関数 $\psi_n(x)$ を規格化せよ。

(3) $(\psi_m, \psi_n)=\delta_{mn}$ ……$(**)$ が成り立つことを示せ。ただし，δ_{mn} はクロネッカーのデルタのことで，$\delta_{mn}=\begin{cases}1 & (m=n \text{ のとき})\\ 0 & (m\neq n \text{ のとき})\end{cases}$ である。

(ただし，m，n は正の整数とする。)

(1) ポテンシャル $V(x)$ が

$$V(x)=\begin{cases}\infty & (x<0 \text{ のとき})\\ 0 & (0<x<L \text{ のとき})\\ \infty & (L<x \text{ のとき})\end{cases}$$

で与えられているので，

$x<0$，$L<x$ の範囲に粒子は存在し得ない。よって，$0<x<L$ の範囲でのみ調べればいいので，$V(x)=0$ となる。これを$(*)$のシュレーディンガー方程式に代入すると，

$$E\psi=-\frac{\hbar^2}{2m}\frac{d^2\psi}{dx^2}+\underbrace{V}_{0}\psi \text{ より，} E\psi=-\frac{\hbar^2}{2m}\frac{d^2\psi}{dx^2} \quad \cdots\cdots\cdots(*)' \quad \text{となる。}$$

ここで，質量 m の粒子の力学的エネルギー（運動エネルギー）E は，

$$E=\frac{p^2}{2m}=\frac{\hbar^2k^2}{2m} \quad \cdots\cdots\cdots ①$$ となる。← $p=\frac{h}{2\pi}\cdot\frac{2\pi}{\lambda}=\hbar\cdot k$ より

①を $(*)'$ に代入してまとめると，

$$\frac{\hbar^2k^2}{2m}\psi=-\frac{\hbar^2}{2m}\frac{d^2\psi}{dx^2}$$ より

$\psi''(x)+k^2\psi(x)=0$ ………② （境界条件：$\psi(0)=\psi(L)=0$）

ここで，基本解を $\psi(x)=e^{\lambda x}$ とおくと，$\psi''(x)=\lambda^2e^{\lambda x}$ ………③

③を②に代入して，

$\lambda^2e^{\lambda x}+k^2e^{\lambda x}=0$　両辺を $e^{\lambda x}(>0)$ で割って，

特性方程式：$\lambda^2+k^2=0$　これを解いて，

$\lambda^2=-k^2$ より，$\lambda=\pm ik$ （i：虚数単位）となる。

よって，②の基本解は，e^{ikx} と e^{-ikx} より，②の一般解は，

$\psi(x)=C_1e^{ikx}+C_2e^{-ikx}$ ………④ （C_1，C_2：任意定数）

（$e^{ikx}=(\cos kx+i\sin kx)$，$e^{-ikx}=(\cos kx-i\sin kx)$）

ここまでは，例題 7 の自由粒子の波動関数の一般解とまったく同じだね。しかし今回は，閉じ込められた粒子の波動関数なので，e^{ikx} や e^{-ikx} のような進行波や後退波の形ではなく，ギターの弦の波動のように定在波の形になるはずだ。よって，④の一般解は sin や cos の形で表すことにしよう。

④を変形して，

$$\begin{aligned}\psi(x)&=C_1(\cos kx+i\sin kx)+C_2(\cos kx-i\sin kx)\\&=(C_1+C_2)\cos kx+(C_1i-C_2i)\sin kx\end{aligned}$$

（C_1+C_2 を新たに A_1，C_1i-C_2i を A_2 とおく）

これで，定在波が表せる

$\therefore\ \psi(x)=A_1\cos kx+A_2\sin kx$ ………⑤ （A_1，A_2：任意定数）となる。

ここで，境界条件：$\psi(0)=\psi(L)=0$ より，

$\psi(0)=A_1\cos 0+A_2\sin 0=A_1=0$　$\therefore\ A_1=0$ ………⑥　（$\cos 0=1$，$\sin 0=0$）

$\psi(L)=A_2\sin kL=0$　$\therefore\ \sin kL=0$ （$\because A_2\neq 0$）← $A_2=0$ とすると，$\psi(x)=0$ となって意味がなくなるからね

よって，$kL=n\pi$ より，$k=\frac{n\pi}{L}$ ………⑦ （$n=1, 2, 3, \cdots$）

⑥，⑦を⑤に代入し，$\psi(x)$ は n に依存するので，$\psi_n(x)$ とおくと，

$$\psi_n(x) = A_2 \sin \frac{n\pi}{L} x \quad \cdots\cdots\cdots ⑧$$

$(0 \leqq x \leqq L)$ となる。

$$E = \frac{\hbar^2 k^2}{2m} \quad \cdots\cdots ①$$
$$\psi(x) = \cancel{A_1 \cos kx} + A_2 \sin kx \quad \cdots\cdots ⑤$$
$$A_1 = 0 \quad \cdots\cdots ⑥$$
$$k = \frac{n\pi}{L} \quad \cdots\cdots ⑦$$

また，⑦を①に代入し，エネルギー E も E_n と表すと，

$$E_n = \frac{\hbar^2}{2m}\left(\frac{n\pi}{L}\right)^2 = \frac{\hbar^2 \pi^2 n^2}{2mL^2} \quad \cdots\cdots\cdots ⑨ \quad (n = 1,\ 2,\ 3,\ \cdots)$$ となる。

このように，シュレーディンガー方程式は，E_1，E_2，E_3，…と，離散的な（飛び飛びの）エネルギーの値のときのみに，解が，ψ_1，ψ_2，ψ_3，…と存在する。

このエネルギー E_n を，**固有値**といい，それに対応する波動関数 $\psi_n(x)$ を**固有関数**といい，そして $n\ (= 1,\ 2,\ 3,\ \cdots)$ を**量子数**という。

(2) 次に波動関数（固有関数）$\psi_n(x)$ を規格化しよう。

$$(\psi_n,\ \psi_n) = \|\psi_n\|^2 = \int_0^L \underbrace{\psi_n(x)}_{\psi_n(x)^*} \cdot \psi_n(x)\,dx = \int_0^L \psi_n(x)^2\,dx$$

$\psi_n(x)^*$ （$\psi_n(x)$ は実数関数より，$\psi_n{}^* = \psi_n$）

$$= A_2^2 \int_0^L \sin^2 \frac{n\pi}{L} x\,dx$$

半角の公式
$\sin^2\theta = \dfrac{1 - \cos 2\theta}{2}$

$$= \frac{A_2^2}{2} \int_0^L \left(1 - \cos \frac{2n\pi}{L} x\right) dx$$

$$= \frac{A_2^2}{2} \left[x - \cancel{\frac{L}{2n\pi} \sin \frac{2n\pi}{L} x}\right]_0^L$$

$0\ (\sin 2n\pi = \sin 0 = 0)$

$$= \boxed{\frac{A_2^2}{2} L = 1} \quad (\text{全確率})$$

$\therefore A_2^2 = \dfrac{2}{L}$ より，$A_2 = \sqrt{\dfrac{2}{L}}$　これを⑧に代入して，規格化した $\psi_n(x)$ は

$$\psi_n(x) = \sqrt{\frac{2}{L}} \sin \frac{n\pi}{L} x \quad \cdots\cdots\cdots ⑧' \quad (n = 1,\ 2,\ 3,\ \cdots)$$ となる。

(3) は $\psi_n(x)\ (n=1, 2, 3, \cdots)$ が正規直交系の関数列であることを示す問題なんだね。この意味については，後で詳しく解説することにして，まず

$$(\psi_m,\ \psi_n)=\delta_{mn}=\begin{cases}1 & (m=n \text{ のとき})\\ 0 & (m\neq n \text{ のとき})\end{cases} \quad \cdots\cdots(**)$$

が成り立つことを示そう。

(i) $m=n$ のとき，

$(\psi_m,\ \psi_m)=\|\psi_m\|^2=1$ （全確率）となる。

（なぜなら，$\psi_m(x)$ は，**(2)** で既に規格化（正規化）されているからなんだね。）

(ii) $m\neq n$ のとき，

$$(\psi_m,\ \psi_n)=\int_0^L \underbrace{\psi_m(x)}_{\psi_m(x)^*}\cdot\psi_n(x)\,dx$$

$\psi_m(x)^*$（$\psi_m(x)$ は実数関数より，$\psi_m{}^*=\psi_m$）

$$=\int_0^L\sqrt{\frac{2}{L}}\sin\frac{m\pi}{L}x\cdot\sqrt{\frac{2}{L}}\sin\frac{n\pi}{L}x\,dx$$

$$=\frac{2}{L}\int_0^L\sin\frac{m\pi}{L}x\sin\frac{n\pi}{L}x\,dx$$

積→差の公式
$\sin\alpha\sin\beta$
$=-\frac{1}{2}\{\cos(\alpha+\beta)-\cos(\alpha-\beta)\}$

$$=\frac{2}{L}\cdot\left(-\frac{1}{2}\right)\int_0^L\left\{\cos\frac{(m+n)\pi}{L}x-\cos\frac{(m-n)\pi}{L}x\right\}dx$$

$$=-\frac{1}{L}\left[\frac{L}{(m+n)\pi}\sin\frac{(m+n)\pi}{L}x-\frac{L}{(m-n)\pi}\sin\frac{(m-n)\pi}{L}x\right]_0^L$$

$\sin(m+n)\pi=\sin0=0$　　$\sin(m-n)\pi=\sin0=0$

$=0$　となる。

以上 (i)(ii) より，

$$(\psi_m,\ \psi_n)=\delta_{mn}=\begin{cases}1 & (m=n \text{ のとき})\\ 0 & (m\neq n \text{ のとき})\end{cases} \quad \cdots\cdots\cdots(**)$$ は成り立つ。

（ただし，m，n は正の整数）

以上で，例題 **8** の解答・解説は終了です。大丈夫だった？
それでは，この問題もさらに深めていこう。

まず，図 **4** に，$n = 1, 2, 3$ のときの波動関数 $\psi_n(x) = \sqrt{\dfrac{2}{L}}\sin\dfrac{n\pi}{L}x$ ………⑧′

のグラフと，対応するエネルギー

$E_n = \dfrac{\hbar^2\pi^2 n^2}{2mL^2}$ ………⑨　の値を示す。

これで，定在波の具体的なイメージももって頂けると思う。

では，$<x>$，$<x^2>$，$<p>$，$<p^2>$を求めて，Δx と Δp を求め，この場合も不確定性原理が成り立っていることを確認してみよう。

ただし，ここで，新たに **2** つの積分公式を紹介するので，これを利用することにしよう。

図 **4**　定在波 $\psi_n(x)$ のグラフと E_n

(i) $n = 1$ のとき，$E_1 = \dfrac{\hbar^2\pi^2}{2mL^2}$

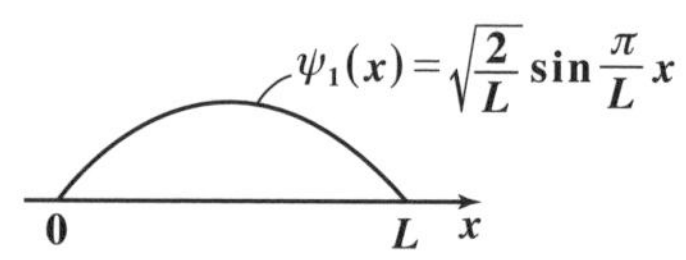

(ii) $n = 2$ のとき，$E_2 = \dfrac{2\hbar^2\pi^2}{mL^2}$

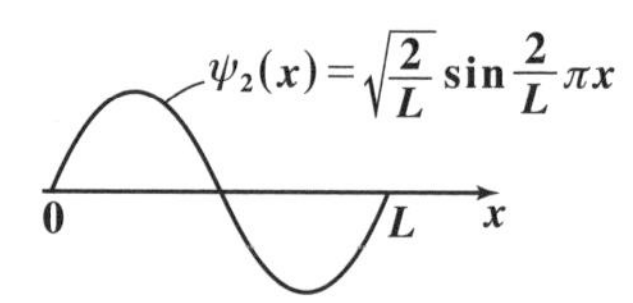

(iii) $n = 3$ のとき，$E_3 = \dfrac{9\hbar^2\pi^2}{2mL^2}$

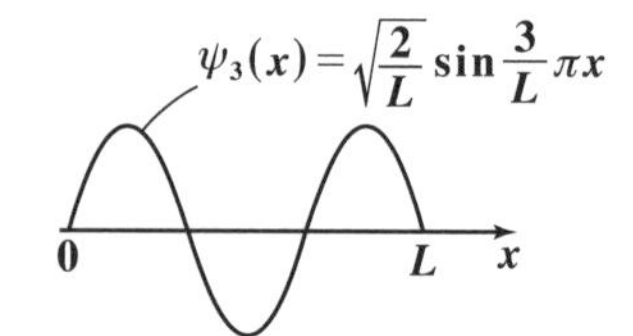

$$\int x\sin^2\alpha x\,dx = \frac{x^2}{4} - \frac{x}{4\alpha}\sin 2\alpha x - \frac{1}{8\alpha^2}\cos 2\alpha x \quad \cdots\cdots(*f_0)$$

$$\int x^2\sin^2\alpha x\,dx = \frac{x^3}{6} - \left(\frac{x^2}{4\alpha} - \frac{1}{8\alpha^3}\right)\sin 2\alpha x - \frac{x}{4\alpha^2}\cos 2\alpha x \quad \cdots\cdots(*f_0)'$$

(($*f_0$)，($*f_0$)′ 共に，積分定数 C は省略した。)

($*f_0$) は，$\dfrac{1}{2}\displaystyle\int x(1 - \cos 2\alpha x)dx$ を，($*f_0$)′ は，$\dfrac{1}{2}\displaystyle\int x^2(1 - \cos 2\alpha x)dx$ を **1** 回または **2** 回部分積分すれば導ける積分公式なんだね。確認されるといい。

・$<x> = (\psi_n,\ x\psi_n) = \displaystyle\int_0^L \psi_n(x)x\,\psi_n(x)dx = \int_0^L x\,\psi_n(x)^2 dx$

$$= \frac{2}{L}\int_0^L x\sin^2\frac{n\pi}{L}x\,dx$$

$$= \frac{2}{L}\left[\frac{x^2}{4} - \frac{L}{4n\pi}x\sin\frac{2n\pi}{L}x - \frac{L^2}{8n^2\pi^2}\cos\frac{2n\pi}{L}x\right]_0^L$$

$\alpha = \dfrac{n\pi}{L}$ として ($*f_0$) を用いた。

$$\therefore <x> = \frac{2}{L}\left(\frac{L^2}{4} - \frac{L^2}{4n\pi}\underbrace{\sin 2n\pi}_{0} - \frac{L^2}{8n^2\pi^2}\underbrace{\cos 2n\pi}_{1} + \frac{L^2}{8n^2\pi^2}\underbrace{\cos 0}_{1}\right) = \frac{L}{2}$$

・ $<x^2> = (\psi_n,\ x^2\psi_n) = \int_0^L \psi_n(x)\cdot x^2\psi_n(x)dx = \int_0^L x^2\psi_n(x)^2 dx$

$$= \frac{2}{L}\int_0^L x^2 \sin^2\frac{n\pi}{L}x\,dx$$

$$= \frac{2}{L}\left[\frac{x^3}{6} - \left(\frac{L}{4n\pi}x^2 - \frac{L^3}{8n^3\pi^3}\right)\sin\frac{2n\pi}{L}x - \frac{L^2}{4n^2\pi^2}x\cos\frac{2n\pi}{L}x\right]_0^L$$

$$= \frac{2}{L}\left\{\frac{L^3}{6} - \left(\frac{L^3}{4n\pi} - \frac{L^3}{8n^3\pi^3}\right)\underbrace{\sin 2n\pi}_{0} - \frac{L^3}{4n^2\pi^2}\underbrace{\cos 2n\pi}_{1}\right\}$$

$$= \frac{2}{L}\left(\frac{L^3}{6} - \frac{L^3}{4n^2\pi^2}\right) = \frac{L^2}{3} - \frac{L^2}{2n^2\pi^2}$$

$\alpha = \frac{n\pi}{L}$ として $(*f_0)'$ を用いた。

・ $<p> = (\psi_n,\ \underbrace{\hat{p}\psi_n}_{-i\hbar\frac{d\psi_n}{dx}}) = -i\hbar\left(\psi_n,\ \frac{d\psi_n}{dx}\right) = -i\hbar\int_0^L \psi_n\cdot\psi_n' dx$

$$= -i\hbar\cdot\frac{1}{2}\left[\psi_n(x)^2\right]_0^L = -\frac{i\hbar}{2}\cdot\frac{2}{L}\underbrace{\left[\sin^2\frac{n\pi}{L}x\right]_0^L}_{\sin^2 n\pi - \sin^2 0 = 0-0=0} = 0$$

・ $<p^2> = (\psi_n,\ \hat{p}^2\psi_n) = -\hbar^2\left(\psi_n,\ \frac{d^2\psi_n}{dx^2}\right)$

$\left(-i\hbar\frac{d}{dx}\right)^2\psi_n = -\hbar^2\frac{d^2\psi_n}{dx^2}$

$\left(\sqrt{\frac{2}{L}}\sin\frac{n\pi}{L}x\right)'' = -\left(\frac{n\pi}{L}\right)^2\sqrt{\frac{2}{L}}\sin\frac{n\pi}{L}x = -\frac{n^2\pi^2}{L^2}\psi_n$

$$= -\hbar^2\left(\psi_n,\ -\frac{n^2\pi^2}{L^2}\psi_n\right) = \hbar^2\frac{n^2\pi^2}{L^2}\underbrace{(\psi_n,\ \psi_n)}_{1} = \left(\frac{\hbar\pi n}{L}\right)^2$$

ψ_n は規格化された波動関数

以上より，$\Delta x = \sqrt{<x^2> - <x>^2} = \sqrt{\frac{L^2}{3} - \frac{L^2}{2n^2\pi^2} - \left(\frac{L}{2}\right)^2}$

$$= \sqrt{\frac{L^2}{12} - \frac{L^2}{2n^2\pi^2}} = \frac{L}{2\sqrt{3}}\sqrt{1 - \frac{6}{n^2\pi^2}}$$

$$\Delta p = \sqrt{<p^2> - <p>^2}$$

$$= \sqrt{\left(\frac{\hbar\pi n}{L}\right)^2 - 0^2} = \frac{\hbar\pi n}{L}$$ となる。

$<p> = 0$

$<p^2> = \left(\frac{\hbar\pi n}{L}\right)^2$

$\Delta x = \frac{L}{2\sqrt{3}}\sqrt{1-\frac{6}{n^2\pi^2}}$

よって，$\Delta x \Delta p$ を計算して不確定性原理の式を調べてみると，

$$\Delta x \Delta p \sim \frac{\hbar\pi n}{\cancel{L}} \cdot \frac{\cancel{L}}{2\sqrt{3}}\sqrt{1-\frac{6}{n^2\pi^2}} = \frac{\hbar\pi n}{2\sqrt{3}}\sqrt{1-\frac{6}{n^2\pi^2}}$$ となる。

よって，たとえば $n = 1$ のとき，

$$\Delta x \Delta p \sim \hbar \cdot \underbrace{\frac{\pi}{2\sqrt{3}}\sqrt{1-\frac{6}{\pi^2}}}_{\fallingdotseq\ 0.57} \fallingdotseq 0.57\hbar$$ となるんだね。

これで，内積やバラツキ $(\Delta x, \Delta p)$ や不確定性原理の計算のやり方にもずい分自信を持てるようになったと思う。

では次，エネルギー固有値 $E_n = \frac{\hbar^2\pi^2}{2mL^2}n^2$ $(n = 1, 2, 3, \cdots)$ についても考えてみよう。この E_n は，エネルギー準位 (***energy level***) と呼ばれ，ミクロな粒子に対しては離散的な (飛び飛びの) 値 E_1, E_2, E_3, …をとることが分かったんだね。しかし，古典力学で対象とするマクロな粒子に対しては，これは連続的に変化し得ると考えられるんだね。

これを調べるために，例えば，無重力状態 (ポテンシャルエネルギー $V = 0$) で，$L = 1(\mathrm{m})$ の箱の中を速度 $v = 1(\mathrm{m/s})$ で運動する質量 $m = 0.1(\mathrm{kg})$ の粒子 (ボール) について考えてみよう。

この粒子の運動エネルギー E は

$$E = \frac{1}{2}mv^2 = \frac{1}{2} \times 0.1 \times 1^2 = 5 \times 10^{-2}(\mathrm{J})$$

波数 $k = \frac{n\pi}{L}$ より，

運動量 $p = \hbar k = \hbar\frac{n\pi}{L} = \frac{\hbar\pi}{L}n$

また，$p = mv = 0.1 \times 1 = 0.1(\mathrm{kg\ m/s})$

$2L = n\lambda$ より，

$\frac{2\pi}{\lambda} = 2\pi \cdot \frac{n}{2L}$

$\therefore k = \frac{n\pi}{L}$

$\frac{\hbar\pi}{L}n=0.1$ より，量子数 $n=\frac{0.1\times L}{\hbar\pi}=\frac{0.1\times 1}{1.055\times 10^{-34}\times 3.14}=3.02\times 10^{32}$ …①

（$\hbar=1.055\times 10^{-34}$ (J·s)）

よって，エネルギー準位の差分 $\Delta E=E_n-E_{n-1}$ を求めると，

$$\Delta E=\frac{\hbar^2\pi^2}{2mL^2}n^2-\frac{\hbar^2\pi^2}{2mL^2}(n-1)^2=\frac{\hbar^2\pi^2}{2mL^2}\underbrace{\{n^2-(n-1)^2\}}_{2n-1}$$

$$\therefore \Delta E=\frac{\hbar^2\pi^2}{mL^2}\left(n-\frac{1}{2}\right)=\frac{\hbar^2\pi^2 n}{mL^2} \quad\cdots\cdots\cdots②$$ となる。

（$\frac{1}{2}\ll n$ より，これは無視できる。）

よって，②に①を代入すると，

$$\Delta E=\frac{(1.055\times 10^{-34})^2\times 3.14^2\times 3.02\times 10^{32}}{0.1\times 1^2}=3.31\times 10^{-34}(\mathrm{J})$$

となるんだね。

よって，$E=5\times 10^{-2}$ (J) に比べて ΔE は非常に小さな数であるので，古典力学においては，マクロな粒子の運動エネルギーは連続的に変化し得ると考えてもよかったんだね。納得いった？

● 固有関数 ψ_n の正規直交性はとても重要だ！

では，この例題 8 に関連して，とても重要な話をしておこう。エネルギー固有値 E_1，E_2，E_3，…に対応して，固有関数 $\psi_1(x)$，$\psi_2(x)$，$\psi_3(x)$，…が求まったんだね。そして，これら固有関数には次の性質があることを示した。

$$(\psi_m,\ \psi_n)=\delta_{mn}=\begin{cases}1 & (m=n\ \text{のとき})\\ 0 & (m\neq n\ \text{のとき})\end{cases}$$

この性質を見て，ベクトルが頭に浮かんだ方も多いと思う。そうだね，これらは関数の集合だけれど，互いに直交する単位ベクトル（大きさ 1 のベクトル）と同様の構造をしていることが分かると思う。

ここで，1 例として，3 次元ベクトル $\boldsymbol{a}=\begin{bmatrix}a_1\\a_2\\a_3\end{bmatrix}$ を考えてみよう。すると，

この $\boldsymbol{a}$ は，互いに直交する 3 つの

単位ベクトル $\boldsymbol{j}_1=\begin{bmatrix}1\\0\\0\end{bmatrix}$，$\boldsymbol{j}_2=\begin{bmatrix}0\\1\\0\end{bmatrix}$，$\boldsymbol{j}_3=\begin{bmatrix}0\\0\\1\end{bmatrix}$

の 1 次結合として，次のように表せる。

$$\boldsymbol{a}=\begin{bmatrix}a_1\\a_2\\a_3\end{bmatrix}=a_1\begin{bmatrix}1\\0\\0\end{bmatrix}+a_2\begin{bmatrix}0\\1\\0\end{bmatrix}+a_3\begin{bmatrix}0\\0\\1\end{bmatrix}$$

図 5 $\boldsymbol{a}=a_1\boldsymbol{j}_1+a_2\boldsymbol{j}_2+a_3\boldsymbol{j}_3$

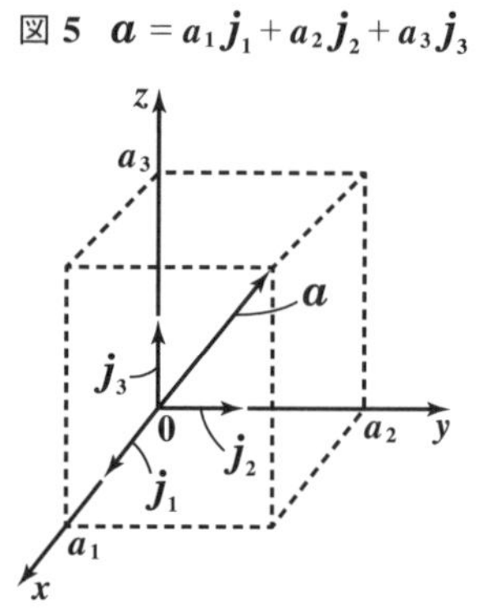

すなわち，

$\boldsymbol{a}=a_1\boldsymbol{j}_1+a_2\boldsymbol{j}_2+a_3\boldsymbol{j}_3$ ……………㋐　と表せるんだね。(図 5 参照)

ここで，$\boldsymbol{j}_1$，$\boldsymbol{j}_2$，$\boldsymbol{j}_3$ は互いに直交する単位ベクトルより，

$$\begin{cases}\boldsymbol{j}_1\cdot\boldsymbol{j}_2=\boldsymbol{j}_2\cdot\boldsymbol{j}_3=\boldsymbol{j}_3\cdot\boldsymbol{j}_1=0 & \cdots\cdots㋑\\ |\boldsymbol{j}_1|=|\boldsymbol{j}_2|=|\boldsymbol{j}_3|=1 & \cdots\cdots㋒\end{cases}$$

（$\boldsymbol{j}_1\cdot\boldsymbol{j}_2$ などは，内積を表す。）

となるのも大丈夫だね。

㋒は，$\boldsymbol{j}_1\cdot\boldsymbol{j}_1=\boldsymbol{j}_2\cdot\boldsymbol{j}_2=\boldsymbol{j}_3\cdot\boldsymbol{j}_3=1$ ……㋒′ と表してもいい。
（$\boldsymbol{j}_1\cdot\boldsymbol{j}_1=|\boldsymbol{j}_1|^2$，$\boldsymbol{j}_2\cdot\boldsymbol{j}_2=|\boldsymbol{j}_2|^2$，$\boldsymbol{j}_3\cdot\boldsymbol{j}_3=|\boldsymbol{j}_3|^2$）

そして㋑，㋒をまとめると，

$$\boldsymbol{j}_m\cdot\boldsymbol{j}_n=\delta_{mn}=\begin{cases}1 & (m=n\text{ のとき})\\0 & (m\neq n\text{ のとき})\end{cases}\quad(m,\ n=1,\ 2,\ 3)$$ と表せる。

ここで，㋑，㋒の性質から，たとえば x 成分 a_1 を求めたければ内積 $\boldsymbol{j}_1\cdot\boldsymbol{a}$ を求めればいい。すなわち，㋐より，

$$\boldsymbol{j}_1\cdot\boldsymbol{a}=\boldsymbol{j}_1\cdot(a_1\boldsymbol{j}_1+a_2\boldsymbol{j}_2+a_3\boldsymbol{j}_3)$$
$$=a_1\underbrace{\boldsymbol{j}_1\cdot\boldsymbol{j}_1}_{1}+a_2\underbrace{\boldsymbol{j}_1\cdot\boldsymbol{j}_2}_{0}+a_3\underbrace{\boldsymbol{j}_1\cdot\boldsymbol{j}_3}_{0}=a_1$$ となるからだ。同様に，

a_2, a_3 も，$\boldsymbol{j}_2\cdot\boldsymbol{a}=a_2$，$\boldsymbol{j}_3\cdot\boldsymbol{a}=a_3$　と求めることができるのも大丈夫だね。

このように，任意の 3 次元ベクトル $\boldsymbol{a}$ は，3 つの正規直交ベクトル（正規：大きさ 1）$\boldsymbol{j}_1$，$\boldsymbol{j}_2$，$\boldsymbol{j}_3$ の 1 次結合で表すことができ，この正規直交性により，各係数 a_n は $\boldsymbol{j}_n\cdot\boldsymbol{a}=a_n$ $(n=1,\ 2,\ 3)$ として求めることができるんだね。

さらに，**3**次元ベクトルを表すには，**3**つの正規直交系のベクトルが必要で，たとえば $\boldsymbol{j}_1$ と $\boldsymbol{j}_2$ のみで $\boldsymbol{a}$ を表そうとしても，これは
$\boldsymbol{a} \neq a_1\boldsymbol{j}_1 + a_2\boldsymbol{j}_2$ となって無理なんだね。すなわち，**3**つの**1**次独立なベクトルがそろって初めて完全に $\boldsymbol{a}$ を表すことができる。これも頭に入れておこう。
では例題**8**の波動関数（固有関数）

$\psi_n(x) = \sqrt{\frac{2}{L}}\sin\frac{n\pi}{L}x$ ………㋓ $(n = 1, 2, 3, \cdots)$ に話を戻そう。

波動の重ね合わせ（線形性）より，シュレーディンガー方程式

$E\psi = -\frac{\hbar^2}{2m}\frac{d^2\psi}{dx^2}$ ………$(*)'$ の一般解 $\psi(x)$ は，㋓を用いて，

$$\psi(x) = \sum_{n=1}^{\infty} C_n\psi_n(x) = C_1\psi_1(x) + C_2\psi_2(x) + \cdots\cdots + C_n\psi_n(x) + \cdots \quad \cdots\cdots\cdots ㋔$$

と表される。
そして，$\psi_n(x)$ については，ψ_m と ψ_n の内積が

$(\psi_m, \psi_n) = \delta_{mn} = \begin{cases} 1 & (m = n \text{ のとき}) \\ 0 & (m \neq n \text{ のとき}) \end{cases}$ の関係が成り立つため，**3**次元の

正規直交ベクトル $\boldsymbol{j}_n\ (n = 1, 2, 3)$ と同様に，関数列 $\{\psi_n(x)\}$ が
（$\{\psi_n(x)\}$：$\psi_1(x), \psi_2(x), \psi_3(x), \cdots$ のこと）

正規直交関数系になっているわけだね。ただし，固有関数 $\psi_n(x)$ の n は，
（正規：$(\psi_n, \psi_n) = 1$）（直交：$(\psi_m, \psi_n) = 0\ (m \neq n$ のとき$)$）

$n = 1, 2, 3, \cdots$ と無限に続くので，無限次元の正規直交関数系になっていることに気を付けよう。

この固有関数列 $\{\psi_n(x)\}$ の正規直交性により，㋔の右辺の各係数 $C_n\ (n = 1, 2, 3, \cdots)$ は，内積 (ψ_n, ψ) により容易に求められる。つまり，

$$(\psi_n, \psi) = (\psi_n,\ C_1\psi_1 + C_2\psi_2 + \cdots\cdots + C_n\psi_n + \cdots\cdots)$$

（ψ：$C_1\psi_1 + C_2\psi_2 + \cdots\cdots + C_n\psi_n + \cdots$ （㋔より））

$$= \underbrace{C_1(\psi_n, \psi_1)}_{0} + \underbrace{C_2(\psi_n, \psi_2)}_{0} + \cdots\cdots + C_n\underbrace{(\psi_n, \psi_n)}_{1} + \cdots\cdots = C_n$$

$\therefore (\psi_n, \psi) = C_n$ ……㋕ となるからね。これは，**3**次元ベクトルの内積 $\boldsymbol{j}_n \cdot \boldsymbol{a}$ によって，係数 $a_n\ (n = 1, 2, 3)$ を求めたのと同じ原理だ。

後は，関数列 $\{\psi_n(x)\}$ が完全性(または，完備性ともいう)をもつことを示せば，任意の関数 $\psi(x)$ を関数列 $\{\psi_n(x)\}$ の 1 次結合で表すことができるんだね。この完全性というのは，「すべてそろっている。」という意味だ。たとえば，任意の 3 次元ベクトル $\boldsymbol{a}$ は 3 つの独立な単位ベクトル $\boldsymbol{j}_1$, $\boldsymbol{j}_2$, $\boldsymbol{j}_3$ がそろって初めて，これらの 1 次結合で完全に表すことができるわけだからね。

それでは，この無限個の関数列 $\{\psi_n(x)\}$ が完全性をもつための条件式を下に示そう。

$$\sum_{n=1}^{\infty}\psi_n(x)\psi_n(t)^* = \delta(x-t) \quad \cdots\cdots\cdots (*g_0)$$

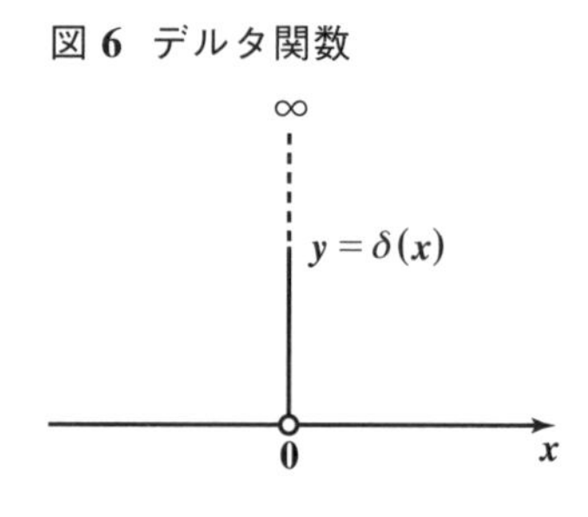

図 6　デルタ関数

$(*g_0)$ の右辺の関数はディラックのデルタ関数 $\delta(x)$ と呼ばれる関数で，その定義は次の通りだ。

$$\begin{cases} (\text{i})\ \delta(x) = \begin{cases} \infty & (x=0 \text{ のとき}) \\ 0 & (x \neq 0 \text{ のとき}) \end{cases} \\ (\text{ii})\ \displaystyle\int_{-\infty}^{\infty}\delta(x)dx = 1 \end{cases}$$

図 6 に示すように，$y=\delta(x)$ のグラフは，$x=0$ のときに ∞ となり，それ以外の x ではすべて 0 である特殊なパルス状の関数なんだね。当然，$\delta(x-a)$ は $\delta(x)$ を x 軸方向に a だけ平行移動したものなので，$x=a$ のときのみ ∞ となり，それ以外では 0 となる関数なんだね。

それでは，デルタ関数 $\delta(x)$ の重要な性質を下に示そう。

(i) $\displaystyle\int_{-\infty}^{\infty} f(x)\cdot\delta(x-a)dx = f(a) \quad \cdots\cdots\cdots (*h_0)$

$f(x)$ にデルタ関数 $\delta(x-a)$ をかけて積分すると，$f(a)$ の値を抽出できる。

(ii) $\delta(-x) = \delta(x) \quad \cdots\cdots\cdots (*h_0)'$

デルタ関数は，偶関数なんだね。

(iii) $\displaystyle\delta(x) = \frac{1}{2\pi}\sum_{n=-\infty}^{\infty} e^{inx} \quad \cdots\cdots\cdots (*h_0)''$

デルタ関数 $\delta(x)$ の複素フーリエ級数による展開式

(iv) $\displaystyle\delta(ax) = \frac{1}{a}\delta(x) \quad (a>0) \quad \cdots\cdots\cdots (*h_0)'''$

$ax=t$ とおく。
$\delta(x)dx = \delta(t)dt$
$= \delta(ax)adx$
$\displaystyle\therefore \delta(ax) = \frac{1}{a}\delta(x)$

(i) は，特に無限積分である必要はない。積分区間 $\alpha \to \beta$ が，$\alpha < a < \beta$ のように a を含んでいれば，

$\int_{\alpha}^{\beta} f(x) \cdot \delta(x-a)dx = f(a)$ となる。

つまり，$f(x)$ にデルタ関数 $\delta(x-a)$ をかけて，a を含む区間で積分すれば，“$f(a)$ の値のみを抽出できる”んだね。

(ii) は，δ 関数が偶関数であることを示している。よって，たとえば $\delta(x-a) = \delta(a-x)$ となる。これは，いずれにせよ $x = a$ のときに ∞ になり，それ以外では 0 になることを示している。

(iii) は，デルタ関数 $\delta(x)$ を複素フーリエ級数に展開したものなんだね。複素フーリエ級数で展開できるのは，周期関数なので，本当は右図に示すような周期 2π の周期関数 $\delta(x-2k\pi)$ (k：整数) を複素フーリエ級数展開したものが $(*h_0)''$ なんだね。つまり

$$\delta(x-2k\pi) = \frac{1}{2\pi}\sum_{n=-\infty}^{\infty} e^{inx} \quad \cdots\cdots\cdots (*h_0)''$$

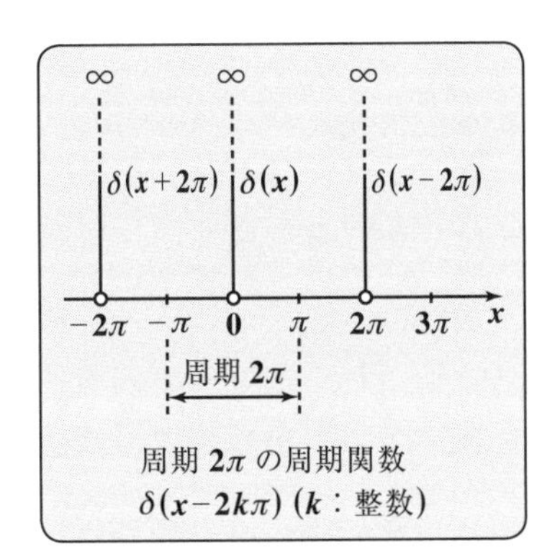

周期 2π の周期関数
$\delta(x-2k\pi)$ (k：整数)

(k：整数) となる。ただし，ここでは定義域を $-\pi \leqq x \leqq \pi$ としぼることによって，$\delta(x)$ の展開式として表しているんだね。

では，複素フーリエ級数の公式も紹介しておこう。

複素フーリエ級数

$-L \leqq x \leqq L$ で定義された周期 $2L$ の周期関数 $f(x)$ は，次式で表せる。

$$f(x) = \sum_{n=-\infty}^{\infty} a_n e^{i\frac{n\pi}{L}x} \quad \cdots\cdots\cdots\cdots\cdots\cdots (*i_0)$$

ただし，係数 $a_n = \frac{1}{2L}\int_{-L}^{L} f(x) e^{-i\frac{n\pi}{L}x} dx \quad \cdots\cdots\cdots (*i_0)'$

したがって，$-\pi \leqq x \leqq \pi$ で定義されたデルタ関数 $\delta(x)$ を，$(*i_0)$ と $(*i_0)'$ の公式を使って，級数展開してみよう。

$$f(x)=\sum_{n=-\infty}^{\infty} a_n e^{i\frac{n\pi}{L}x} \quad \cdots\cdots\cdots\cdots\cdots(*i_0)$$

$$a_n=\frac{1}{2L}\int_{-L}^{L} f(x)e^{-i\frac{n\pi}{L}x}dx \quad \cdots\cdots(*i_0)'$$

$(*i_0)$ より，$\delta(x)=\displaystyle\sum_{n=-\infty}^{\infty} a_n e^{inx}$ ………① ← $L=\pi$ を代入

となる。次に $(*i_0)'$ より，係数 a_n を求めると，

$$a_n=\frac{1}{2\pi}\underbrace{\int_{-\pi}^{\pi}\delta(x)e^{-inx}dx}_{e^0=1}$$

$f(x)=e^{-inx}$ とおくと，公式

$$\int_{\alpha}^{\beta} f(x)\delta(x-a)dx=f(a) \quad \cdots\cdots(*h_0)$$

を使って，

$$\int_{-\pi}^{\pi} f(x)\delta(x-0)dx=f(0) \quad \text{だね。}$$

$\therefore a_n=\dfrac{1}{2\pi}$ ………②　となる。

②を①に代入して，

公式 $\delta(x)=\dfrac{1}{2\pi}\displaystyle\sum_{n=-\infty}^{\infty} e^{inx}$ ………$(*h_0)''$ が導けるんだね。大丈夫？

では，デルタ関数 $\delta(x)$ から話を元に戻そう。無限関数列 $\{\psi_n(x)\}(n=1, 2, 3, \cdots)$ の 1 次結合で任意の関数 $\psi(x)$ を表す，すなわち

$$\psi(x)=\sum_{n=1}^{\infty} C_n\psi_n(x)=C_1\psi_1(x)+C_2\psi_2(x)+\cdots\cdots+C_n\psi_n(x)+\cdots \quad \cdots\cdots\cdots ㋔$$

と，表現することができるための条件として，

(ⅰ) $\{\psi_n\}$ が正規直交系であること，すなわち

$$(\psi_m,\ \psi_n)=\delta_{mn}=\begin{cases}1 & (m=n\text{ のとき})\\ 0 & (m\neq n\text{ のとき})\end{cases} \quad \cdots\cdots\cdots(**)$$ であること，および

(ⅱ) $\{\psi_n\}$ が完全系 (または完備系) であること，すなわち

$$\sum_{n=1}^{\infty}\psi_n(x)\psi_n(t)^*=\delta(x-t) \quad \cdots\cdots\cdots(*g_0)$$ が成り立つことなんだね。

(ⅱ) の条件が必要なことを調べてみよう。そのためには，㋔の右辺を (ⅱ) の完全系の条件を使って変形し，左辺の任意の関数 $\psi(x)$ が導けることを示せばいいんだね。

(㋔の右辺) $= C_1\psi_1(x) + C_2\psi_2(x) + \cdots\cdots + C_n\psi_n(x) + \cdots = \sum_{n=1}^{\infty} C_n\psi_n(x)$ ……㋔′

ここで，$C_n = (\psi_n,\ \psi) = \int \psi_n(t)^* \psi(t)\,dt$ ………㋕

積分変数は何でもいいので，tを使った。$\{\psi_n\}$は正規直交系より，内積の計算により，係数C_nが求まるんだね。(P95 参照)

㋕を㋔′に代入して，

(㋔の右辺) $= \sum_{n=1}^{\infty}\left\{\int \psi_n(t)^*\psi(t)\,dt\right\}\psi_n(x)$

ここで，Σ計算と積分操作の順序を入れ替えられるものとして，

(㋔の右辺) $= \int\left\{\sum_{n=1}^{\infty}\psi_n(x)\psi_n(t)^*\right\}\psi(t)\,dt$

$\delta(x-t)$ ($(*g_0)$より) ← ここで，完全性の条件式$(*g_0)$を使う！

$= \int \delta(x-t)\psi(t)\,dt$

$\delta(t-x)$ (∵デルタ関数は偶関数)

$= \int \delta(t-x)\psi(t)\,dt = \psi(x) =$ (㋔の左辺) となって，

$\psi(x)$ ← 公式：$\int_{-\infty}^{\infty} f(x)\delta(x-a)\,dx = f(a)$ と$f(a)$の値を抽出できるように，この式から関数$\psi(x)$が抽出できる。

関数$\psi(x)$が導けるんだね。これで，完全系（完備系）の条件式$(*g_0)$の意味もご理解頂けたと思う。

以上より，シュレーディンガー方程式の基本解，すなわち固有関数列$\{\psi_n(x)\}$が，(i)正規直交系であり，かつ(ii)完全系であるならば，これら固有関数$\{\psi_n(x)\}$の1次結合㋔により，任意の関数$\psi(x)$を表すことができるんだね。

ただし，$\psi(x)$が任意の関数といっても，与えられた境界条件をみたすものでなければならない。つまり，$\psi(0) = \psi(L) = 0$をみたす任意の関数という意味なんだね。

それでは，例題 **8** で求めた固有関数

完全性 (完備性)
$$\sum_{n=1}^{\infty}\psi_n(x)\,\psi_n(t)^*=\delta(x-t)\quad\cdots\cdots(*g_0)$$

$$\psi_n(x)=\sqrt{\frac{2}{L}}\sin\frac{n\pi}{L}x\quad\cdots\cdots⑧'\ (0<x<L)$$

$(n=1,\,2,\,3,\,\cdots)$ の完全性 (または完備系) を $(*g_0)$ を用いて調べてみよう。

$$\sum_{n=1}^{\infty}\psi_n(x)\,\underbrace{\psi_n(t)^*}_{}=\sum_{n=1}^{\infty}\sqrt{\frac{2}{L}}\sin\frac{n\pi}{L}x\cdot\sqrt{\frac{2}{L}}\sin\frac{n\pi}{L}t$$

$\psi_n(t)$ ($\psi_n(t)$ は実数関数なので $\psi_n(t)^*=\psi_n(t)$)

$$=\frac{2}{L}\sum_{n=1}^{\infty}\underbrace{\sin\frac{n\pi}{L}x}_{\frac{e^{i\frac{n\pi}{L}x}-e^{-i\frac{n\pi}{L}x}}{2i}}\cdot\underbrace{\sin\frac{n\pi}{L}t}_{\frac{e^{i\frac{n\pi}{L}t}-e^{-i\frac{n\pi}{L}t}}{2i}}$$

公式：
$$\sin\theta=\frac{e^{i\theta}-e^{-i\theta}}{2i}$$

$$=-\frac{1}{2L}\sum_{n=1}^{\infty}\left(e^{i\frac{n\pi}{L}x}-e^{-i\frac{n\pi}{L}x}\right)\left(e^{i\frac{n\pi}{L}t}-e^{-i\frac{n\pi}{L}t}\right)$$

$$=-\frac{1}{2L}\sum_{n=1}^{\infty}\left(e^{i\frac{n\pi}{L}(x+t)}-e^{i\frac{n\pi}{L}(x-t)}-e^{-i\frac{n\pi}{L}(x-t)}+e^{-i\frac{n\pi}{L}(x+t)}\right)$$

ここで，Σ 計算を，$n=1,\,2,\,3,\,\cdots$ についての和ではなく，

$n=\cdots,\,-2,\,-1,\,0,\,1,\,2,\,3,\,\cdots$ の和に書き変えると，

$n=0$ のとき，( ) 内は $1-1-1+1=0$ で影響せず，

$n=\cdots,\,-2,\,-1$ のときの和も求めるので，( ) 内の $e^{-i\frac{n\pi}{L}(x-t)}$，$e^{-i\frac{n\pi}{L}(x+t)}$ の **2** 項は不要になる。

よって，符号にも注意して，

$$\sum_{n=1}^{\infty}\psi_n(x)\,\psi_n(t)^*=\frac{1}{2L}\sum_{n=-\infty}^{\infty}\left(e^{i\frac{n\pi}{L}(x-t)}-e^{i\frac{n\pi}{L}(x+t)}\right)$$

$$=\frac{2\pi}{2L}\left\{\underbrace{\frac{1}{2\pi}\sum_{n=-\infty}^{\infty}e^{i\frac{n\pi}{L}(x-t)}}_{\delta\left(\frac{\pi}{L}(x-t)\right)}-\underbrace{\frac{1}{2\pi}\sum_{n=-\infty}^{\infty}e^{i\frac{n\pi}{L}(x+t)}}_{\delta\left(\frac{\pi}{L}(x+t)\right)}\right\}$$

$$\frac{1}{2\pi}\sum_{n=-\infty}^{\infty}e^{in\theta}=\delta(\theta)\quad\cdots\cdots(*h_0)''$$

$$\therefore \sum_{n=1}^{\infty} \psi_n(x)\,\psi_n(t)^* = \frac{\pi}{L}\left\{\delta\left(\frac{\pi}{L}(x-t)\right) - \delta\left(\frac{\pi}{L}(x+t)\right)\right\}$$

$\left(\frac{L}{\pi}\delta(x-t)\right)$　$\left(\frac{L}{\pi}\delta(x+t)\right)$ ← $\delta(ax)=\frac{1}{a}\delta(x)$ ……$(*h_0)'''$

$$= \delta(x-t) - \delta(x+t)\ \ (0)$$

ここで，$0<x<L$，$0<t<L$ より，$x+t>0$　$\therefore \delta(x+t)=0$

デルタ関数 $\delta(x)$ は，$x=0$ のときのみ，$\delta(0)=\infty$ で，それ以外は 0 だからね。

以上より，$\sum_{n=1}^{\infty}\psi_n(x)\,\psi_n(t)^* = \delta(x-t)$ ………$(*g_0)$ をみたす。よって，固有関数列 $\{\psi_n(x)\}$ は完全系であることが示せたんだね。大丈夫だった？

これで，例題 8 の固有関数 $\psi_n(x)$ $(n=1, 2, 3, \cdots)$ を使って，任意の関数 $\psi(x)$ が表されることが分かったわけだけれど，この場合，確率はどのようになっているのか考えてみよう。たとえば，$\psi(x)$ が $\psi_1(x)$ と $\psi_2(x)$ のみの 1 次結合で表されているものとしよう。

$\psi(x) = C_1\psi_1(x) + C_2\psi_2(x)$ ………①　(C_1，C_2：定数(複素数でもいい))

このとき，①より，

$$\|\psi\|^2 = (\psi,\ \psi) = (C_1\psi_1 + C_2\psi_2,\ \ C_1\psi_1 + C_2\psi_2)$$

$\left((C_1\psi_1,\ C_1\psi_1) + (C_1\psi_1,\ C_2\psi_2) + (C_2\psi_2,\ C_1\psi_1) + (C_2\psi_2,\ C_2\psi_2)\right)$

$C_1^*\cdot C_2(\psi_1,\ \psi_2)=0$　$C_2^*\cdot C_1(\psi_2,\ \psi_1)=0$ ← 直交性

$$= C_1^*C_1(\psi_1,\ \psi_1) + C_2^*C_2(\psi_2,\ \psi_2)$$

$|C_1|^2$　(1)　$|C_2|^2$　(1) ← 規格化

内積
$(C_1f_1,\ C_2g)$
$=\int (C_1f)^*(C_2g)dx$
$=C_1^*C_2\int f^*g\,dx$
$=C_1^*C_2(f,\ g)$　となる。

$$= |C_1|^2 + |C_2|^2$$　より，

ψ_1 で表される固有状態で，エネルギー E_1 が観測される確率は $\dfrac{|C_1|^2}{|C_1|^2+|C_2|^2}$ であり，

ψ_2 で表される固有状態で，エネルギー E_2 が観測される確率は $\dfrac{|C_2|^2}{|C_1|^2+|C_2|^2}$ と言えるんだね。

もちろん，一般に $\psi = \sum_{n=1}^{\infty} C_n \psi_n$ ……② の場合，つまり $\{\psi_n\}$ が完全系である場合，同様に $\|\psi\|^2 = (\psi, \psi)$ を求めると，

$$\|\psi\|^2 = (\psi, \psi) = (C_1\psi_1 + C_2\psi_2 + C_3\psi_3 + \cdots, \ C_1\psi_1 + C_2\psi_2 + C_3\psi_3 + \cdots)$$

$$= \underbrace{C_1^* C_1}_{|C_1|^2} \underbrace{(\psi_1, \psi_1)}_{\|\psi_1\|^2 = 1} + \underbrace{C_2^* C_2}_{|C_2|^2} \underbrace{(\psi_2, \psi_2)}_{\|\psi_2\|^2 = 1} + \underbrace{C_3^* C_3}_{|C_3|^2} \underbrace{(\psi_3, \psi_3)}_{\|\psi_3\|^2 = 1} + \cdots$$

$= |C_1|^2 + |C_2|^2 + |C_3|^2 + \cdots + |C_n|^2 + \cdots$ となる。すなわち，

$$\|\psi\|^2 = \sum_{n=1}^{\infty} |C_n|^2 \quad \cdots\cdots\cdots (*g_0)'$$

が成り立つ。

ここで，波動関数 ψ が規格化されたものであれば $\|\psi\|^2 = 1$ より，

$(*g_0)'$ は，$\sum_{n=1}^{\infty} |C_n|^2 = 1$ (全確率) ………③ となるんだね。

よって，ψ_n $(n = 1, 2, 3, \cdots)$ で表される固有状態で，エネルギー E_n が観測される確率は，$|C_n|^2$ $(n = 1, 2, 3, \cdots)$ であることが分かる。

$$\frac{|C_n|^2}{|C_1|^2 + |C_2|^2 + \cdots + |C_n|^2 + \cdots} = \frac{|C_n|^2}{\|\psi\|^2} = \frac{|C_n|^2}{1} = |C_n|^2 \quad (\because \|\psi\|^2 = 1)$$

ここで，もう **1** 度，任意の波動関数 $\psi(x)$ を表す関数列 $\{\psi_n(x)\}$ $(n = 1, 2, 3, \cdots)$ の完全性 (完備性) に話を戻すと，実は，$(*g_0)'$ が無限関数列 $\{\psi_n\}$ が完全 (または完備) であるための条件式であり，これは "**パーシヴァル** (***Parseval***) **の等式**" と呼ばれるものなんだ。一般に，数学では，

$$\sum_{n=1}^{\infty} \psi_n(x) \psi_n(t)^* = \delta(x - t) \quad \cdots\cdots\cdots (*g_0)$$

よりも，パーシヴァルの等式 $(*g_0)'$ を固有関数列 $\{\psi_n\}$ $(n = 1, 2, 3, \cdots)$ の完全性の条件式として用いる。

たとえば，区間 $(0, L)$ において，任意の波動関数 $\psi(x)$ が，関数列 $\{\psi_n\}$ $(n = 1, 2, 3, \cdots)$ 以外に新たな直交関数 $g(x)$ を加えて，

$$\psi(x) = \gamma g(x) + \sum_{n=1}^{\infty} C_n \psi_n(x) \quad \cdots\cdots\cdots ④ \quad (\gamma : 0 \text{ でない複素定数})$$

$g(x)$ と $\{\psi_n(x)\}$ $(n = 1, 2, 3, \cdots)$ の **1** 次結合の式だね。

で表されるものとしよう。

$g(x)$ と $\{\psi_n(x)\}$ の各関数とは直交するので，当然

$(g,\ \psi_n) = 0$ ………⑤ となる。

ここで，$\|\psi\|^2 = (\psi,\ \psi)$ を計算してみると，④より

$$\|\psi\|^2 = (\psi,\ \psi)$$

$$= (\gamma g + C_1\psi_1 + C_2\psi_2 + C_3\psi_3 + \cdots,\ \gamma g + C_1\psi_1 + C_2\psi_2 + C_3\psi_3 + \cdots)$$

$$= \underbrace{\gamma^*\gamma}_{|\gamma|^2}\underbrace{(g,\ g)}_{\|g\|^2} + \underbrace{C_1^*C_1}_{|C_1|^2}\underbrace{(\psi_1,\ \psi_1)}_{\|\psi_1\|^2=1} + \underbrace{C_2^*C_2}_{|C_2|^2}\underbrace{(\psi_2,\ \psi_2)}_{\|\psi_2\|^2=1} + \underbrace{C_3^*C_3}_{|C_3|^2}\underbrace{(\psi_3,\ \psi_3)}_{\|\psi_3\|^2=1} + \cdots$$

$$= |\gamma|^2\|g\|^2 + |C_1|^2 + |C_2|^2 + |C_3|^2 + \cdots + |C_n|^2 + \cdots$$

$$\therefore\ \|\psi\|^2 = \underbrace{|\gamma|^2\|g\|^2}_{0\ (\because (*g_0)'より)} + \sum_{n=1}^{\infty}|C_n|^2 \quad \cdots\cdots\cdots ⑥ \text{ となる。}$$

ここで，⑥と $(*g_0)'$ を比較すると，$\underbrace{|\gamma|^2}_{\neq 0\ (\because \gamma \neq 0)}\|g\|^2 = 0$ ……⑦ でなければならない。

さらに，γ は 0 でない複素定数なので $|\gamma|^2 \neq 0$ である。よって，⑦から，

$\|g\|^2 = 0$ ………⑧ となる。

⑧より，$g(x)$ を連続関数と考えると，$g(x)$ は恒等的に $g(x) = 0$（これを"零関数"と呼ぶ。）とならざるを得ない。この零関数を，正規直交関数系 $\{\psi_n(x)\}$ に加えても無意味だね。よって，$\psi(x)$ は $\{\psi_n(x)\}$ のみによって完全に表されるので，$\{\psi_n(x)\}$ は完全系であることが示せたんだね。面白かった？

このパーシヴァルの等式 $(*g_0)'$ を利用すると，次に示すような無限等比級数の和の公式を導くことができる。

(i) $\dfrac{1}{1^2} + \dfrac{1}{3^2} + \dfrac{1}{5^2} + \dfrac{1}{7^2} + \cdots\cdots = \dfrac{\pi^2}{8}$ ………$(**1)$

(ii) $\dfrac{1}{1^2} + \dfrac{1}{2^2} + \dfrac{1}{3^2} + \dfrac{1}{4^2} + \cdots\cdots = \dfrac{\pi^2}{6}$ ………$(**2)$

(iii) $\dfrac{1}{1^4} + \dfrac{1}{2^4} + \dfrac{1}{3^4} + \dfrac{1}{4^4} + \cdots\cdots = \dfrac{\pi^4}{90}$ ………$(**3)$

$(**1)$ は，次の例題で示すが，$(**2)$ や $(**3)$ をご存知でない方は，「フーリエ解析キャンパス・ゼミ」（マセマ）で学習されることを勧める。

それでは，例題 **8** の固有関数 $\psi_n(x)$ $(n=1,\ 2,\ 3,\ \cdots)$ の **1** 次結合を用いて，波動関数 $\Psi(x)$ が定数関数である場合を具体的に調べてみよう。

(ex) 波動関数 $\Psi(x)=\dfrac{1}{\sqrt{L}}$ $\quad(0<x<L)$ を，固有関数

$\psi_n(x)=\sqrt{\dfrac{2}{L}}\sin\dfrac{n\pi}{L}x$ $\quad(n=1,\ 2,\ 3,\ \cdots)$ で表してみよう。また，

パーシヴァルの等式 $\|\psi_n\|^2=\displaystyle\sum_{n=1}^{\infty}|C_n|^2$ を用いて，公式：

$\dfrac{1}{1^2}+\dfrac{1}{3^2}+\dfrac{1}{5^2}+\dfrac{1}{7^2}+\cdots=\dfrac{\pi^2}{8}$ ……$(**1)$ が成り立つことを示せ。

波動関数 $\Psi(x)=\dfrac{1}{\sqrt{L}}$ $\quad(0<x<L)$ は，

$\psi_n(x)=\sqrt{\dfrac{2}{L}}\sin\dfrac{n\pi}{L}x$ $\quad(n=1,\ 2,\ 3,\ \cdots)$

を用いて，次のように表せる。

$\Psi(x)=\frac{1}{\sqrt{L}}\ (0<x<L)$

0 $\quad L \quad x$

$$\Psi(x)=\sum_{n=1}^{\infty}C_n\psi_n(x)$$

$$=C_1\psi_1+C_2\psi_2+\cdots+C_n\psi_n+\cdots \quad (C_n：定数)$$

ここで，係数 C_n を求めると，

$$C_n=(\psi_n,\ \Psi)=\int_0^L \underbrace{\psi_n(x)}_{\psi_n(x)^*\ (定数関数)}\cdot\Psi(x)\,dx$$

$$=\int_0^L\frac{1}{\sqrt{L}}\cdot\sqrt{\frac{2}{L}}\sin\frac{n\pi}{L}x\,dx=\frac{\sqrt{2}}{L}\int_0^L\sin\frac{n\pi}{L}x\,dx$$

$$=\frac{\sqrt{2}}{\cancel{L}}\left[-\frac{\cancel{L}}{n\pi}\cos\frac{n\pi}{L}x\right]_0^L=-\frac{\sqrt{2}}{n\pi}(\underbrace{\cos n\pi}_{(-1)^n}-\underbrace{\cos 0}_{1})$$

$$=\frac{\sqrt{2}\{1-(-1)^n\}}{n\pi}\quad(n=1,\ 2,\ 3,\ \cdots)\ となる。$$

これから，$n=2,\ 4,\ 6,\ \cdots$ のとき，$C_2=C_4=C_6=\cdots=0$ となる。

よって波動関数 $\Psi(x)$ は，次のようになる。

$$\psi_n(x)=\underbrace{\frac{2\sqrt{2}}{\pi}}_{C_1}\underbrace{\sqrt{\frac{2}{L}}\sin\frac{\pi}{L}x}_{\psi_1}+\underbrace{\frac{2\sqrt{2}}{3\pi}}_{C_3}\underbrace{\sqrt{\frac{2}{L}}\sin\frac{3\pi}{L}x}_{\psi_3}+\underbrace{\frac{2\sqrt{2}}{5\pi}}_{C_5}\underbrace{\sqrt{\frac{2}{L}}\sin\frac{5\pi}{L}x}_{\psi_5}+\cdots$$

ここで，$\|\psi\|^2=(\psi,\ \psi)=\int_0^L\psi\psi\,dx=\int_0^L\left(\frac{1}{\sqrt{L}}\right)^2dx=\frac{1}{L}[x]_0^L=\frac{L}{L}=1$ より，

パーシヴァルの等式 $\|\psi\|^2=\sum_{n=1}^{\infty}|C_n|^2$ ………$(*g_0)'$ を用いると，

$1=|C_1|^2+|C_2|^2+|C_3|^2+\cdots=\left(\frac{2\sqrt{2}}{\pi}\right)^2+\left(\frac{2\sqrt{2}}{3\pi}\right)^2+\left(\frac{2\sqrt{2}}{5\pi}\right)^2+\cdots$ より，

$1=\frac{8}{\pi^2}\left(\frac{1}{1^2}+\frac{1}{3^2}+\frac{1}{5^2}+\frac{1}{7^2}+\cdots\right)$ となるので，無限級数の和の公式：

$\frac{1}{1^2}+\frac{1}{3^2}+\frac{1}{5^2}+\frac{1}{7^2}+\cdots=\frac{\pi^2}{8}$ ……$(**1)$ が導けるんだね。大丈夫？

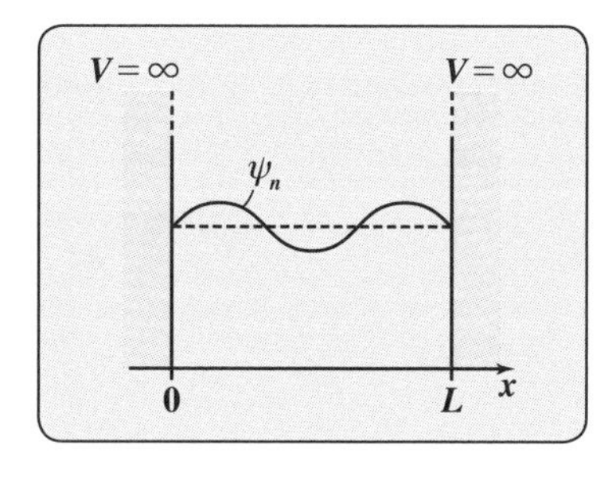

以上で，無限に大きい1次元の井戸型ポテンシャルに閉じ込められた質量 m の粒子の波動関数についての例題8の解説は終了です。かなり長い解説だったけれど，重要な要素を沢山含んでいたので，これで量子力学の基本構造のかなりの部分を学習したことになるんだね。

ここで，最後に，もう1度，$0<x<L$ における，この粒子のシュレーディンガー方程式を書いておくと，

$-\frac{\hbar^2}{2m}\frac{d^2}{dx^2}\psi=E\psi$ ………$(*)'$ だったね。そして，この基本解として，

$\left(\frac{\hat{p}^2}{2m}=\hat{H}\right)$

固有関数 ψ_n と，それに対応する固有値 E_n $(n=1,\ 2,\ 3,\ \cdots)$ が求まった。

ここで，$(*)'$ の左辺の $-\frac{\hbar^2}{2m}\frac{d^2}{dx^2}$ を演算子 $\hat{H}=\frac{\hat{p}^2}{2m}$ で置き換えると，

$\hat{H}\ \psi_n=E_n\ \psi_n$ の形になる。この演算子と固有値，固有関数の

（演算子）（固有関数）（固有値）（固有関数）

関係はとても重要なので，また後で（P186で）詳しく解説しよう。

● 調和振動子の問題にもチャレンジしよう！

では，特殊な場合ではあるけれど，次の調和振動子の問題を解いてみよう。

> 例題 9　調和振動子の時刻を含まないシュレーディンガーの波動方程式
>
> $-\frac{\hbar^2}{2m}\frac{d^2\psi}{dx^2}+\frac{1}{2}m\omega^2x^2\psi=E\psi$ ………①　の 1 つの規格化された解：
>
> $\psi=Ne^{-\frac{1}{2}\alpha^2x^2}$ ………②　(N，α：正の定数) が与えられている。
>
> (1) 定数 α と N，およびエネルギー E を求めよ。
>
> (2) 位置 x と運動量 p について，$\langle x\rangle$，$\langle x^2\rangle$，$\langle p\rangle$，$\langle p^2\rangle$ を求めよ。
>
> (3) 不確定性原理の式 $\Delta x\,\Delta p=\frac{\hbar}{2}$ が成り立つことを示せ。

時刻 t を含まない波動関数 $\psi(x)$ の波動方程式は，一般に

$-\frac{\hbar^2}{2m}\frac{d^2\psi}{dx^2}+V\psi=E\psi$　であり，これに，

調和振動子のポテンシャルエネルギー $V=\frac{1}{2}m\omega^2x^2$ を代入したものが，

$-\frac{\hbar^2}{2m}\frac{d^2\psi}{dx^2}+\frac{1}{2}m\omega^2x^2\psi=E\psi$ ………①　なんだね。

①の式も，$\hat{H}=-\frac{\hbar^2}{2m}\frac{d^2}{dx^2}+\frac{1}{2}m\omega^2x^2$ とおくと，$\hat{H}\psi=E\psi$ とシンプルに表せる。

この一般的な解法は，エルミート多項式を用いる必要があるため，かなりレベルが高い問題になるんだね。これについては，後で (P154 で) また詳しく解説することにして，今回は，予め 1 つの特殊解 $\psi=Ne^{-\frac{1}{2}\alpha^2x^2}$ ……② が求まっているものとして，α，N，力学的エネルギー E，バラツキ Δx と Δp の値を求め，不確定性原理の式 $\Delta x\Delta p=\frac{\hbar}{2}$ が成り立つことを示すことにしよう。

不確定性原理は，厳密には $\Delta x\Delta p\geqq\frac{\hbar}{2}$ と表される。
今回は，この最小値が実現していることになるんだね。

(1) 解 $\psi(x) = Ne^{-\frac{1}{2}\alpha^2x^2}$ ………② を x で 2 階微分すると，

$$\frac{d\psi}{dx} = N\cdot(-\alpha^2x)e^{-\frac{1}{2}\alpha^2x^2} = -N\alpha^2xe^{-\frac{1}{2}\alpha^2x^2}$$

$$\frac{d^2\psi}{dx^2} = -N\alpha^2\cdot\left\{1\cdot e^{-\frac{1}{2}\alpha^2x^2} + x\cdot(-\alpha^2x)e^{-\frac{1}{2}\alpha^2x^2}\right\}$$

$$= -N\alpha^2(1-\alpha^2x^2)e^{-\frac{1}{2}\alpha^2x^2} \quad \cdots\cdots\cdots ③$$

②と③を，波動方程式 $-\frac{\hbar^2}{2m}\frac{d^2\psi}{dx^2} + \frac{1}{2}m\omega^2x^2\psi = E\psi$ ……① に代入して，

$$\frac{\hbar^2}{2m}N\alpha^2(1-\alpha^2x^2)e^{-\frac{1}{2}\alpha^2x^2} + \frac{1}{2}m\omega^2x^2Ne^{-\frac{1}{2}\alpha^2x^2} = E\cdot Ne^{-\frac{1}{2}\alpha^2x^2}$$

この両辺を $Ne^{-\frac{1}{2}\alpha^2x^2}$ (>0) で割って，

$$\frac{\hbar^2}{2m}(\alpha^2 - \alpha^4x^2) + \frac{1}{2}m\omega^2x^2 = E$$

$$\underbrace{\left(-\frac{\hbar^2\alpha^4}{2m} + \frac{m\omega^2}{2}\right)}_{0}x^2 + \underbrace{\frac{\hbar^2\alpha^2}{2m} - E}_{0} = 0$$

恒等式
$Ax^2 + B = 0$ が成り立つためには，
$A = 0$ かつ $B = 0$ となる。

これは恒等式より，

$-\frac{\hbar^2\alpha^4}{2m} + \frac{m\omega^2}{2} = 0$ ………④，かつ $\frac{\hbar^2\alpha^2}{2m} - E = 0$ …………⑤ となる。

④より，$\hbar^2\alpha^4 = m^2\omega^2$，$\alpha^4 = \frac{m^2\omega^2}{\hbar^2}$ $\quad\therefore \alpha = \sqrt{\frac{m\omega}{\hbar}}$ ………⑥ $(\because \alpha > 0)$

⑥を⑤に代入して，$E = \frac{\hbar^2}{2m}\alpha^2 = \frac{\hbar^2}{2m}\cdot\frac{m\omega}{\hbar} = \frac{\hbar\omega}{2}$ ………⑦ となる。

これで，α と E が求まった。後，N を求めるためには，ψ が規格化(正規化)された波動関数であること，すなわち $\|\psi\|^2 = (\psi, \psi) = 1$ (全確率) を利用すればいいんだね。

$\psi(x)$ は実数関数より，$\psi(x)^* = \psi(x)$

$$(\psi, \psi) = \int_{-\infty}^{\infty}\psi(x)^*\cdot\psi(x)dx = \int_{-\infty}^{\infty}\{\psi(x)\}^2dx$$

$$= N^2\underbrace{\int_{-\infty}^{\infty}e^{-\alpha^2x^2}dx}_{\frac{\sqrt{\pi}}{\alpha}} = \boxed{N^2\frac{\sqrt{\pi}}{\alpha} = 1} \text{（全確率）}$$

ガウス積分
$\int_{-\infty}^{\infty}e^{-ax^2}dx = \sqrt{\frac{\pi}{a}}$

$N^2\frac{\sqrt{\pi}}{\alpha}=1$ より,

$N^2=\frac{1}{\sqrt{\pi}}\alpha=\frac{1}{\sqrt{\pi}}\cdot\sqrt{\frac{m\omega}{\hbar}}$ (⑥より)

$\therefore N=\sqrt[4]{\frac{m\omega}{\pi\hbar}}$ ………⑧ となる。

$\psi(x)=Ne^{-\frac{1}{2}\alpha^2x^2}$ ……②

$\alpha=\sqrt{\frac{m\omega}{\hbar}}$ …………⑥

$E=\frac{\hbar\omega}{2}$ ……………⑦

(2) まず,位置 x について,$\langle x\rangle$ と $\langle x^2\rangle$ を求めよう。

(i) $\langle x\rangle=(\psi,\ x\psi)=\int_{-\infty}^{\infty}\underbrace{\psi^*(x)}_{\psi(x)}\cdot x\psi(x)dx$

$=\int_{-\infty}^{\infty}x\{\psi(x)\}^2dx=N^2\int_{-\infty}^{\infty}\underbrace{x}_{\text{奇関数}}\cdot\underbrace{e^{-\alpha^2x^2}}_{\text{偶関数}}dx=0$ ………⑨

(ii) $\langle x^2\rangle=(\psi,\ x^2\psi)=\int_{-\infty}^{\infty}x^2\{\psi(x)\}^2dx$

$=\underbrace{N^2}_{\sqrt{\frac{m\omega}{\pi\hbar}}\ (⑧より)}\underbrace{\int_{-\infty}^{\infty}x^2\cdot e^{-\alpha^2x^2}dx}_{\frac{\sqrt{\pi}}{2\alpha^2\sqrt{\alpha^2}}}$

ガウス積分
$\int_{-\infty}^{\infty}x^2e^{-ax^2}dx=\frac{\sqrt{\pi}}{2a\sqrt{a}}$

$=\sqrt{\frac{m\omega}{\pi\hbar}}\cdot\frac{\sqrt{\pi}}{2}\cdot\frac{1}{\alpha^3}=\frac{1}{2}\sqrt{\frac{m\omega}{\hbar}}\cdot\frac{\hbar}{m\omega}\cdot\sqrt{\frac{\hbar}{m\omega}}$ (⑥より)

$=\frac{\hbar}{2m\omega}$ となる。……………………………………⑩

次に,運動量 p について,$\langle p\rangle$ と $\langle p^2\rangle$ を求めよう。

(iii) $\langle p\rangle=(\psi,\ \underbrace{\hat{p}}_{-i\hbar\frac{d}{dx}}\psi)=\int_{-\infty}^{\infty}\underbrace{\psi(x)}_{Ne^{-\frac{1}{2}\alpha^2x^2}}(-i\hbar)\underbrace{\frac{d\psi(x)}{dx}}_{-N\alpha^2xe^{-\frac{1}{2}\alpha^2x^2}}dx$

$=i\hbar N^2\alpha^2\int_{-\infty}^{\infty}\underbrace{x}_{\text{奇関数}}\cdot\underbrace{e^{-\alpha^2x^2}}_{\text{偶関数}}dx=0$ ……………………………⑪

(iv) $<p^2> = (\psi,\ \hat{p}^2\psi)$

$\hat{p}^2 = \left(-i\hbar\dfrac{d}{dx}\right)^2 = -\hbar^2\dfrac{d^2}{dx^2}$

$\dfrac{d^2\psi}{dx^2} = -N\alpha^2(1-\alpha^2x^2)e^{-\frac{1}{2}\alpha^2x^2}$ ……③

$$= -\hbar^2\left(\psi,\ \frac{d^2\psi}{dx^2}\right) = -\hbar^2\int_{-\infty}^{\infty}\psi(x)\cdot\frac{d^2\psi(x)}{dx^2}dx$$

$\psi(x) = Ne^{-\frac{1}{2}\alpha^2x^2}$, $\dfrac{d^2\psi(x)}{dx^2} = -N\alpha^2(1-\alpha^2x^2)e^{-\frac{1}{2}\alpha^2x^2}$ ← ②，③より

$$= N^2\alpha^2\hbar^2\int_{-\infty}^{\infty}(1-\alpha^2x^2)e^{-\alpha^2x^2}dx$$

$$= N^2\alpha^2\hbar^2\left(\underbrace{\int_{-\infty}^{\infty}e^{-\alpha^2x^2}dx}_{\frac{\sqrt{\pi}}{\alpha}} - \alpha^2\underbrace{\int_{-\infty}^{\infty}x^2e^{-\alpha^2x^2}dx}_{\frac{\sqrt{\pi}}{2\alpha^3}}\right)$$

ガウス積分

$\displaystyle\int_{-\infty}^{\infty}e^{-ax^2}dx = \sqrt{\frac{\pi}{a}}$

$\displaystyle\int_{-\infty}^{\infty}x^2e^{-ax^2}dx = \frac{\sqrt{\pi}}{2a\sqrt{a}}$

$$= N^2\alpha^2\hbar^2\left(\frac{\sqrt{\pi}}{\alpha} - \frac{\sqrt{\pi}}{2\alpha}\right) = \frac{1}{2}\underbrace{N^2}_{\sqrt{\frac{m\omega}{\pi\hbar}}}\underbrace{\alpha}_{\sqrt{\frac{m\omega}{\hbar}}}\hbar^2\sqrt{\pi} = \frac{1}{2}m\omega\hbar \quad\text{………⑫}$$

(3) (2)の結果⑨～⑫より，x と p のバラツキ Δx と Δp は，

$$\Delta x = \sqrt{<x^2> - <x>^2} = \sqrt{\frac{\hbar}{2m\omega} - 0^2} = \sqrt{\frac{\hbar}{2m\omega}} \quad\text{…………⑬}$$

$$\Delta p = \sqrt{<p^2> - <p>^2} = \sqrt{\frac{1}{2}m\omega\hbar - 0^2} = \sqrt{\frac{m\omega\hbar}{2}} \quad\text{………⑭}$$

よって，⑬×⑭より，不確定性原理の式：

$$\Delta x\cdot\Delta p = \sqrt{\frac{\hbar}{2m\omega}}\cdot\sqrt{\frac{m\omega\hbar}{2}} = \frac{\hbar}{2}$$ が成り立つことが分かった。

どう？この例題 **9** はアッサリ解けたって？ いいね，実力がついてきた証拠だね。ただし，本当の調和振動子の問題の解法では，もっと沢山の内容について解説しなければいけない。この問題はそのための予行演習だったんだね。

講義2 ● シュレーディンガーの波動方程式(基礎編)　公式エッセンス

1. シュレーディンガーの波動方程式

(i) 時刻 t を含む場合，$\Psi(x,\ t)$ の方程式

$$i\hbar\frac{\partial\Psi}{\partial t}=-\frac{\hbar^2}{2m}\frac{\partial^2\Psi}{\partial x^2}+V\Psi \qquad \left[i\hbar\frac{\partial\Psi}{\partial t}=\hat{H}\Psi\right]$$

(ii) 時刻 t を含まない場合，$\psi(x)$ の方程式

$$E\psi=-\frac{\hbar^2}{2m}\frac{d^2\psi}{dx^2}+V\psi \qquad \left[E\psi=\hat{H}\psi\right]$$

2. 波動関数の確率解釈

粒子を観測したとき，微小区間 $[x,\ x+dx]$ に見出される確率は，$|\Psi|^2dx$ (または，$|\psi|^2dx$)　である。

3. 関数の内積とノルム

$$(u,\ v)=\int u(x)^*v(x)dx,\quad \text{ノルム}\ \|u\|=\sqrt{(u,\ u)}$$

4. 波動関数の規格化と物理量の平均値

(i) $(\Psi,\ \Psi)=\int|\Psi|^2dx=1$　$\left[\text{または，}(\psi,\ \psi)=\int|\psi|^2dx=1\right]$

(ii) 物理量 α の平均値 (ただし，波動関数は規格化されているものとする)

$$<\alpha>=(\Psi,\ \hat{\alpha}\Psi)\quad \left[\text{または，}<\alpha>=(\psi,\ \hat{\alpha}\psi)\right]$$

5. 物理量 (x と p) のバラツキ

(i) $\Delta x=\sqrt{<x^2>-<x>^2}$　　(ii) $\Delta p=\sqrt{<p^2>-<p>^2}$

6. 不確定性原理

$\Delta x\cdot\Delta p\gtrsim\hbar$　$\left(\text{正確には，}\Delta x\cdot\Delta p\geqq\frac{\hbar}{2}\right)$

7. 正規直交系で完全系の固有関数 $\psi_n(x)$

$\hat{H}\psi_n=E_n\psi_n$ のとき，ψ_n を固有関数，E_n を固有値という。

(i) ψ_n が正規直交系：$(\psi_m,\ \psi_n)=\delta_{mn}$

(ii) ψ_n が完全系：$\sum_{n=1}^{\infty}\psi_n(x)\psi_n(t)^*=\delta(x-t)$

(i), (ii) が成り立つとき，任意関数 $\psi(x)=\sum_{n=1}^{\infty}C_n\psi_n(x)$ で表される。

シュレーディンガーの波動方程式(実践編)

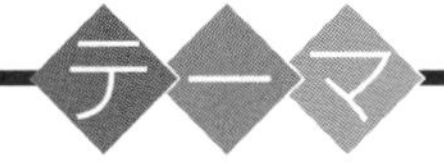

▶確率流密度

$$\left(S(x,\ t)=\frac{\hbar}{2mi}\left(\Psi^*\frac{\partial\Psi}{\partial x}-\frac{\partial\Psi^*}{\partial x}\Psi\right)\right)$$

▶ステップ(階段)ポテンシャル

▶矩形ポテンシャル

▶パルスポテンシャル

▶調和振動子

$$\left(\psi_n(x)=\sqrt{\frac{\alpha}{2^n n!\sqrt{\pi}}}\ H_n(\alpha x)e^{-\frac{1}{2}\alpha^2x^2}\right)$$

§1. 1次元散乱問題とトンネル効果

さァ，これから，**1**次元問題ではあるけれど，シュレーディンガーの波動方程式の応用編の講義に入ろう。

まず，この節では，平面波の“**ステップ(階段)ポテンシャル**”や“**矩形ポテンシャル**”，および“**パルスポテンシャル**”への衝突，散乱，そしてトンネル効果について，例題を解きながら解説しよう。

これらの問題を解く手順をまず下に書いておこう。

(i) 与えられたポテンシャルの形に応じて，領域を分割する。

(ii) 各領域毎に，シュレーディンガーの波動方程式を解いて，波動関数を求める。

(iii) 各領域の境界において，波動関数の滑らかな接続を行う。

(iv) “**確率流密度**(かくりつりゅうみつど)”(または，“**確率の流れ密度**”)(***probability current density***)を求めて，波動の反射率や透過率を調べる。

量子力学は，実際に問題を解くことによって理解が深まる学問なので，この節でも，典型的な例題を実際に解きながら解説を進めていくつもりだ。問題を解いていく上記のプロセスの中で，(i)(ii)の波動方程式を解く作業は，大して手間はかからないんだけれど，(iii)の境界での波動関数の値とその**1**階微分の接続問題や，(iv)の確率流密度の計算は結構大変に感じるかも知れないね。でも，このようなメンドウな計算を**1**つ**1**つこなしていくことによって，単なる知識とは違う，本当の量子力学の実力を身につけていけると思う。頑張って頂きたい。

それでは，これから，初めて出てきた確率流密度(確率の流れ密度)$S(x, t)$の解説から始めることにしよう。

● 波動関数により，確率の流れが生じる！

シュレーディンガーの波動方程式：

$$i\hbar\frac{\partial \Psi}{\partial t}=-\frac{\hbar^2}{2m}\frac{\partial^2\Psi}{\partial x^2}+V(x)\Psi \quad \cdots\cdots(*w)$$ の解である

波動関数 $\Psi(x,\ t)$ は，粒子の存在確率と密接に関係している。すなわち，粒子が，微小区間 $[x,\ x+\Delta x]$ に見い出される確率が $|\Psi(x,\ t)|^2\Delta x$ で表されるんだった。つまり，$|\Psi(x,\ t)|^2=\Psi(x,\ t)^*\Psi(x,\ t)$ は，粒子が見い出される確率密度ということだ。

($\Psi(x,\ t)^*$：$\Psi(x,\ t)$ の複素共役な関数のこと)

そして，波動関数 $\Psi(x,\ t)$ は，時刻 t の関数であるため，微小区間 $[x,\ x+\Delta x]$ での粒子の存在確率 $|\Psi|^2\Delta x$ も，経時変化することになる。では，何故 $|\Psi|^2\Delta x$ は変化するのか？というと，それは，波動関数 $\Psi(x,\ t)$ により，この微小区間への確率の流入と流出が起こっているからだと考えるんだね。この確率の流れを表す関数を"**確率流密度**(かくりつりゅうみつど)"(または，"**確率の流れ密度**")と呼び，$S(x,\ t)$ で表すことにしよう。すると，これは，次式で表されることになるんだね。

確率流密度 $S(x,\ t)$

確率流密度 $S(x,\ t)$ は，波動関数 $\Psi(x,\ t)$ により，次のように表される。

(i) $$-\frac{\partial S}{\partial x}=\frac{\partial|\Psi|^2}{\partial t} \quad \cdots\cdots(*j_0)$$

(ii) $$S(x,\ t)=\frac{\hbar}{2mi}\left(\Psi^*\frac{\partial \Psi}{\partial x}-\frac{\partial \Psi^*}{\partial x}\Psi\right) \quad \cdots\cdots(*k_0)$$ (m：粒子の質量)

これだけでは，何のことか全く分からないって？ 当然だね。これから解説しよう。

波動関数 $\Psi(x,\ t)$ によって x 軸の正の向きに移動する確率の流れの速さを，確率流密度 $S(x,\ t)$ とおこう。ここで微小区間 $[x,\ x+\Delta x]$ で考えると，図1に示すように，微小時間 Δt の間に，この微小区間に

図1 確率流密度 $S(x,\ t)$

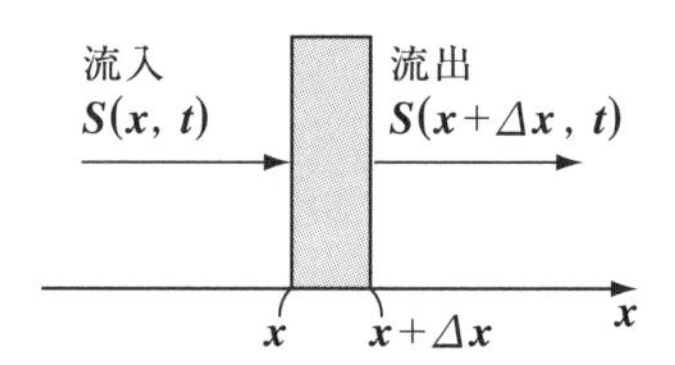

$$\begin{cases} (\text{i})\text{流入する確率は，} S(x,\ t)\Delta t \text{ であり，} \\ (\text{ii})\text{流出する確率は，} -S(x+\Delta x,\ t)\Delta t \end{cases}$$

となるんだね。

$$(\text{i})\ -\frac{\partial S}{\partial x}=\frac{\partial|\Psi|^2}{\partial t} \cdots\cdots(*j_0)$$
$$(\text{ii})\ S(x,\ t)=\frac{\hbar}{2mi}\left(\Psi^*\frac{\partial\Psi}{\partial x}-\frac{\partial\Psi^*}{\partial x}\Psi\right)\cdots(*k_0)$$

この結果，この微小区間 $[x,\ x+\Delta x]$ の確率の変化分は，

$S(x,\ t)\Delta t-S(x+\Delta x,\ t)\Delta t$ ………………①　となる。

よって，これは，この微小区間における確率 $|\Psi(x,\ t)|^2\Delta x$ の変化分

$\Delta(|\Psi(x,\ t)|^2\underbrace{\Delta x}) = \Delta(|\Psi(x,\ t)|^2)\Delta x$ ………②　となる。

(これは，今は定数と考える)

①＝②より，

$$-\{S(x+\Delta x,\ t)-S(x,\ t)\}\Delta t=\Delta(|\Psi(x,\ t)|^2)\Delta x$$

両辺を $\Delta x\Delta t\ (>0)$ で割って，

$$-\frac{S(x+\Delta x,\ t)-S(x,\ t)}{\Delta x}=\frac{\Delta(|\Psi(x,\ t)|^2)}{\Delta t}\quad\text{となる。}$$

ここで，$\Delta x\to 0$，$\Delta t\to 0$ の極限をとると，

$-\dfrac{\partial S(x,\ t)}{\partial x}=\dfrac{\partial|\Psi(x,\ t)|^2}{\partial t}$，すなわち，確率流密度 S についての

公式：$-\dfrac{\partial S}{\partial x}=\dfrac{\partial|\Psi|^2}{\partial t}$ ………$(*j_0)$　が導けたんだね。

では次，(ii) の $(*k_0)$ の公式は，シュレーディンガー方程式：

$i\hbar\dfrac{\partial\Psi}{\partial t}=-\dfrac{\hbar^2}{2m}\dfrac{\partial^2\Psi}{\partial x^2}+V\Psi$ ……………③　から導いてみよう。

③の両辺の共役複素数をとると，

$$\underbrace{-i\hbar\frac{\partial\Psi^*}{\partial t}}=-\frac{\hbar^2}{2m}\frac{\partial^2\Psi^*}{\partial x^2}+\underbrace{V}\Psi^* \quad\cdots\cdots③'$$

$$\left(i\hbar\frac{\partial\Psi}{\partial t}\right)^*=(i\hbar)^*\left(\frac{\partial\Psi}{\partial t}\right)^*=-i\hbar\frac{\partial\Psi^*}{\partial t}$$

V^* (V：実数関数)

③$\times\Psi^*$ − ③′$\times\Psi$　を求めると，

$$i\hbar\left(\Psi^*\frac{\partial\Psi}{\partial t}+\frac{\partial\Psi^*}{\partial t}\Psi\right)=-\frac{\hbar^2}{2m}\left(\Psi^*\frac{\partial^2\Psi}{\partial x^2}-\frac{\partial^2\Psi^*}{\partial x^2}\Psi\right)$$

$$\underbrace{\Psi^*\frac{\partial \Psi}{\partial t}+\frac{\partial \Psi^*}{\partial t}\Psi}_{(\text{i})}=-\frac{\hbar}{2mi}\underbrace{\left(\Psi^*\frac{\partial^2 \Psi}{\partial x^2}-\frac{\partial^2 \Psi^*}{\partial x^2}\Psi\right)}_{(\text{ii})}\quad\cdots\cdots\cdots\cdots\text{④}$$

ここで，

(i) $\dfrac{\partial|\Psi|^2}{\partial t}=\dfrac{\partial(\Psi^*\Psi)}{\partial t}=\Psi^*\dfrac{\partial \Psi}{\partial t}+\dfrac{\partial \Psi^*}{\partial t}\Psi$ ……………………⑤

(ii) $\dfrac{\partial}{\partial x}\left(\Psi^*\dfrac{\partial \Psi}{\partial x}-\dfrac{\partial \Psi^*}{\partial x}\Psi\right)$

$$=\frac{\partial \Psi^*}{\partial x}\frac{\partial \Psi}{\partial x}+\Psi^*\frac{\partial^2 \Psi}{\partial x^2}-\left(\frac{\partial^2 \Psi^*}{\partial x^2}\Psi+\frac{\partial \Psi^*}{\partial x}\frac{\partial \Psi}{\partial x}\right)$$

$=\Psi^*\dfrac{\partial^2 \Psi}{\partial x^2}-\dfrac{\partial^2 \Psi^*}{\partial x^2}\Psi$ …………………………………………⑥　より，

⑤，⑥を④に代入すると，

$\dfrac{\partial|\Psi|^2}{\partial t}=-\underbrace{\dfrac{\hbar}{2mi}}_{\text{定数}}\dfrac{\partial}{\partial x}\left(\Psi^*\dfrac{\partial \Psi}{\partial x}-\dfrac{\partial \Psi^*}{\partial x}\Psi\right)$　より，

$-\dfrac{\partial}{\partial x}\Bigg\{\underbrace{\dfrac{\hbar}{2mi}\left(\Psi^*\dfrac{\partial \Psi}{\partial x}-\dfrac{\partial \Psi^*}{\partial x}\Psi\right)}_{S(x,\ t)\ (\text{確率流密度})}\Bigg\}=\dfrac{\partial|\Psi|^2}{\partial t}$　←　$-\dfrac{\partial S}{\partial x}=\dfrac{\partial|\Psi|^2}{\partial t}$ ……$(*j_0)$

この式と，$(*j_0)$を比較することにより，確率流密度$S(x,\ t)$が，

$S(x,\ t)=\dfrac{\hbar}{2mi}\left(\Psi^*\dfrac{\partial \Psi}{\partial x}-\dfrac{\partial \Psi^*}{\partial x}\Psi\right)$ ……$(*k_0)$　であることも導けるんだね。

ここで，確率流密度$S(x,\ t)$を導くのに，時刻tは重要な要素だったわけだけれど，確率流密度そのものは，時刻tを含まない波動関数$\psi(x)$により，次のように表すこともできる。この場合，確率流密度はxのみの関数$S(x)$と表される。

$S(x)=\dfrac{\hbar}{2mi}\left(\psi^*\dfrac{d\psi}{dx}-\dfrac{d\psi^*}{dx}\psi\right)$ ……$(*k_0)'$

これは，波動関数$\Psi(x,\ t)$が，変数分離できて

$\Psi(x,t)=\psi(x)e^{-i\frac{E}{\hbar}t}$ ……⑦と表されるものとして，⑦を$(*k_0)$に代入すると，

$$S(x,\ t)=\frac{\hbar}{2mi}\left\{\underbrace{\psi^*\cdot e^{i\frac{E}{\hbar}t}}_{\Psi^*=\left(\psi e^{-i\frac{E}{\hbar}t}\right)^*}\underbrace{\frac{\partial\left(\psi e^{-i\frac{E}{\hbar}t}\right)}{\partial x}}_{\frac{\partial\Psi}{\partial x}}-\underbrace{\frac{\partial\left(\psi^* e^{i\frac{E}{\hbar}t}\right)}{\partial x}}_{\frac{\partial\Psi^*}{\partial x}=\frac{\partial\left(\psi e^{-i\frac{E}{\hbar}t}\right)^*}{\partial x}}\underbrace{\psi e^{-i\frac{E}{\hbar}t}}_{\Psi}\right\}$$

定数扱い　定数扱い

$$=\frac{\hbar}{2mi}\left(\psi^*\underbrace{e^{i\frac{E}{\hbar}t}\cdot e^{-i\frac{E}{\hbar}t}}_{e^0=1}\frac{d\psi}{dx}-\frac{d\psi^*}{dx}\underbrace{e^{i\frac{E}{\hbar}t}e^{-i\frac{E}{\hbar}t}}_{e^0=1}\psi\right)$$

$$=\frac{\hbar}{2mi}\left(\psi^*\frac{d\psi}{dx}-\frac{d\psi^*}{dx}\psi\right)=S(x)$$　となって，

$(*k_0)$から，　$S(x)=\dfrac{\hbar}{2mi}\left(\psi^*\dfrac{d\psi}{dx}-\dfrac{d\psi^*}{dx}\psi\right)$ ……$(*k_0)'$　が導けるんだね。

実際の問題では，この$(*k_0)'$の方をよく用いることになるんだね。

それでは，実際に確率流密度を計算してみよう。

(ex1) $\Psi(x,\ t)=Ae^{i(kx-\omega t)}$の確率流密度$S(x,\ t)$を求めてみよう。
(ただし，Aは複素定数とする。)

この波動関数は，平面波の進行波(P26)を表しており，変数分離形$\Psi(x,\ t)=Ae^{ikx}e^{-i\omega t}$で表される。この確率流密度$S(x,\ t)$は，$(*k_0)$より

$\dfrac{E}{\hbar}=2\pi\dfrac{E}{h}=2\pi\dfrac{h\nu}{h}=2\pi\nu=\omega$より，これを$e^{-i\frac{E}{\hbar}t}$と表してもいい。

$$S(x,\ t)=\frac{\hbar}{2mi}\left(\Psi^*\frac{\partial\Psi}{\partial x}-\frac{\partial\Psi^*}{\partial x}\Psi\right)$$

$$=\frac{\hbar}{2mi}\left\{A^*e^{-ikx}\cdot e^{i\omega t}\frac{\partial\left(Ae^{ikx}\cdot e^{-i\omega t}\right)}{\partial x}-\frac{\partial\left(A^*e^{-ikx}\cdot e^{i\omega t}\right)}{\partial x}\cdot Ae^{ikx}e^{-i\omega t}\right\}$$

$$=\frac{\hbar}{2mi}\left(\underbrace{A^*A}_{|A|^2}ik\underbrace{e^{-ikx}e^{ikx}}_{e^0=1}\underbrace{e^{i\omega t}e^{-i\omega t}}_{e^0=1}+\underbrace{AA^*}_{|A|^2}ik\underbrace{e^{-ikx}e^{ikx}}_{e^0=1}\underbrace{e^{i\omega t}e^{-i\omega t}}_{e^0=1}\right)$$

$$=\frac{\hbar}{2mi}\times 2ik|A|^2=\frac{\hbar k}{m}|A|^2$$　と，計算できる。

$(ex2)$ $\psi(x)=Ae^{ikx}$ (A：複素定数）の確率流密度 $S(x)$ を求めよう。
（これは時刻 t を含んでいない波動関数 $\psi(x)$ の確率流密度 $S(x)$ の計算になる。）

$$S(x)=\frac{\hbar}{2mi}\left(\psi^*\frac{d\psi}{dx}-\frac{d\psi^*}{dx}\psi\right)$$ ←公式 $(*k_0)'$ の通りだね

$$=\frac{\hbar}{2mi}\left(A^*e^{-ikx}\cdot\frac{d\left(Ae^{ikx}\right)}{dx}-\frac{d\left(A^*e^{-ikx}\right)}{dx}Ae^{ikx}\right)$$

$$=\frac{\hbar}{2mi}\left(\underbrace{A^*A}_{|A|^2}ik\underbrace{e^{-ikx}e^{ikx}}_{e^0=1}+\underbrace{A^*A}_{|A|^2}ik\underbrace{e^{-ikx}e^{ikx}}_{e^0=1}\right)$$

$$=\frac{\hbar}{2mi}\times 2ik|A|^2=\frac{\hbar k}{m}|A|^2$$ となって，$(ex1)$ と同じ結果が導ける。

これから，時刻 t を含んでいないけれど，$\psi(x)=e^{ikx}$ も進行波と呼ぶことにする。同様に，後退波 $\Psi(x,\ t)=e^{-(ikx+i\omega t)}=e^{-ikx}\cdot e^{-i\omega t}$ に対応して，時刻 t を含んでいない波動関数 $\psi(x)=e^{-ikx}$ も後退波と呼ぶことにしよう。

$(ex3)$ では，後退波 $\psi(x)=Be^{-ikx}$ (B：複素定数）の確率流密度 $S(x)$ を求めよう。

これも公式 $(*k_0)'$ 通りに求めると，

$$S(x)=\frac{\hbar}{2mi}\left(\psi^*\frac{d\psi}{dx}-\frac{d\psi^*}{dx}\psi\right)$$

$$=\frac{\hbar}{2mi}\left(B^*e^{ikx}\cdot\frac{d\left(Be^{-ikx}\right)}{dx}-\frac{d\left(B^*e^{ikx}\right)}{dx}Be^{-ikx}\right)$$

$$=\frac{\hbar}{2mi}\left(\underbrace{B^*B}_{|B|^2}(-ik)\underbrace{e^{ikx}e^{-ikx}}_{e^0=1}-\underbrace{B^*B}_{|B|^2}ik\underbrace{e^{ikx}e^{-ikx}}_{e^0=1}\right)$$

$$=\frac{\hbar}{2mi}(-2ik)|B|^2=-\frac{\hbar k}{m}|B|^2$$ となるんだね。　以上より，

(i) $\psi(x)=Ae^{ikx}$ のとき，$S(x)=\frac{\hbar k}{m}|A|^2$ ………$(*)$
(ii) $\psi(x)=Be^{-ikx}$ のとき，$S(x)=-\frac{\hbar k}{m}|B|^2$ ……$(*)'$ は覚えておこう。

● ステップポテンシャルの問題を解いてみよう！

次の例題でステップ（階段）ポテンシャルへの波動の衝突問題を解こう。尚，反射率 R と透過率 T の定義は，この解答・解説の中で教えるつもりだ。

> 例題 10　右図に示すような
> ステップポテンシャル
>
> $$V(x)=\begin{cases}0 & (x<0)\\ V_0 & (x>0)\end{cases}$$
>
> 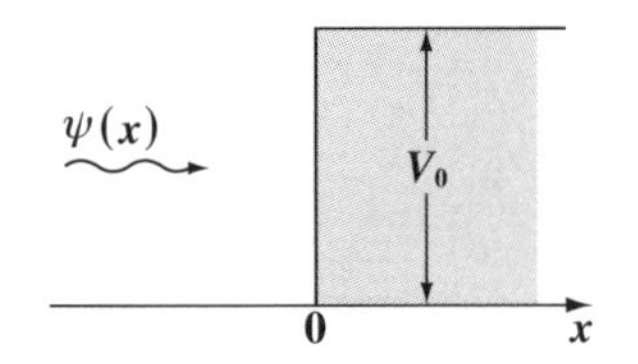
>
>
> に対して，エネルギー E，質量 m の粒子が負方向から入射したとき，
> (Ⅰ) $E>V_0$ の場合と，(Ⅱ) $E<V_0$ の場合について，波動の反射率 R と透過率 T を求めよ。

シュレーディンガーの波動方程式の解法手順を右にもう 1 度示しておこう。今回は，E と V_0 との大小関係により，2 通りに場合分けして解く。

> 波動方程式の解法の手順
> (ⅰ) ポテンシャルに応じて領域を分割する。
> (ⅱ) 各領域の波動方程式を解く。
> (ⅲ) 境界で波動関数を接続する。
> (ⅳ) S を求めて，反射率 R と透過率 T を求める。

(Ⅰ) まず，$E>V_0$ の場合について調べよう。

(ⅰ) ポテンシャル $V(x)$ により領域Ⅰと Ⅱに分けて考える。

$$V(x)=\begin{cases}0 & (x<0)：領域Ⅰ\\ V_0 & (x>0)：領域Ⅱ\end{cases}$$

領域Ⅰ　領域Ⅱ
$\psi(x)$　E　$V_0(<E)$　0　x

$\begin{cases}E：粒子のエネルギー\\ V_0：ステップポテンシャル\end{cases}$
($E>V_0$ の場合)

(ⅱ) 時刻を含まない波動関数 $\psi(x)$ の シュレーディンガー方程式：

$$-\frac{\hbar^2}{2m}\frac{d^2\psi}{dx^2}+V\psi=E\psi$$

を領域Ⅰ，Ⅱに適用すると，

$$\begin{cases}・領域Ⅰ & -\dfrac{\hbar^2}{2m}\dfrac{d^2\psi}{dx^2}=E\psi \quad \cdots\cdots ①\\ ・領域Ⅱ & -\dfrac{\hbar^2}{2m}\dfrac{d^2\psi}{dx^2}+V_0\psi=E\psi \quad \cdots\cdots ② \quad (E>V_0)\end{cases}$$

・領域Ⅰにおいて，

まず，$E=\dfrac{p^2}{2m}=\dfrac{\hbar^2k^2}{2m}$ ………③ $\left(\because p=\dfrac{h}{\lambda}=\dfrac{h}{2\pi}\cdot\dfrac{2\pi}{\lambda}=\hbar k\right)$ とおいて，

③を①に代入して，まとめると，

$$-\frac{\hbar^2}{2m}\frac{d^2\psi}{dx^2}=\frac{\hbar^2k^2}{2m}\psi$$

$\psi''+k^2\psi=0$ ………④ となる。

これを解いて，$\psi=\psi_{\mathrm{I}}$ とおくと，

$\psi_{\mathrm{I}}(x)=\underbrace{Ae^{ikx}}_{\text{入射波（進行波）}}+\underbrace{Be^{-ikx}}_{\text{反射波（後退波）}}$ ………⑤

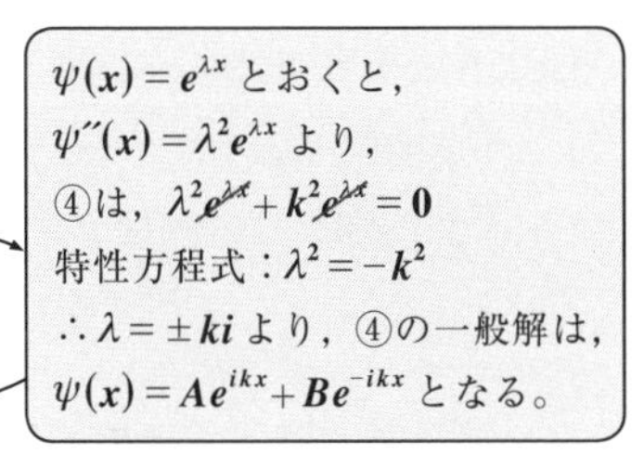

(A, B：複素定数) となる。

これで，この粒子の入射波と反射波が分かったんだね。

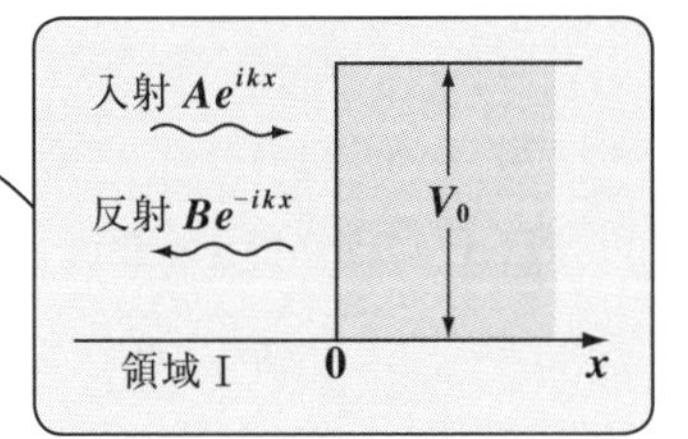

・領域Ⅱにおいて，

②より，$-\dfrac{\hbar^2}{2m}\dfrac{d^2\psi}{dx^2}=(E-V_0)\psi$ ……②′ となる。ここで，$E>V_0$ より

（$E-V_0$ を $\dfrac{\hbar^2\gamma^2}{2m}$ とおく。）

$E-V_0=\dfrac{\hbar^2\gamma^2}{2m}$ ……⑥ $(\gamma>0)$ とおき，

⑥を②′に代入して，まとめると，

$$-\frac{\hbar^2}{2m}\frac{d^2\psi}{dx^2}=\frac{\hbar^2\gamma^2}{2m}\psi$$

$\psi''+\gamma^2\psi=0$ ………⑦ となる。

これを解いて，$\psi=\psi_{\mathrm{II}}$ とおくと，

$\psi_{\mathrm{II}}(x)=\underbrace{Ce^{i\gamma x}}_{\text{透過波（進行波）}}$ ………⑧

(C：複素定数) となる。

> $\psi(x)=e^{\lambda x}$ とおくと，同様に，
> 特性方程式：$\lambda^2=-\gamma^2$
> $\therefore\lambda=\pm\gamma i$ より，
> ⑦の一般解は，
> $\psi(x)=\underbrace{Ce^{i\gamma x}}_{\text{透過波（進行波）}}+\underbrace{De^{-i\gamma x}}_{\text{領域Ⅱに後退波はない!}}$ となる。

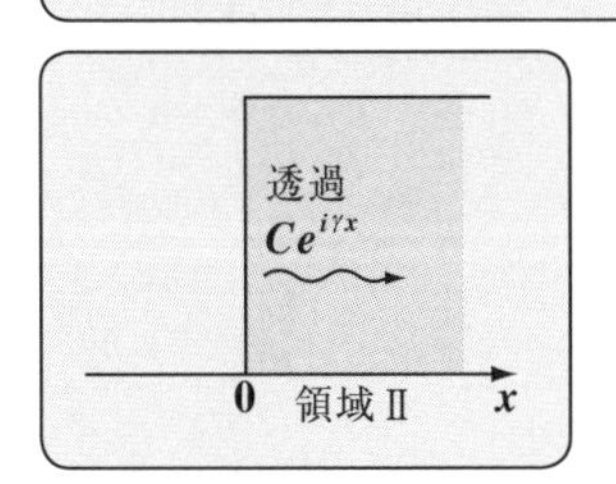

領域Ⅱでは，透過波（進行波）があるだけで，負の向きの波（後退波）は存在しないことに気を付けよう。

$\psi_{\text{I}} = Ae^{ikx} + Be^{-ikx}$ ……⑤
$\psi_{\text{II}} = Ce^{i\gamma x}$ ……………⑧

(iii) 領域ⅠとⅡの境界 $x = 0$ における波動関数の接続条件は，次の2つだ。

$$\begin{cases} \psi_{\text{I}}(0) = \psi_{\text{II}}(0) & \cdots\cdots⑨ \text{ かつ} \\ \dfrac{d\psi_{\text{I}}(0)}{dx} = \dfrac{d\psi_{\text{II}}(0)}{dx} & \cdots\cdots⑩ \end{cases}$$

$x = 0$ における ψ と ψ' を等しくする。

$x = 0$ における滑らかな接続条件だ！

⑨より，$A + B = C$ ……………⑨′

$\psi_{\text{I}}(0) = A\cdot e^0 + B\cdot e^0 = A + B$
$\psi_{\text{II}}(0) = Ce^0 = C$

⑩より，$ikA - ikB = i\gamma C$

$k(A - B) = \gamma C$ ………⑩′

$\psi_{\text{I}}'(x) = ikAe^{ikx} - ikBe^{-ikx}$
$\psi_{\text{II}}'(x) = i\gamma Ce^{i\gamma x}$ より，
$\psi_{\text{I}}'(0) = ikA - ikB$
$\psi_{\text{II}}'(0) = i\gamma C$

⑨′を⑩′に代入して，

$k(A - B) = \gamma(A + B)$

$(k-\gamma)A = (k+\gamma)B \qquad \therefore \dfrac{B}{A} = \dfrac{k-\gamma}{k+\gamma}$ ………⑪ となる。

また，⑨′より，$A + \underbrace{\dfrac{k-\gamma}{k+\gamma}A}_{B(⑪より)} = C \qquad \dfrac{2k}{k+\gamma}A = C$

$\therefore \dfrac{C}{A} = \dfrac{2k}{k+\gamma}$ ………⑫ となる。

(iv) 入射（*incidence*），反射（*reflection*），透過（*transmission*）より，入射波，反射波，透過波の確率流密度を順に S_{inc}，S_{ref}，S_{tra} と表すことにすると，

$S_{\text{inc}} = \dfrac{\hbar k}{m}|A|^2$ ………⑬

$S_{\text{ref}} = -\dfrac{\hbar k}{m}|B|^2$ ………⑭

$S_{\text{tra}} = \dfrac{\hbar\gamma}{m}|C|^2$ ………⑮ となる。

・$\psi(x) = Ae^{ikx}$ のとき，
$S(x) = \dfrac{\hbar k}{m}|A|^2$ ………(*)
・$\psi(x) = Be^{-ikx}$ のとき，
$S(x) = -\dfrac{\hbar k}{m}|B|^2$ ……(*)′
(P117)

ここで，$\dfrac{\hbar k}{m}$ の単位を調べると，$\left[\dfrac{\text{J}\cdot\text{s}\cdot\frac{1}{\text{m}}}{\text{kg}}\right] = \left[\dfrac{\text{kg}\cdot\text{m}^2\cdot\frac{1}{\text{s}}\cdot\frac{1}{\text{m}}}{\text{kg}}\right] = \left[\dfrac{\text{m}}{\text{s}}\right]$

となって，速度の単位となるので，$\dfrac{\hbar k}{m} = v_{\text{I}}$，$\dfrac{\hbar\gamma}{m} = v_{\text{II}}$ とおくと，

⑬，⑭，⑮は，

$S_{inc} = \underbrace{v_{\text{I}}}_{\text{入射速度}} |A|^2$ ………⑬′，$S_{ref} = \underbrace{-v_{\text{I}}}_{\text{反射速度}} |B|^2$ ………⑭′，

$S_{tra} = \underbrace{v_{\text{II}}}_{\text{透過速度}} |C|^2$ ………⑮′ と表す

こともでき，確率の流れで見ると右図のようになるんだね。

ここで反射率 R と透過率 T は，次のように定義される。

$$R = \frac{|S_{ref}|}{S_{inc}} \quad \cdots\cdots\cdots (*l_0)$$

$$T = \frac{S_{tra}}{S_{inc}} \quad \cdots\cdots\cdots (*l_0)'$$

$$\begin{cases} \text{反射率 } R = \dfrac{|S_{ref}|}{S_{inc}} \\ \text{透過率 } T = \dfrac{S_{tra}}{S_{inc}} \end{cases}$$

よって，今回の問題の反射率 R と透過率 T は，⑪～⑮′より，

$$R = \frac{|S_{ref}|}{S_{inc}} = \frac{\cancel{v_{\text{I}}}|B|^2}{\cancel{v_{\text{I}}}|A|^2} = \left|\frac{B}{A}\right|^2 = \left(\frac{k-\gamma}{k+\gamma}\right)^2 \quad \text{となり，}$$

$$T = \frac{S_{tra}}{S_{inc}} = \frac{v_{\text{II}}|C|^2}{v_{\text{I}}|A|^2} = \frac{\gamma}{k}\left|\frac{C}{A}\right|^2 = \frac{\gamma}{k}\left(\frac{2k}{k+\gamma}\right)^2 = \frac{4k\gamma}{(k+\gamma)^2} \quad \text{となって，答えだ。}$$

ここで，

$$R + T = \frac{(k-\gamma)^2}{(k+\gamma)^2} + \frac{4k\gamma}{(k+\gamma)^2} = \frac{k^2+2k\gamma+\gamma^2}{(k+\gamma)^2} = \frac{(k+\gamma)^2}{(k+\gamma)^2} = 1 \quad \text{となることも}$$

確認できる。

さらに，透過率 $T = \dfrac{4k\gamma}{(k+\gamma)^2}$ $\left(k = \dfrac{\sqrt{2mE}}{\hbar},\ \gamma = \dfrac{\sqrt{2m(E-V_0)}}{\hbar} \right)$

について，

$E = \dfrac{\hbar^2 k^2}{2m}$　　$E - V_0 = \dfrac{\hbar^2 \gamma^2}{2m}$

(ⅰ) $E \to V_0$，つまり，$E > V_0$ といっても，E がほぼ V_0 と同じ位まで小さくなると，$\gamma \to 0$ となって，$T \to 0$，すなわち波動はほとんど透過しない。

(ⅱ) $E \to \infty$，つまり，$E \gg V_0$ となると，$E - V_0 \fallingdotseq E$ となるので，$\gamma \to k$ となる。
このとき，$T \to \dfrac{4k^2}{(k+k)^2} = 1$ となって，ほとんどすべて透過することになる。

(Ⅱ) では次，$E < V_0$ の場合について調べよう。

(ⅰ) ポテンシャル $V = \begin{cases} 0 & (x < 0) : 領域Ⅰ \\ V_0 & (x > 0) : 領域Ⅱ \end{cases}$

による領域の分割は同様だね。

(ⅱ) 各領域における波動関数 $\psi(x)$ の

波動方程式も，$E < V_0$ であること以外同様だね。

領域Ⅰ　領域Ⅱ
$\psi(x)$　E　$V_0(>E)$　0　x
($E < V_0$ の場合)

$$\begin{cases} ・領域Ⅰ & -\frac{\hbar^2}{2m}\frac{d^2\psi}{dx^2} = E\psi \cdots\cdots ㋐ \\ ・領域Ⅱ & -\frac{\hbar^2}{2m}\frac{d^2\psi}{dx^2} + V_0\psi = E\psi \cdots\cdots ㋑ \quad (E < V_0) \end{cases}$$

よって，領域Ⅰの解 $\psi_{\text{I}}(x)$ も同様に求められて，

$\psi_{\text{I}}(x) = \underbrace{Ae^{ikx}}_{入射波} + \underbrace{Be^{-ikx}}_{反射波} \cdots\cdots ㋒$　(A, B：複素定数)となる。

領域Ⅱの方程式の解から，$E < V_0$ なので，前回とは結果が異なる。

㋑より，$\frac{\hbar^2}{2m}\frac{d^2\psi}{dx^2} - (\underbrace{V_0 - E}_{⊕})\psi = 0 \cdots\cdots ㋑'$

ここで，$V_0 - E = \frac{\hbar^2\delta^2}{2m} (>0) \cdots\cdots ㋓ \ (\delta > 0)$ とおいて，㋓を㋑′に代入すると，

$\frac{\hbar^2}{2m}\frac{d^2\psi}{dx^2} - \frac{\hbar^2\delta^2}{2m}\psi = 0$　　この両辺を $\frac{\hbar^2}{2m}$ で割って，

$\psi'' - \delta^2\psi = 0 \cdots\cdots ㋔$ となる。

これを解いて，$\psi = \psi_{\text{II}}$ とおくと，

$\psi_{\text{II}}(x) = Ce^{-\delta x} + \cancel{De^{\delta x}}$

($x \to \infty$ のとき，$e^{\delta x} \to \infty$ となって不適)

> $\psi(x) = e^{\lambda x}$ とおくと，
> $\psi''(x) = \lambda^2 e^{\lambda x}$ より，
> ㋔は，$\lambda^2 e^{\lambda x} - \delta^2 e^{\lambda x} = 0$
> 特性方程式：$\lambda^2 = \delta^2$
> $\lambda = \pm\delta$ より，㋔の解は，
> $\psi_{\text{II}}(x) = Ce^{-\delta x} + De^{\delta x}$
> となる。

ここで，$x \to \infty$ のとき，$e^{\delta x} \to \infty$ となって，

不適だね。何故なら，波動関数は $\int_{-\infty}^{\infty} |\psi(x)|^2 dx = 1$ (全確率) を

みたさないといけないからだ。よって，

$\psi_{\text{II}}(x) = Ce^{-\delta x} \cdots\cdots ㋕$　(C：複素定数，$\delta > 0$) となる。

(iii) 領域ⅠとⅡの境界における接続条件

$\psi_{\mathrm{I}}(0)=\psi_{\mathrm{II}}(0)$ かつ，$\psi_{\mathrm{I}}'(0)=\psi_{\mathrm{II}}'(0)$ より，

$\psi_{\mathrm{I}}'(x)=ikAe^{ikx}-ikBe^{-ikx}$
$\psi_{\mathrm{II}}'(x)=-\delta Ce^{-\delta x}$

$A+B=C$ ……㋖，かつ $ikA-ikB=-\delta C$ ……㋗

㋖，㋗より，

$$\begin{cases} \dfrac{B}{A}=-\dfrac{\delta+ik}{\delta-ik} & \cdots\cdots㋘ \\ \dfrac{C}{A}=\dfrac{2ik}{ik-\delta} & \cdots\cdots㋙ \end{cases}$$ となる。

㋖を㋗に代入して，
$ikA-ikB=-\delta(A+B)$
$(\delta+ik)A=(-\delta+ik)B$
$\therefore \dfrac{B}{A}=-\dfrac{\delta+ik}{\delta-ik}$
㋖より，$A-\dfrac{\delta+ik}{\delta-ik}A=C$
$\dfrac{-2ik}{\delta-ik}A=C$
$\therefore \dfrac{C}{A}=\dfrac{2ik}{ik-\delta}$

(iv) ここで，入射，反射，透過の確率流密度

S_{inc}，S_{ref}，S_{tra} を求めると，

・$S_{\mathrm{inc}}=\dfrac{\hbar k}{m}|A|^2=v_{\mathrm{I}}|A|^2$ ………㋚ $\left(v_{\mathrm{I}}=\dfrac{\hbar k}{m}\right)$

・$S_{\mathrm{ref}}=-\dfrac{\hbar k}{m}|B|^2=-v_{\mathrm{I}}|B|^2$……㋛

・$\psi(x)=Ae^{ikx}$ のとき，$S(x)=\dfrac{\hbar k}{m}|A|^2$ ………(*)
・$\psi(x)=Be^{-ikx}$ のとき，$S(x)=-\dfrac{\hbar k}{m}|B|^2$ ……(*)′ を使った。

・S_{tra} については，波動関数 $\psi_{\mathrm{II}}(x)=Ce^{-\delta x}$ の確率流密度の公式を使って求めてみよう。

実数関数より $(e^{-\delta x})^*=e^{-\delta x}$

$$S_{\mathrm{tra}}=\frac{\hbar}{2mi}\left(\psi_{\mathrm{II}}^*\frac{d\psi_{\mathrm{II}}}{dx}-\frac{d\psi_{\mathrm{II}}^*}{dx}\psi_{\mathrm{II}}\right)$$ ← 公式通り

$$=\frac{\hbar}{2mi}\left\{C^*e^{-\delta x}\cdot\frac{d(Ce^{-\delta x})}{dx}-\frac{d(C^*e^{-\delta x})}{dx}\cdot Ce^{-\delta x}\right\}$$

$$=\frac{\hbar}{2mi}\left\{\underbrace{C^*C}_{|C|^2}(-\delta)e^{-2\delta x}+\underbrace{C^*C}_{|C|^2}\delta e^{-2\delta x}\right\}$$

$$=\frac{\hbar}{2mi}\left(-\delta|C|^2e^{-2\delta x}+\delta|C|^2e^{-2\delta x}\right)=0$$ ………㋜ となる。

よって，$E < V_0$ の場合の
反射率 R と透過率 T は，

$$R = \frac{|S_{ref}|}{S_{inc}} = \frac{v_I |B|^2}{v_I |A|^2} \quad (㋚㋛より)$$

$$= \left|\frac{B}{A}\right|^2 = \left|-\frac{\delta+ik}{\delta-ik}\right|^2 \quad (㋘より)$$

$$= \frac{|\delta+ik|^2}{|\delta-ik|^2} = \frac{\delta^2+k^2}{\delta^2+k^2}$$

$$= 1 \quad となる。$$

$$\frac{B}{A} = -\frac{\delta+ik}{\delta-ik} \cdots\cdots㋘$$
$$S_{inc} = v_I |A|^2 \cdots\cdots㋚$$
$$S_{ref} = -v_I |B|^2 \cdots\cdots㋛$$
$$S_{tra} = 0 \cdots\cdots㋜$$

$$T = \frac{S_{tra}}{S_{inc}} = \frac{0}{v_I |A|^2} = 0 \quad となる。$$

以上より，確率の流れで見ると，入射波はすべて反射されることになるんだね。ステップポテンシャルに波動関数 $\psi_{II} = Ce^{-\delta x}$ は存在するが，この中に確率波の流入（透過）はないことが分かった。

これは，確率流密度 $S(x)$ の公式の形から，波動関数 $\psi(x)$ が係数を除いて，実数関数であるとき，すなわち

$\psi(x) = Cf(x)$　(C：複素係数，$f(x)$：実数関数)

であるとき，

$$S(x) = \frac{\hbar}{2mi}\left(\underbrace{\psi^*}_{C^*f}\frac{d\psi}{dx} - \frac{d\psi^*}{dx}\underbrace{\psi}_{Cf}\right)$$

$$= \frac{\hbar}{2mi}(C^*fCf' - C^*f'Cf)$$

$$= \frac{\hbar}{2mi}|C|^2(ff' - f'f) = 0 \quad となって，$$

確率流密度は必ず 0 になるんだね。これも頭に入れておこう。

● 矩形ポテンシャルの問題にもチャレンジしよう！

では次の例題で，境界条件の計算が少しメンドウだけれど，矩形ポテンシャルへの平面波の衝突問題を解いてみよう。

例題 **11**　右図に示すような

矩形ポテンシャル

$$V(x)=\begin{cases}0 & (x<-l)\\ V_0 & (-l<x<l)\\ 0 & (l<x)\end{cases}$$

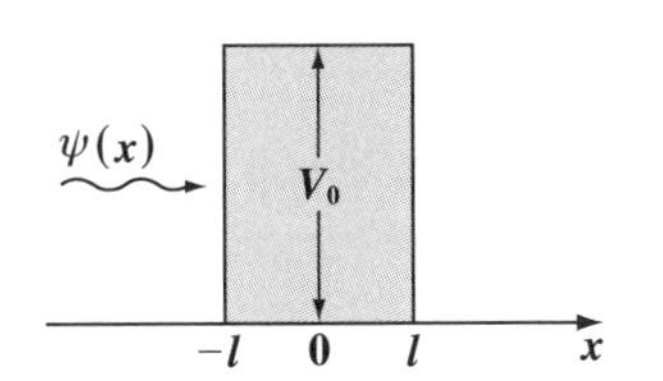

に対して，エネルギー E，質量 m の粒子が負方向から入射したとき，

(Ⅰ) $E>V_0$ の場合と，(Ⅱ) $E<V_0$ の場合について，波動の反射率 R と透過率 T を求めよ。

この問題も，(Ⅰ) $E>V_0$ と (Ⅱ) $E<V_0$ の **2** つの場合に分けて，それぞれ，(ⅰ) V による領域の分割，(ⅱ) 波動方程式の解法，(ⅲ) 境界での接続条件，そして，(ⅳ) 確率流密度を求めて，反射率 R と透過率 T の算出，の手順に従って解いていけばいいんだね。

(Ⅰ) まず，$E>V_0$ の場合について調べよう。

(ⅰ) 矩形ポテンシャル $V(x)$ により，次のように領域Ⅰ，Ⅱ，Ⅲに分割する。

$$V(x)=\begin{cases}0 & (x<-l) & ：領域Ⅰ\\ V_0 & (-l<x<l) & ：領域Ⅱ\\ 0 & (l<x) & ：領域Ⅲ\end{cases}$$

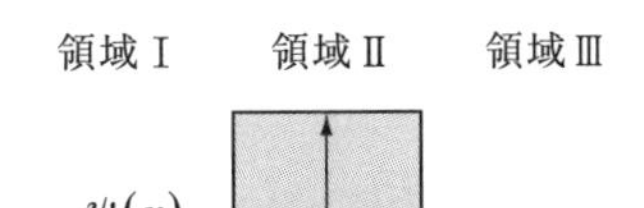

$\begin{cases} E ：粒子のエネルギー \\ V_0 ：ポテンシャル \end{cases}$
（$E>V_0$ の場合）

(ⅱ) 時間を含まない波動関数 $\psi(x)$ のシュレーディンガー方程式：

$$-\frac{\hbar^2}{2m}\frac{d^2\psi}{dx^2}+V\psi=E\psi$$

を，**3** つの領域Ⅰ，Ⅱ，Ⅲにそれぞれ適用すると，

$$\begin{cases} \cdot \text{領域 I} \quad -\dfrac{\hbar^2}{2m}\dfrac{d^2\psi}{dx^2} = E\psi \cdots\cdots ① \\ \cdot \text{領域 II} \quad -\dfrac{\hbar^2}{2m}\dfrac{d^2\psi}{dx^2} + V_0\psi = E\psi \cdots\cdots ② \\ \cdot \text{領域 III} \quad -\dfrac{\hbar^2}{2m}\dfrac{d^2\psi}{dx^2} = E\psi \cdots\cdots ③ \end{cases}$$

・領域 I において，$E = \dfrac{\hbar^2 k^2}{2m}$ とおくと，①は，

$\psi'' + k^2\psi = 0$　これを解いて ψ_{I} とおくと，

$\psi_{\text{I}}(x) = \underbrace{Ae^{ikx}}_{\text{入射波}} + \underbrace{Be^{-ikx}}_{\text{反射波}} \cdots\cdots ④$ となる。

・領域 II において，$E > V_0$ より，$\underbrace{E - V_0}_{\oplus} = \dfrac{\hbar^2\alpha^2}{2m}\,(>0)(\alpha > 0)$

とおくと，②は

$\psi'' + \alpha^2\psi = 0$　これを解いて ψ_{II} とおくと，

$\psi_{\text{II}}(x) = Fe^{i\alpha x} + Ge^{-i\alpha x} \cdots\cdots ⑤$ となる。

・領域 III において，$E = \dfrac{\hbar^2 k^2}{2m}$ とおくと，③は，

$\psi'' + k^2\psi = 0$　これを解いて ψ_{III} とおくと，

$\psi_{\text{III}}(x) = \underbrace{Ce^{ikx}}_{\text{透過波}} \cdots\cdots ⑥$ となる。 ← 領域 III で，後退波 De^{-ikx} は存在しない。

(iii) $x = -l$ と $x = l$ における境界条件を調べる。

●領域 I と II の境界 $x = -l$ における境界条件は，

$\psi_{\text{I}}(-l) = \psi_{\text{II}}(-l)$，かつ $\psi_{\text{I}}'(-l) = \psi_{\text{II}}'(-l)$ より，

$$\begin{cases} \cdot Ae^{-ikl} + Be^{ikl} = Fe^{-i\alpha l} + Ge^{i\alpha l} \cdots\cdots ⑦ \\ \cdot ik(Ae^{-ikl} - Be^{ikl}) = i\alpha(Fe^{-i\alpha l} - Ge^{i\alpha l}) \text{ より，} \\ \quad Ae^{-ikl} - Be^{ikl} = \dfrac{\alpha}{k}(Fe^{-i\alpha l} - Ge^{i\alpha l}) \cdots\cdots ⑧ \end{cases}$$

(⑦ ← $\psi_{\text{I}}(-l) = Ae^{-ikl} + Be^{ikl}$，$\psi_{\text{II}}(-l) = Fe^{-i\alpha l} + Ge^{i\alpha l}$)

(⑧ ← $\begin{cases} \psi_{\text{I}}'(x) = ikAe^{ikx} - ikBe^{-ikx} \\ \psi_{\text{II}}'(x) = i\alpha Fe^{i\alpha x} - i\alpha Ge^{-i\alpha x} \end{cases}$ より，$\begin{cases} \psi_{\text{I}}'(-l) = ikAe^{-ikl} - ikBe^{ikl} \\ \psi_{\text{II}}'(-l) = i\alpha Fe^{-i\alpha l} - i\alpha Ge^{i\alpha l} \end{cases}$)

● 領域Ⅱ と Ⅲ の境界 $x = l$ における境界条件は，

$\psi_{\text{II}}(l) = \psi_{\text{III}}(l)$，かつ

$\psi_{\text{II}}'(l) = \psi_{\text{III}}'(l)$ より，

$\psi_{\text{II}}(l) = Fe^{i\alpha l} + Ge^{-i\alpha l}$
$\psi_{\text{III}}(l) = Ce^{ikl}$

$$\begin{cases} \cdot\ Fe^{i\alpha l} + Ge^{-i\alpha l} = Ce^{ikl} \ \cdots\cdots\cdots\cdots ⑨ \\ \cdot\ i\alpha(Fe^{i\alpha l} - Ge^{-i\alpha l}) = ikCe^{ikl} \text{ より，} \\ \quad Fe^{i\alpha l} - Ge^{-i\alpha l} = \dfrac{k}{\alpha}Ce^{ikl} \ \cdots\cdots\cdots ⑩ \end{cases}$$

$\begin{cases} \psi_{\text{II}}'(x) = i\alpha Fe^{i\alpha x} - i\alpha Ge^{-i\alpha x} \\ \psi_{\text{III}}'(x) = ikCe^{ikx} \end{cases}$ より，
$\begin{cases} \psi_{\text{II}}'(l) = i\alpha Fe^{i\alpha l} - i\alpha Ge^{-i\alpha l} \\ \psi_{\text{III}}'(l) = ikCe^{ikl} \end{cases}$

この後の見通しとして，ボク達は，反射率や透過率を求めるために，$\dfrac{B}{A}$ と $\dfrac{C}{A}$ を求めたいんだね。そのためには，まず，⑨＋⑩，⑨－⑩により，F と G を C で表し，これらを⑦，⑧に代入して，A と B と C のみの式にして計算していけばいいんだね。

⑨＋⑩より，

$$2Fe^{i\alpha l} = \left(1 + \frac{k}{\alpha}\right)Ce^{ikl} \qquad \therefore F = \frac{\alpha + k}{2\alpha}Ce^{i(k-\alpha)l} \ \cdots\cdots\cdots ⑪$$

⑨－⑩より，

$$2Ge^{-i\alpha l} = \left(1 - \frac{k}{\alpha}\right)Ce^{ikl} \qquad \therefore G = \frac{\alpha - k}{2\alpha}Ce^{i(k+\alpha)l} \ \cdots\cdots\cdots ⑫$$

⑪，⑫を⑦に代入して，

$$Ae^{-ikl} + Be^{ikl} = \frac{\alpha + k}{2\alpha}Ce^{i(k-2\alpha)l} + \frac{\alpha - k}{2\alpha}Ce^{i(k+2\alpha)l}$$

$$= C\frac{e^{ikl}}{2\alpha}\left\{(\alpha + k)\underbrace{e^{-2i\alpha l}}_{\cos 2\alpha l - i\sin 2\alpha l} + (\alpha - k)\underbrace{e^{2i\alpha l}}_{\cos 2\alpha l + i\sin 2\alpha l}\right\}$$

$e^{\pm i\theta} = \cos\theta \pm i\sin\theta$

$$= C\frac{e^{ikl}}{2\alpha}(2\alpha\cos 2\alpha l - 2ki\sin 2\alpha l)$$

$$\therefore Ae^{-ikl} + Be^{ikl} = Ce^{ikl}\left(\cos 2\alpha l - i\frac{k}{\alpha}\sin 2\alpha l\right) \ \cdots\cdots\cdots\cdots\cdots ⑬$$

A, B, C の式が1つできた！

次に，⑪，⑫を⑧に代入して，

$$Ae^{-ikl}+Be^{ikl}=Ce^{ikl}\left(\cos 2\alpha l-i\frac{k}{\alpha}\sin 2\alpha l\right)\cdots⑬$$

$$Ae^{-ikl}-Be^{ikl}=\frac{\alpha}{k}(F\cdot e^{-i\alpha l}-G\cdot e^{i\alpha l})\cdots\cdots\cdots⑧$$

$F=\frac{\alpha+k}{2\alpha}Ce^{i(k-\alpha)l}$, $G=\frac{\alpha-k}{2\alpha}Ce^{i(k+\alpha)l}$ ←⑪, ⑫より

$$=Ce^{ikl}\frac{1}{2k}\left\{(\alpha+k)e^{-2i\alpha l}-(\alpha-k)e^{2i\alpha l}\right\}$$

$e^{-2i\alpha l}=\cos 2\alpha l-i\sin 2\alpha l$, $e^{2i\alpha l}=\cos 2\alpha l+i\sin 2\alpha l$

$$=Ce^{ikl}\frac{1}{2k}\left\{(\alpha+k)(\cos 2\alpha l-i\sin 2\alpha l)-(\alpha-k)(\cos 2\alpha l+i\sin 2\alpha l)\right\}$$

$$=Ce^{ikl}\frac{1}{2k}(2k\cos 2\alpha l-2\alpha i\sin 2\alpha l)$$

2つ目のA, B, Cの式の完成！

$$\therefore Ae^{-ikl}-Be^{ikl}=Ce^{ikl}\left(\cos 2\alpha l-i\frac{\alpha}{k}\sin 2\alpha l\right)\cdots\cdots\cdots⑭$$ となる。

⑬＋⑭より，

$$2Ae^{-ikl}=Ce^{ikl}\left\{2\cos 2\alpha l-i\left(\frac{k}{\alpha}+\frac{\alpha}{k}\right)\sin 2\alpha l\right\}$$

$\frac{k}{\alpha}+\frac{\alpha}{k}=\frac{k^2+\alpha^2}{\alpha k}$

$$\therefore A=C\frac{e^{2ikl}}{2\alpha k}\left\{2\alpha k\cos 2\alpha l-i(k^2+\alpha^2)\sin 2\alpha l\right\}\cdots\cdots\cdots⑮$$

⑬－⑭より，

$$2B\cancel{e^{ikl}}=C\cancel{e^{ikl}}\left\{-i\left(\frac{k}{\alpha}-\frac{\alpha}{k}\right)\sin 2\alpha l\right\}$$

$-i\frac{k^2-\alpha^2}{\alpha k}=\frac{i(\alpha^2-k^2)}{\alpha k}$

$$\therefore B=C\frac{i}{2\alpha k}(\alpha^2-k^2)\sin 2\alpha l\cdots\cdots\cdots⑯$$

⑯÷⑮より，

$$\frac{B}{A}=\frac{ie^{-2ikl}(\alpha^2-k^2)\sin 2\alpha l}{2\alpha k\cos 2\alpha l-i(k^2+\alpha^2)\sin 2\alpha l}\cdots\cdots\cdots⑰$$ が導けるし，

また，⑮より，

$$\frac{C}{A}=\frac{e^{-2ikl}\cdot 2\alpha k}{2\alpha k\cos 2\alpha l-i(k^2+\alpha^2)\sin 2\alpha l} \quad \cdots\cdots\cdots ⑱$$ も導けた。

(iv) 次に，入射，反射，透過の確率流密度

S_{inc}，S_{ref}，S_{tra} を求めると，

$\cdot\ S_{\mathrm{inc}}=\frac{\hbar k}{m}|A|^2=v|A|^2$ …………⑲ $\left(v=\frac{\hbar k}{m}\right)$

$\cdot\ S_{\mathrm{ref}}=-\frac{\hbar k}{m}|B|^2=-v|B|^2$ ………⑳

$\cdot\ S_{\mathrm{tra}}=\frac{\hbar k}{m}|C|^2=v|C|^2$ …………㉑

> $\cdot\ \psi=Ae^{ikx}$ のとき，
> $S=\frac{\hbar k}{m}|A|^2$ ……(*)
> $\cdot\ \psi=Be^{-ikx}$ のとき，
> $S=-\frac{\hbar k}{m}|B|^2$ …(*)′

よって，$E>V_0$ の場合の反射率 R と透過率 T は，

$$R=\frac{|S_{\mathrm{ref}}|}{S_{\mathrm{inc}}}=\frac{v|B|^2}{v|A|^2} \quad (⑲,\ ⑳より)$$

$$=\frac{|ie^{-i2kl}(\alpha^2-k^2)\sin 2\alpha l|^2}{|2\alpha k\cos 2\alpha l-i(k^2+\alpha^2)\sin 2\alpha l|^2} \quad (⑰より)$$

$$=\frac{(\alpha^2-k^2)^2\sin^2 2\alpha l}{4\alpha^2k^2\cos^2 2\alpha l+(k^2+\alpha^2)^2\sin^2 2\alpha l}$$ となる。

> $|x+iy|^2=x^2+y^2$
> $(x,\ y$：実数$)$
> また，
> $|i|=|e^{-2ikl}|=1$

$$T=\frac{S_{\mathrm{tra}}}{S_{\mathrm{inc}}}=\frac{v|C|^2}{v|A|^2} \quad (⑲,\ ㉑より)$$

$$=\frac{|e^{-2ikl}\cdot 2\alpha k|^2}{|2\alpha k\cos 2\alpha l-i(k^2+\alpha^2)\sin 2\alpha l|^2}$$

$$=\frac{4\alpha^2k^2}{4\alpha^2k^2\cos^2 2\alpha l+(k^2+\alpha^2)^2\sin^2 2\alpha l}$$

$\left(ただし，k=\frac{\sqrt{2mE}}{\hbar},\ \alpha=\frac{\sqrt{2m(E-V_0)}}{\hbar}\right)$

領域Ⅰ　領域Ⅱ　領域Ⅲ
入射 $S_{\mathrm{inc}}=v|A|^2$
反射 $S_{\mathrm{ref}}=-v|B|^2$
V_0
透過 $S_{\mathrm{tra}}=v|C|^2$
$-l$　0　l　x

(Ⅱ) では次，$E < V_0$ の場合について調べよう。

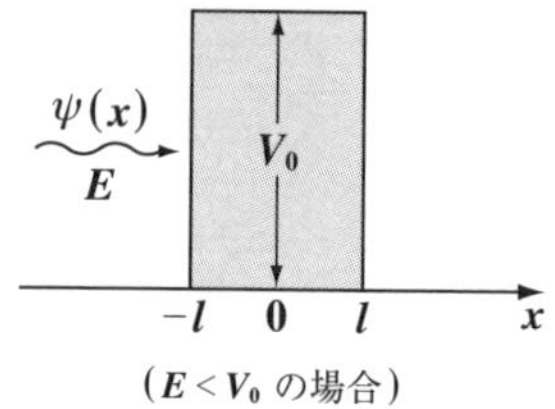

($E < V_0$ の場合)

(ⅰ) ポテンシャル $V = \begin{cases} 0 & (x < -l) & \text{：領域Ⅰ} \\ V_0 & (-l < x < l) & \text{：領域Ⅱ} \\ 0 & (l < x) & \text{：領域Ⅲ} \end{cases}$

による領域の分割は同様だ。

(ⅱ) 各領域における波動関数 $\psi(x)$ の

波動方程式も，$E < V_0$ であること以外同様だ。

$$\begin{cases} \cdot\text{領域Ⅰ} \quad -\frac{\hbar^2}{2m}\frac{d^2\psi}{dx^2} = E\psi \cdots\cdots ㋐ \\ \cdot\text{領域Ⅱ} \quad -\frac{\hbar^2}{2m}\frac{d^2\psi}{dx^2} + V_0\psi = E\psi \cdots\cdots ㋑ \quad (E < V_0) \\ \cdot\text{領域Ⅲ} \quad -\frac{\hbar^2}{2m}\frac{d^2\psi}{dx^2} = E\psi \cdots\cdots ㋒ \end{cases}$$

まず, 領域Ⅰについて, (Ⅰ) $E > V_0$ のときと同様に, $E = \frac{\hbar^2 k^2}{2m}$ とおいて,

$\cdot\ \psi_{\rm I}(x) = \underbrace{Ae^{ikx}}_{\text{入射波}} + \underbrace{Be^{-ikx}}_{\text{反射波}}$ ……………… ㋓　となる。

次に，領域Ⅱについては，㋑より，

$$\frac{\hbar^2}{2m}\frac{d^2\psi}{dx^2} - \underbrace{(V_0 - E)}_{\oplus}\psi = 0 \cdots\cdots ㋑'$$

ここで，$V_0 - E = \frac{\hbar^2\beta^2}{2m}\ (>0)$ …… ㋔　$(\beta > 0)$ とおいて，㋔を㋑′

に代入してまとめると，

$\psi'' - \beta^2\psi = 0$　となる。これを解いて，

$\cdot\ \psi_{\rm II}(x) = F\underbrace{e^{\beta x}} + G\underbrace{e^{-\beta x}}$ ……………… ㋕ となる。

(実数関数)

そして，領域Ⅲについては，領域Ⅰと同様に，

$\cdot\ \psi_{\rm III}(x) = \underbrace{Ce^{ikx}}_{\text{透過波}}$ ……………… ㋖ となる。

(iii) 次に，境界条件を調べる。

・領域ⅠとⅡの境界 $x=-l$ における境界条件は，

$\psi_{\text{I}}(-l)=\psi_{\text{II}}(-l)$，かつ

$\psi_{\text{I}}'(-l)=\psi_{\text{II}}'(-l)$ より，

$\psi_{\text{I}}(-l)=Ae^{-ikl}+Be^{ikl}$
$\psi_{\text{II}}(-l)=Fe^{-\beta l}+Ge^{\beta l}$

$$\begin{cases} \cdot\ Ae^{-ikl}+Be^{ikl}=Fe^{-\beta l}+Ge^{\beta l} \cdots\cdots\cdots\cdots ㋗ \\ \cdot\ ik(Ae^{-ikl}-Be^{ikl})=\beta(Fe^{-\beta l}-Ge^{\beta l}) \\ \quad Ae^{-ikl}-Be^{ikl}=\dfrac{\beta}{ik}(Fe^{-\beta l}-Ge^{\beta l}) \cdots\cdots ㋘ \end{cases}$$

$\begin{cases}\psi_{\text{I}}'(x)=ikAe^{ikx}-ikBe^{-ikx}\\ \psi_{\text{II}}'(x)=\beta Fe^{\beta x}-\beta Ge^{-\beta x}\end{cases}$ より，
$\begin{cases}\psi_{\text{I}}'(-l)=ikAe^{-ikl}-ikBe^{ikl}\\ \psi_{\text{II}}'(-l)=\beta Fe^{-\beta l}-\beta Ge^{\beta l}\end{cases}$

・領域ⅡとⅢの境界 $x=l$ における境界条件は，

$\psi_{\text{II}}(l)=\psi_{\text{III}}(l)$，かつ

$\psi_{\text{II}}'(l)=\psi_{\text{III}}'(l)$ より，

$\psi_{\text{II}}(l)=Fe^{\beta l}+Ge^{-\beta l}$
$\psi_{\text{III}}(l)=Ce^{ikl}$

$$\begin{cases} \cdot\ Fe^{\beta l}+Ge^{-\beta l}=Ce^{ikl} \quad \cdots\cdots\cdots\cdots ㋙ \\ \cdot\ \beta Fe^{\beta l}-\beta Ge^{-\beta l}=ikCe^{ikl} \text{ より，} \\ \quad Fe^{\beta l}-Ge^{-\beta l}=\dfrac{ik}{\beta}Ce^{ikl} \cdots\cdots\cdots ㋚ \end{cases}$$

$\begin{cases}\psi_{\text{II}}'(x)=\beta Fe^{\beta x}-\beta Ge^{-\beta x}\\ \psi_{\text{III}}'(x)=ikCe^{ikx}\end{cases}$ より，
$\begin{cases}\psi_{\text{II}}'(l)=\beta Fe^{\beta l}-\beta Ge^{-\beta l}\\ \psi_{\text{III}}'(l)=ikCe^{ikl}\end{cases}$

まず，㋙＋㋚，㋙－㋚より，F と G を C で表して，それらを㋗，㋘に代入して，$\dfrac{B}{A}$ と $\dfrac{C}{A}$ を求めよう。

㋙＋㋚より，

$$2Fe^{\beta l}=\left(1+\frac{ik}{\beta}\right)Ce^{ikl} \qquad \therefore F=\frac{\beta+ik}{2\beta}Ce^{ikl}e^{-\beta l} \cdots\cdots\cdots ㋛$$

㋙－㋚より，

$$2Ge^{-\beta l}=\left(1-\frac{ik}{\beta}\right)Ce^{ikl} \qquad \therefore G=\frac{\beta-ik}{2\beta}Ce^{ikl}e^{\beta l} \cdots\cdots\cdots ㋜$$

ここで，㋛，㋜を㋗に代入して，

双曲線関数
・$\cosh x=\dfrac{e^x+e^{-x}}{2}$
・$\sinh x=\dfrac{e^x-e^{-x}}{2}$

$$Ae^{-ikl}+Be^{ikl}=\frac{C}{2\beta}e^{ikl}\left\{(\beta+ik)e^{-2\beta l}+(\beta-ik)e^{2\beta l}\right\}$$

$$=\frac{C}{2\beta}e^{ikl}\{\beta(\underbrace{e^{2\beta l}+e^{-2\beta l}}_{2\cosh 2\beta l})-ik(\underbrace{e^{2\beta l}-e^{-2\beta l}}_{2\sinh 2\beta l})\}$$

$$\therefore Ae^{-ikl}+Be^{ikl}=Ce^{ikl}\left(\cosh 2\beta l-\frac{ik}{\beta}\sinh 2\beta l\right) \cdots\cdots\cdots\cdots\cdots ㋝$$

㋝により，A, B, C の式が1つできた。次に，㋘に㋛，㋜を代入することにより，もう1つの A, B, C の式を作ろう。

$$\cdot Ae^{-ikl} - Be^{ikl} = \frac{\beta}{ik}(Fe^{-\beta l} - Ge^{\beta l}) \cdots ㋘$$

$$\cdot F = \frac{\beta + ik}{2\beta} Ce^{ikl} e^{-\beta l} \cdots\cdots ㋛$$

$$\cdot G = \frac{\beta - ik}{2\beta} Ce^{ikl} e^{\beta l} \cdots\cdots ㋜$$

$$Ae^{-ikl} - Be^{ikl} = \frac{\beta}{ik} \cdot \frac{C}{2\beta} e^{ikl} \left\{ (\beta + ik) e^{-2\beta l} - (\beta - ik) e^{2\beta l} \right\}$$

$$= \frac{C}{2ik} e^{ikl} \{ -\beta \underbrace{(e^{2\beta l} - e^{-2\beta l})}_{2\sinh 2\beta l} + ik \underbrace{(e^{2\beta l} + e^{-2\beta l})}_{2\cosh 2\beta l} \}$$

$$= Ce^{ikl} \left(\cosh 2\beta l - \underbrace{\frac{\beta}{ik}}_{\frac{i^2\beta}{ik} = \frac{i\beta}{k}} \sinh 2\beta l \right)$$

$$\therefore Ae^{-ikl} - Be^{ikl} = Ce^{ikl} \left(\cosh 2\beta l + \frac{i\beta}{k} \sinh 2\beta l \right) \cdots\cdots ㋞$$

よって，$Ae^{-ikl} + Be^{ikl} = Ce^{ikl} \left(\cosh 2\beta l - \frac{ik}{\beta} \sinh 2\beta l \right) \cdots\cdots$ ㋝ より，

㋞＋㋝を求めると，

$$2Ae^{-ikl} = Ce^{ikl} \left\{ 2\cosh 2\beta l + i \left(\frac{\beta}{k} - \frac{k}{\beta} \right) \sinh 2\beta l \right\}$$ より，

$$A = Ce^{2ikl} \left(\cosh 2\beta l + i \frac{\beta^2 - k^2}{2k\beta} \sinh 2\beta l \right)$$

$$= C \frac{e^{2ikl}}{2k\beta} \left\{ 2k\beta \cosh 2\beta l + i (\beta^2 - k^2) \sinh 2\beta l \right\}$$

$$\therefore A = C \frac{e^{2ikl}}{2k\beta i} \{ 2ik\beta \cosh 2\beta l + \underbrace{(k^2 - \beta^2)}_{i^2(\beta^2 - k^2)} \sinh 2\beta l \}$$ となる。

$$\therefore \frac{C}{A} = \frac{2ik\beta e^{-2ikl}}{\xi} \cdots\cdots ㋟$$ となる。

(ただし，$\xi = \underbrace{(k^2 - \beta^2)\sinh 2\beta l}_{実部} + i \underbrace{2k\beta \cosh 2\beta l}_{虚部}$ である。)

㋟より，$C = 2ik\beta e^{-2ikl} \cdot \dfrac{A}{\xi}$ ………㋟′　　㋟′を㋝に代入して，

$$Ae^{-ikl} + Be^{ikl} = 2ik\beta e^{-2ikl} \cdot \frac{A}{\xi} \cdot e^{ikl}\left(\cosh 2\beta l - \frac{ik}{\beta}\sinh 2\beta l\right)$$

$$= \frac{2ik\beta\cosh 2\beta l + 2k^2\sinh 2\beta l}{\xi} e^{-ikl} A$$

$\{(k^2-\beta^2)\sinh 2\beta l + 2ik\beta\cosh 2\beta l\}$

よって，$Be^{ikl} = \dfrac{2ik\beta\cosh 2\beta l + 2k^2\sinh 2\beta l - \xi}{\xi} \cdot e^{-ikl} A$

$$\therefore \frac{B}{A} = \frac{(k^2+\beta^2)e^{-2ikl}\sinh 2\beta l}{\xi} \quad \cdots\cdots\cdots ㋠$$ となる。

(iv) ここで，入射，反射，透過の確率流密度 S_{inc}，S_{ref}，S_{tra} を求めると，

・$S_{inc} = \dfrac{\hbar k}{m}|A|^2 = v_{\mathrm{I}}|A|^2$ ………㋡

・$S_{ref} = -\dfrac{\hbar k}{m}|B|^2 = -v_{\mathrm{I}}|B|^2$ ……㋢

・$\psi = Ae^{ikx}$ のとき，$S = \dfrac{\hbar k}{m}|A|^2$
・$\psi = Be^{-ikx}$ のとき，$S = -\dfrac{\hbar k}{m}|B|^2$

・$S_{tra} = \dfrac{\hbar k}{m}|C|^2 = v_{\mathrm{III}}|C|^2$ ………㋣

$\left(\text{ただし，} v_{\mathrm{I}} = v_{\mathrm{III}} = \dfrac{\hbar k}{m}\right)$

よって，$E < V_0$ の場合の反射率 R と透過率 T は，次のようになる。

$$R = \frac{|S_{ref}|}{S_{inc}} = \frac{v_{\mathrm{I}}|B|^2}{v_{\mathrm{I}}|A|^2} = \left|\frac{B}{A}\right|^2 = \left|\frac{e^{-i2kl}\cdot(k^2+\beta^2)\sinh 2\beta l}{\xi}\right|^2 \quad (㋠より)$$

$$= \frac{(k^2+\beta^2)^2\sinh^2 2\beta l}{|\xi|^2}$$

$|e^{-i2kl}| = 1$

$|\xi|^2 = (k^2-\beta^2)^2\sinh^2 2\beta l + 4k^2\beta^2\cosh^2 2\beta l$

$\xi = x + iy$ （x, y：実数）のとき，$|\xi|^2 = x^2 + y^2$

$$= \frac{(k^2+\beta^2)^2\sinh^2 2\beta l}{(k^2-\beta^2)^2\sinh^2 2\beta l + 4k^2\beta^2\cosh^2 2\beta l}$$ となるんだね。

$\left(\text{ただし，} k^2 = \dfrac{2mE}{\hbar^2},\ \beta^2 = \dfrac{2m(V_0 - E)}{\hbar^2}\right)$

$$T = \frac{S_{tra}}{S_{inc}} = \frac{\cancel{v_{\text{III}}}|C|^2}{\cancel{v_{\text{I}}}|A|^2} = \left|\frac{C}{A}\right|^2 \quad (\because v_{\text{I}} = v_{\text{III}})$$

$$= \left|\frac{i2k\beta e^{-i2kl}}{\xi}\right|^2 \quad (\text{㊉より})$$

$$= \frac{\overbrace{|i2k\beta|^2}^{4k^2\beta^2} \cdot \overbrace{|e^{-ikl}|^2}^{1}}{\underbrace{|\xi|^2}_{(k^2-\beta^2)^2\sinh^2 2\beta l + 4k^2\beta^2\cosh^2 2\beta l}}$$

$\xi = \underbrace{(k^2-\beta^2)\sinh 2\beta l}_{\text{実部}} + i\underbrace{2k\beta\cosh 2\beta l}_{\text{虚部}}$

$$= \frac{4k^2\beta^2}{(k^2-\beta^2)^2\sinh^2 2\beta l + 4k^2\beta^2\cosh^2 2\beta l} \quad (>0)$$ となるんだね。

ここで，$R + T = \dfrac{(k^2+\beta^2)^2\sinh^2 2\beta l + 4k^2\beta^2}{|\xi|^2}$

$$= \frac{(k^2+\beta^2)^2\sinh^2 2\beta l + 4k^2\beta^2}{(k^2-\beta^2)^2\sinh^2 2\beta l + 4k^2\beta^2\underbrace{\cosh^2 2\beta l}_{(\sinh^2 2\beta l + 1)}}$$

公式：$\cosh^2 x - \sinh^2 x = 1$

$$= \frac{(k^2+\beta^2)^2\sinh^2 2\beta l + 4k^2\beta^2}{\underbrace{\{(k^2-\beta^2)^2 + 4k^2\beta^2\}}_{(k^2+\beta^2)^2}\sinh^2 2\beta l + 4k^2\beta^2} = 1$$ となることも確認できる。

双曲線関数などが出てきて，計算はかなりメンドウだったと思うけれど，このような細々(こまごま)とした計算もキチンとこなしていくことが，量子力学の演習では必要となるんだね。自力で結果を導けるように頑張ろう！

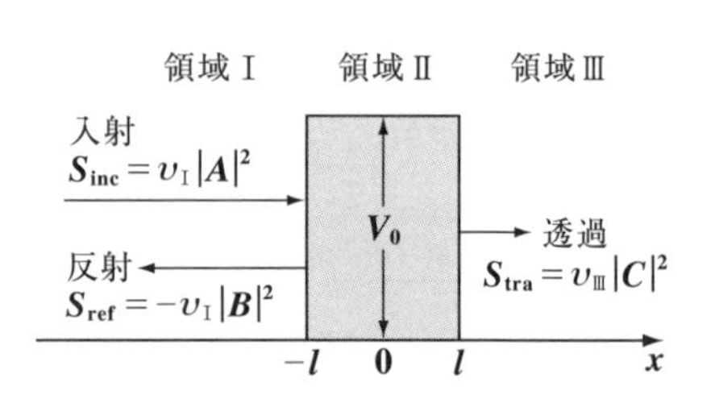

ここで重要なポイントは，$E < V_0$ であるにも関わらず，透過率 $T > 0$ となるので，粒子はこの矩形ポテンシャルを通過して，領域 III $(x > l)$ においても，粒子が観測され得る可能性があるということなんだね。古典力学で

は不可能なんだけれど，このような量子力学独特の現象を“**トンネル効果**”(***tunnel effect***)と呼ぶことも覚えておこう。

ン？　領域Ⅱの確率流密度は **0** なのかって？　領域Ⅱでの波動関数 $\psi_{\text{II}}(x) = Fe^{\beta x} + Ge^{-\beta x}$ は，係数を除いて実数関数だけれど，この場合，**2** つの関数の和になっており，また F と G は複素定数と考えるべきだから，この確率流密度 S_{II} は必ずしも **0** にはならない。

実際に計算してみよう。

$$S_{\text{II}} = \frac{\hbar}{2mi}\left(\psi_{\text{II}}^* \frac{d\psi_{\text{II}}}{dx} - \frac{d\psi_{\text{II}}^*}{dx}\psi_{\text{II}}\right)$$

$$= \frac{\hbar}{2mi}\Big\{\underbrace{(F^*e^{\beta x} + G^*e^{-\beta x})}_{\psi_{\text{II}}^*}\underbrace{(\beta Fe^{\beta x} - \beta Ge^{-\beta x})}_{\frac{d\psi_{\text{II}}}{dx}}$$

$$- \underbrace{(\beta F^*e^{\beta x} - \beta G^*e^{-\beta x})}_{\frac{d\psi_{\text{II}}^*}{dx}}\underbrace{(Fe^{\beta x} + Ge^{-\beta x})}_{\psi_{\text{II}}}\Big\}$$

$$= \frac{\hbar}{2mi}\Big\{\beta|F|^2e^{2\beta x} - \beta F^*G + \beta FG^* - \beta|G|^2e^{-2\beta x}$$

$$- (\beta|F|^2e^{2\beta x} + \beta F^*G - \beta FG^* - \beta|G|^2e^{-2\beta x})\Big\}$$

$$= \frac{\hbar}{2mi}(2\beta FG^* - 2\beta F^*G)$$

$$= \frac{\hbar\beta}{mi}(FG^* - F^*G)$$　となって，一般には **0** にはならないんだね。

もちろん，F と G が共に実数であるならば，$FG^* - F^*G = FG - FG = 0$ となるので，$S_{\text{II}} = 0$ となるのもいいね。

以上で，例題 **11**（矩形ポテンシャルの衝突問題）の解説はすべて終了です。

● パルスポテンシャルの問題も解いてみよう！

では次，デルタ関数 $\delta(x)$ によるパルスポテンシャルへの衝突問題にもチャレンジしてみよう。デルタ関数 $\delta(x)$ については，P96 で既に解説したけれど，その公式や性質を右にまとめて示しておこう。

デルタ関数 $\delta(x)$

- $\delta(x) = \begin{cases} \infty & (x=0) \\ 0 & (x \neq 0) \end{cases}$
- $\int_{-\infty}^{\infty} \delta(x)dx = 1$
- $\int_{-\infty}^{\infty} f(x)\delta(x-a)dx = f(a) \cdots (*h_0)$
- $\delta(-x) = \delta(x) \cdots\cdots (*h_0)'$
- $\delta(x) = \frac{1}{2\pi}\sum_{n=-\infty}^{\infty} e^{inx} \cdots\cdots (*h_0)''$
- $\delta(ax) = \frac{1}{a}\delta(x) \cdots\cdots (*h_0)'''$

ここで重要なことは，関数 $y = \delta(x)$ は $x = 0$ でのみ∞になるけれど，これを横幅 0，高さ∞の特殊な長方形(矩形)と考えると，この面積は $1(=0\times\infty)$ なんだね。これは図2(ⅰ)に示すように，$y = \delta_r(x)$ $(r > 0)$ を

$$y = \delta_r(x) = \begin{cases} \frac{1}{2r} & (-r \leqq x \leqq r) \\ 0 & (x < -r,\ r < x) \end{cases}$$

のように定義したとき，$r \to +0$ の極限をとったものが，面積 1 を保ちながら図2(ⅱ)に示すデルタ関数 $y = \delta(x)$ になるからなんだね。

図2 デルタ関数 $\delta(x)$

(ⅰ) $y = \delta_r(x)$

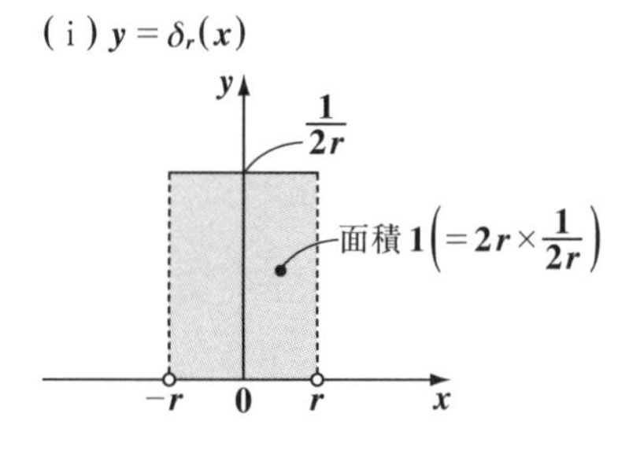

(ⅱ) $\lim_{r\to+0}\delta_r(x) = \delta(x)$

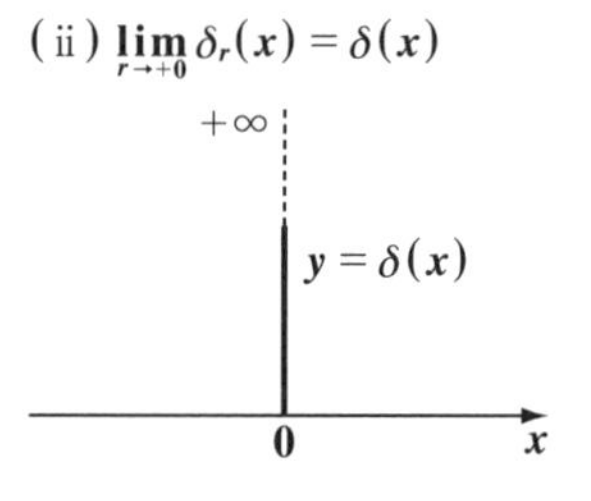

したがって，$\delta(x)$ は $x = 0$ における大きさ(面積のこと)が 1 のパルスと考えることができるので，もし $x = 0$ における大きさが W_0(正の定数)のパルスポテンシャルの場合，$W_0\delta(x)$ と表せばいいんだね。

それでは，パルスポテンシャル $V = W_0\delta(x)$ への波動の衝突問題を次の例題12で練習しよう。パルスポテンシャルの境界条件については，特別な配慮が必要となる。この例題の解答・解説の中で詳しく解説するつもりだ。

例題 12　右図に示すような
パルスポテンシャル

$$V(x) = W_0\delta(x) = \begin{cases} \infty & (x=0) \\ 0 & (x \neq 0) \end{cases}$$

（ただし，W_0 は正の定数とする。）
に対して，エネルギー E，質量 m の
粒子が負方向から入射したとき，波動の反射率 R と透過率 T を求めよ。

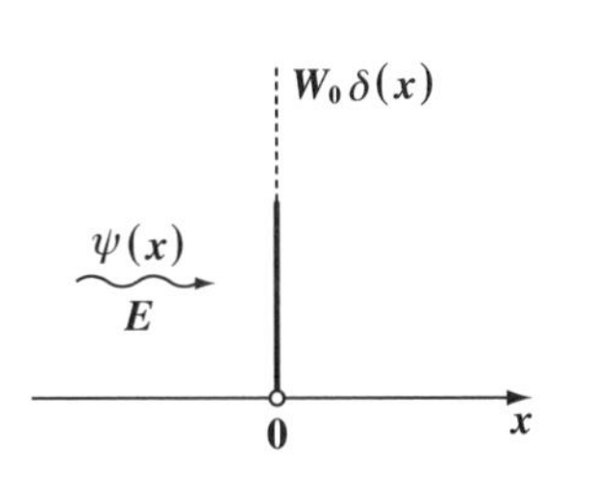

右の解法手順に従って，波動方程式を解いていこう。

波動方程式の解法の手順
(i) ポテンシャルに応じて領域を分割する。
(ii) 各領域の波動方程式を解く。
(iii) 境界で波動関数を接続する。
(iv) S を計算して，反射率 R と透過率 T を求める。

(i) まず，ポテンシャル $V(x)$ によって，
領域 I と II に分割して考える。

$$V(x) = W_0\delta(x) = \begin{cases} 0 & (x<0)：領域\,\mathrm{I} \\ +\infty & (x=0) \\ 0 & (0<x)：領域\,\mathrm{II} \end{cases}$$

（ただし，W_0 は正の定数）

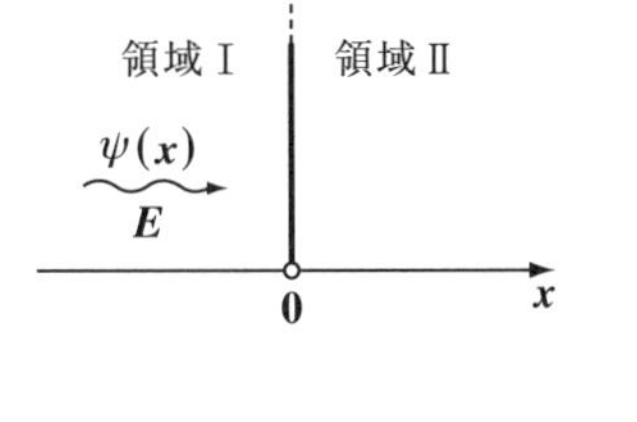

(ii) 時間を含まない波動関数 $\psi(x)$ の
シュレーディンガー方程式：

$$-\frac{\hbar^2}{2m}\frac{d^2\psi}{dx^2} + V\psi = E\psi$$

を，領域 I，II に適用すると，いずれも，
$V=0$ より，領域 I，II 共に，

$$-\frac{\hbar^2}{2m}\frac{d^2\psi}{dx^2} = E\psi \quad \cdots\cdots\cdots ①$$ となる。

もう，お決まりの解法パターンだね。

・領域 I において，

まず，$E = \dfrac{\hbar^2 k^2}{2m}$ ……②とおいて，②を①に代入してまとめると，

$$-\frac{\hbar^2}{2m}\frac{d^2\psi}{dx^2} = \frac{\hbar^2 k^2}{2m}\psi \qquad \psi'' + k^2\psi = 0 \quad (k>0)$$

これを解いて，$\psi = \psi_{\mathrm{I}}$ とおくと，

$\psi_{\mathrm{I}}(x) = \underbrace{Ae^{ikx}}_{\text{入射波}} + \underbrace{Be^{-ikx}}_{\text{反射波}}$ ………③ $(A, B$：複素定数$)$ となる。

・次に，領域Ⅱにおいても，

同じ①の波動方程式を解くだけなので，この解を $\psi = \psi_{\mathrm{II}}$ とおくと，

$\psi_{\mathrm{II}}(x) = \underbrace{Ce^{ikx}}_{\text{透過波}}$ ……………………④ $(C$：複素定数$)$ となる。

領域Ⅱでは，透過波(進行波)があるだけで，負の向きの波(後退波)は存在しないので，De^{-ikx} は初めから省略する。

(iii) では，パルスポテンシャルによって分割された2つの領域の波動関数：

$$\begin{cases} \psi_{\mathrm{I}}(x) = Ae^{ikx} + Be^{-ikx} & \cdots\cdots③ \text{ と} \\ \psi_{\mathrm{II}}(x) = Ce^{ikx} & \cdots\cdots④ \text{ について，} \end{cases}$$

境界 $x=0$ における接続条件の公式を下に示す。

$$\begin{cases} \psi_{\mathrm{I}}(-0) = \psi_{\mathrm{II}}(+0) & \cdots\cdots(*m_0) \\ \psi_{\mathrm{II}}'(+0) - \psi_{\mathrm{I}}'(-0) = \dfrac{2mW_0}{\hbar^2}\psi(0) & \cdots\cdots(*m_0)' \end{cases}$$

ン？これだけではよく分からないって!? 当然だね。これから詳しく教えよう。今回，$\psi_{\mathrm{I}}(x)$ $(x<0)$ と $\psi_{\mathrm{II}}(x)$ $(0<x)$ は，$x=0$ では定義されていないので，まず，

$\psi_{\mathrm{I}}(0) = \psi_{\mathrm{II}}(0)$ の代わりに $\psi_{\mathrm{I}}(-0) = \psi_{\mathrm{II}}(+0)$ ……$(*m_0)$ となることは

これは，$x \to -0$ のことだから，③の x に $x=0$ を代入したもの $\psi_{\mathrm{I}}(0)$ でいい。

これは，$x \to +0$ のことだから，④の x に $x=0$ を代入した $\psi_{\mathrm{II}}(0)$ のことだ。

大丈夫だね。

では次，$(*m_0)'$ について解説しよう。

$(*m_0)'$ は，$x=0$ のときも含むシュレーディンガーの波動方程式：

$$-\frac{\hbar^2}{2m}\frac{d^2\psi(x)}{dx^2} + \underbrace{W_0\delta(x)\psi(x)}_{V\psi(x)} = E\psi(x) \quad \cdots\cdots⑤ \text{ から}$$

導くことができる。Δx を微小な正の数として，微小な積分区間：$-\Delta x \to \Delta x$ で，⑤の両辺を x で積分すると，

$$-\frac{\hbar^2}{2m}\int_{-\Delta x}^{\Delta x}\psi''(x)dx+\int_{-\Delta x}^{\Delta x}W_0\delta(x)\psi(x)dx=\int_{-\Delta x}^{\Delta x}E\psi(x)dx$$

$[\psi'(x)]_{-\Delta x}^{\Delta x}=\psi'(\Delta x)-\psi'(-\Delta x)$

$W_0\psi(0)$

公式：
$\int_{-\infty}^{\infty}f(x)\delta(x-a)dx=f(a)$

$E\cdot\psi(0)\cdot 2\Delta x$

微小区間 $[-\Delta x, \Delta x]$ での $\psi(x)$ の平均値として $\psi(0)$ をとると，定数 $E\psi(0)$ の積分より，
$E\psi(0)\int_{-\Delta x}^{\Delta x}1\cdot dx=E\psi(0)\cdot[x]_{-\Delta x}^{\Delta x}=E\psi(0)\cdot 2\Delta x$ となる。

よって，

$$-\frac{\hbar^2}{2m}\left\{\psi'(\Delta x)-\psi'(-\Delta x)\right\}+W_0\psi(0)=2E\cdot\psi(0)\cdot\Delta x$$

（$\psi'(\Delta x)\to\psi_{\mathrm{II}}'(+0)$，$\psi'(-\Delta x)\to\psi_{\mathrm{I}}'(-0)$，$\Delta x\to 0$）

ここで，$\Delta x\to+0$ として，極限をとると，

$\psi'(\Delta x)\to\psi_{\mathrm{II}}'(+0)$，$\psi'(-\Delta x)\to\psi_{\mathrm{I}}'(-0)$，

$2E\psi(0)\cdot\Delta x\to 0$　となるので，

$$\frac{\hbar^2}{2m}\left\{\psi_{\mathrm{II}}'(+0)-\psi_{\mathrm{I}}'(-0)\right\}=W_0\psi(0)$$

$$\therefore\ \psi_{\mathrm{II}}'(+0)-\psi_{\mathrm{I}}'(-0)=\frac{2mW_0}{\hbar^2}\psi(0)\cdots(*m_0)'$$ が導けるんだね。大丈夫？

これは，$\psi_{\mathrm{I}}(-0)$，$\psi_{\mathrm{II}}(+0)$ のいずれでもいい。
$\psi_{\mathrm{I}}(-0)=\psi_{\mathrm{II}}(+0)$ ……$(*m_0)$ の条件があるからだ。

よって，$\psi_{\mathrm{I}}'=ikAe^{ikx}-ikBe^{-ikx}$ $(x<0)$，$\psi_{\mathrm{II}}'(x)=ikCe^{ikx}$ $(x>0)$ より，
$x=0$ における波動関数の接続条件は，次のようになる。

・$A+B=C$ ………………………………⑥ ←($\psi_{\mathrm{I}}(-0)=\psi_{\mathrm{II}}(+0)$)

・$ikC-(ikA-ikB)=\dfrac{2mW_0}{\hbar^2}(A+B)$ より， ←($\psi_{\mathrm{II}}'(+0)-\psi_{\mathrm{I}}'(-0)=\dfrac{2mW_0}{\hbar^2}\psi(0)$)

（$ikC=\psi_{\mathrm{II}}'(+0)$，$ikA-ikB=\psi_{\mathrm{I}}'(-0)$，$A+B=\psi(0)=\psi_{\mathrm{I}}(-0)$）

$$ik(C-A+B)=2\frac{mW_0}{\hbar^2}(A+B)\ \cdots\cdots⑦$$

（C：$A+B$（⑥より），$\dfrac{mW_0}{\hbar^2}$：α（正の定数）とおく）

ここで，⑦に⑥を代入して，また，$\dfrac{mW_0}{\hbar^2}=\alpha$（定数）とおくと，

$$ik(\cancel{A}+B-\cancel{A}+B)=2\alpha(A+B)$$
$$ikB=\alpha A+\alpha B$$
$$(ik-\alpha)B=\alpha A$$

> $A+B=C$ ……⑥
> $ik(C-A+B)=2\alpha(A+B)$ ……⑦
> $\left(\alpha=\frac{mW_0}{\hbar^2}\right)$

$\therefore \frac{B}{A}=\frac{\alpha}{ik-\alpha}=\frac{-i\alpha}{k+i\alpha}$ ………⑧　となる。

また，⑧より，$B=\frac{-i\alpha}{k+i\alpha}A$ ………⑧´　　⑧´を⑥に代入して，

$A+\frac{-i\alpha}{k+i\alpha}A=C$　　　$\frac{k}{k+i\alpha}A=C$

$\therefore \frac{C}{A}=\frac{k}{k+i\alpha}$ ……………………⑨　となるんだね。

(iv) では，入射波，反射波，透過波の確率流密度 S_{inc}，S_{ref}，S_{tra} をそれぞれ求めよう。

・$S_{inc}=\frac{\hbar k}{m}|A|^2=\underbrace{v_{\mathrm{I}}}_{\text{入射速度}}|A|^2$ ……………………⑩

・$S_{ref}=-\frac{\hbar k}{m}|B|^2=\underbrace{-v_{\mathrm{I}}}_{\text{反射速度}}|B|^2$ ……………⑪

・$S_{tra}=\frac{\hbar k}{m}|C|^2=\underbrace{v_{\mathrm{II}}}_{\text{透過速度}\,(v_{\mathrm{II}}=v_{\mathrm{I}})}|C|^2=v_{\mathrm{I}}|C|^2$ ………⑫

> ・$\psi(x)=Ae^{ikx}$ のとき，
> $S(x)=\frac{\hbar k}{m}|A|^2$ ……(*)
> ・$\psi(x)=Be^{-ikx}$ のとき，
> $S(x)=-\frac{\hbar k}{m}|B|^2$ ……(*)´
> (P117)

$\left(\text{ただし，}v_{\mathrm{I}}=v_{\mathrm{II}}=\frac{\hbar k}{m}\right)$

よって，反射率 R と透過率 T を求めると，

$$R=\frac{|S_{ref}|}{S_{inc}}=\frac{\cancel{v_{\mathrm{I}}}|B|^2}{\cancel{v_{\mathrm{I}}}|A|^2}=\left|\frac{B}{A}\right|^2=\left|\frac{-i\alpha}{k+i\alpha}\right|^2 \quad (⑧より)$$

$$=\frac{|-i\alpha|^2}{|k+i\alpha|^2}=\frac{\alpha^2}{k^2+\alpha^2}=\frac{\frac{m^2W_0{}^2}{\hbar^4}}{\frac{2mE}{\hbar^2}+\frac{m^2W_0{}^2}{\hbar^4}}=\frac{mW_0{}^2}{2\hbar^2E+mW_0{}^2}$$

$$T = \frac{S_{\text{tra}}}{S_{\text{inc}}} = \frac{\cancel{v_{\text{I}}}|C|^2}{\cancel{v_{\text{I}}}|A|^2} = \left|\frac{C}{A}\right|^2$$

$$= \left|\frac{k}{k+i\alpha}\right|^2 = \frac{|k|^2}{|k+i\alpha|^2} \quad (⑨より)$$

$$= \frac{k^2}{k^2+\alpha^2} = \frac{\dfrac{2mE}{\hbar^2}}{\dfrac{2mE}{\hbar^2} + \dfrac{m^2W_0{}^2}{\hbar^4}}$$

$$= \frac{2\hbar^2 E}{2\hbar^2 E + mW_0{}^2} \quad となるんだね。$$

$$\left(\because k^2 = \frac{2mE}{\hbar^2},\ \alpha^2 = \frac{m^2W_0{}^2}{\hbar^4}\right)$$

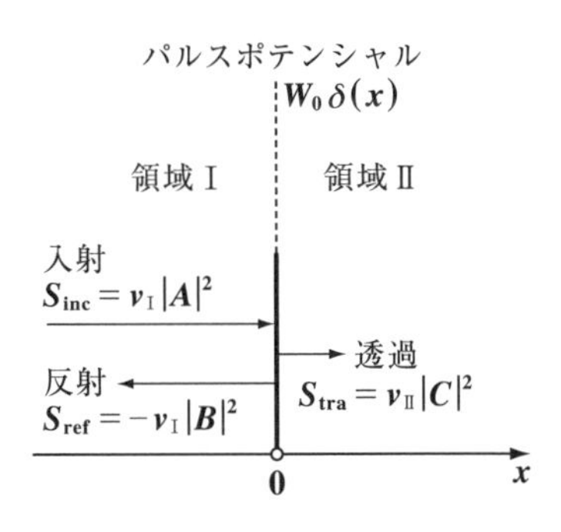

ここで,

$$R + T = \frac{\alpha^2}{k^2+\alpha^2} + \frac{k^2}{k^2+\alpha^2} = 1$$ が成り立つことも分かるんだね。

以上で,デルタ関数 $\delta(x)$ によるパルスポテンシャルへの波動の衝突問題(例題 12)の解説は終了です。計算は楽だったと思うけれど,境界での接続条件がポイントになるので,その導き方も含めて,シッカリ頭に入れておこう。

§2. 1次元ポテンシャルによる束縛問題

これから，**1**次元のポテンシャルに閉じ込められて束縛状態にある粒子の問題について解説しよう。無限に大きい井戸型ポテンシャルに閉じ込められた粒子の問題については，**P86**で既に詳しく解説した。

この節では，"**有限な大きさの井戸型ポテンシャル**"と"**負のパルスポテンシャル**"によって束縛された粒子について，例題を解きながら詳しく解説していこうと思う。

今回の例題を解いていく手順をまず下に示しておこう。

(i) 与えられたポテンシャルの条件に応じて，領域を分割する。

(ii) 各領域毎に，シュレーディンガーの波動方程式を解いて，波動関数を求める。(ただし，今回はポテンシャルにより束縛された粒子なので，その波動は定在波になることに気を付けよう。)

(iii) 各領域の境界において，波動関数の滑らかな接続を行う。

今回の例題では"**定在波**"(***stationary wave***)の形の波動関数を扱うので，確率流密度の計算は行う必要がない。その代わり，すべての粒子のエネルギーEについて波動関数$\psi(x)$が存在するわけではないので，固有値Eと固有関数$\psi(x)$の関係になっていることに気を付けよう。

また，前に解説した無限に大きい井戸型ポテンシャルの問題とは異なり，有限の大きさの井戸型ポテンシャルでは，ポテンシャル内においても，波動関数は**0**にはならず，浸み込んだ形になっていることにも注意しよう。

今回も，実際に問題を解きながら分かりやすく解説していくので，実践的な知識を身につけることができるはずだ。ご自身でも実際にノートに解答を書き込みながら学んでいかれることを勧める。量子力学をマスターするのに，計算力は欠かせないので，是非実践して頂きたい。

例題 **13**　質量 m，エネルギー E の粒子が右図に示すように，大きさ $V_0(>0)$ の **1** 次元の井戸型ポテンシャルに閉じ込められている。このとき，ポテンシャル $V(x)$ は

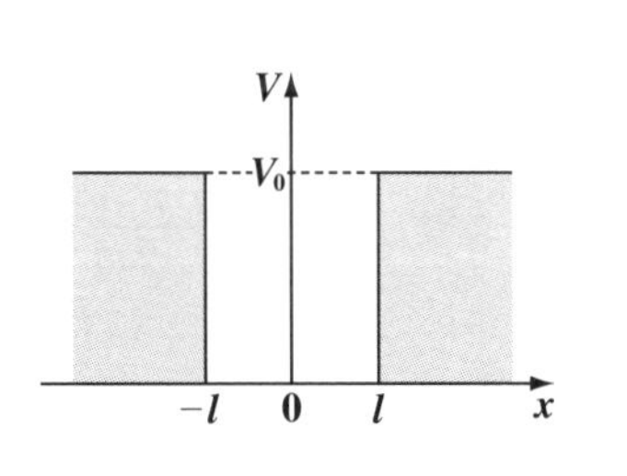

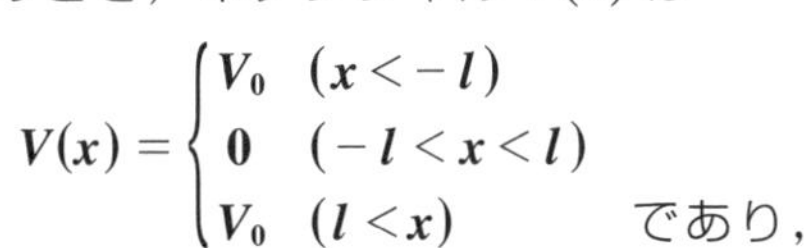

であり，

$E < V_0$ である。このとき，シュレーディンガーの波動方程式を解いて，波動関数 $\psi(x)$ を求めよ。

(ⅰ) ポテンシャル $V(x)$ により，領域Ⅰ，Ⅱ，Ⅲの **3** つに分割して考える。

$$V(x)=\begin{cases} V_0 & (x<-l) & \text{：領域Ⅰ} \\ 0 & (-l<x<l) & \text{：領域Ⅱ} \\ V_0 & (l<x) & \text{：領域Ⅲ} \end{cases}$$

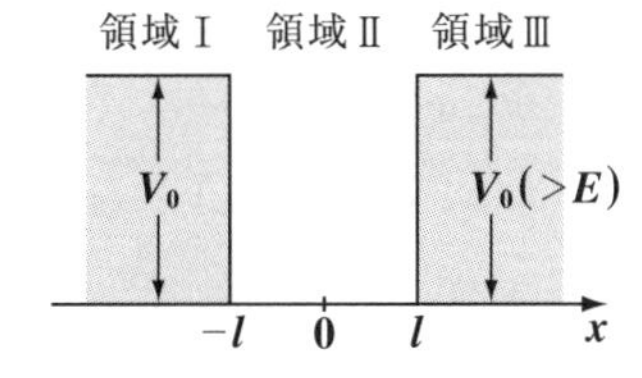

(ⅱ) 時刻 t を含まない波動関数 $\psi(x)$ のシュレーディンガー方程式：

$$-\frac{\hbar^2}{2m}\frac{d^2\psi}{dx^2}+V(x)\psi=E\psi$$

を領域Ⅰ，Ⅱ，Ⅲに適用すると，

$$\begin{cases} \text{・領域Ⅰ} \quad -\dfrac{\hbar^2}{2m}\dfrac{d^2\psi}{dx^2}+V_0\psi=E\psi \cdots\cdots\text{①} \\ \text{・領域Ⅱ} \quad -\dfrac{\hbar^2}{2m}\dfrac{d^2\psi}{dx^2}=E\psi \cdots\cdots\text{②} \\ \text{・領域Ⅲ} \quad -\dfrac{\hbar^2}{2m}\dfrac{d^2\psi}{dx^2}+V_0\psi=E\psi \cdots\cdots\text{③} \quad (E<V_0) \end{cases}$$

となる。ここで，各領域の波動関数を求める際に注意する点は，次の **2** つだ。

(ア) 領域Ⅰでは $x\to-\infty$ のとき，$\psi(x)\to 0$
領域Ⅲでは $x\to+\infty$ のとき，$\psi(x)\to 0$
となる。

$\int_{-\infty}^{\infty}|\psi|^2dx=1$ より，
$x\to\pm\infty$ のとき，$\psi\to 0$ となる。

(イ) 領域Ⅱに閉じ込められた粒子の波動は定在波である。

・領域Ⅰにおいて，

$$-\frac{\hbar^2}{2m}\psi''+V_0\psi=E\psi\ \cdots①$$
$$-\frac{\hbar^2}{2m}\psi''=E\psi\ \cdots\cdots②$$
$$-\frac{\hbar^2}{2m}\psi''+V_0\psi=E\psi\ \cdots③$$

①より，$\frac{\hbar^2}{2m}\psi''(x)-(\underbrace{V_0-E}_{\oplus})\psi=0$ ……①′

ここで，$V_0-E=\frac{\hbar^2\alpha^2}{2m}$ ………④ $(\alpha>0)$

とおいて，④を①′に代入すると，

$$\frac{\hbar^2}{2m}\psi''-\frac{\hbar^2}{2m}\alpha^2\psi=0$$

$\therefore\ \psi''-\alpha^2\psi=0\quad(\alpha>0)$　これを解いて，$\psi(x)=\psi_{\mathrm{I}}(x)$ とおくと，

$$\psi_{\mathrm{I}}(x)=C_1\underbrace{e^{\alpha x}}+\underbrace{C_2e^{-\alpha x}}\quad(x<-l)$$

実数関数

ここで，$x\to-\infty$ のとき，$e^{-\alpha x}\to\infty$ となって，波動関数の条件に反する。よって，$C_2=0$ となる。また，C_1 を C とおきかえて

$\psi_{\mathrm{I}}(x)=Ce^{\alpha x}$ ………⑤

(C：複素定数)となる。

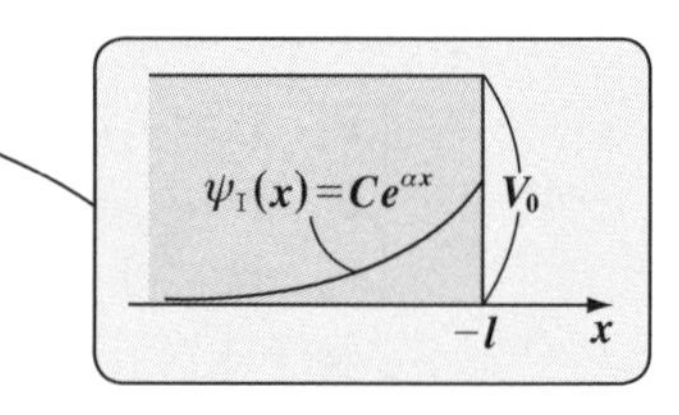

・領域Ⅱにおいて，

②より，$\frac{\hbar^2}{2m}\psi''+E\psi=0$ ………②′

ここで，$E=\frac{\hbar^2k^2}{2m}$ ………⑥　とおいて，②′に代入すると，

$$\frac{\hbar^2}{2m}\psi''+\frac{\hbar^2}{2m}k^2\psi=0$$

$\therefore\ \psi''+k^2\psi=0\quad(k>0)$　これを解いて，$\psi(x)=\psi_{\mathrm{II}}(x)$ とおくと，

$\psi_{\mathrm{II}}(x)=A\cos kx+B\sin kx$ ………⑦　(A,B：複素定数)となる。

この解は，$\psi(x)=A'e^{ikx}+B'e^{-ikx}$ となるが，閉じ込められた粒子の波動は定在波(進行したり，後退したりしない，ギターをはじいたときの弦の振動のような波のこと)となるので，
$e^{ikx}=\cos kx+i\sin kx$，$e^{-ikx}=\cos kx-i\sin kx$ を上の解に代入して，
$\psi(x)=A'(\cos kx+i\sin kx)+B'(\cos kx-i\sin kx)$
$\quad=\underbrace{A}_{(A'+B')}\cos kx+\underbrace{B}_{i(A'-B')}\sin kx$　と表す。

・領域Ⅲにおいては，領域Ⅰと同様に，

$V_0 - E = \frac{\hbar\alpha^2}{2m}$ ……④ $(\alpha > 0)$　とおいて，③の方程式を解き，

$\psi(x) = \psi_{\text{Ⅲ}}(x)$　とおくと，

$\psi_{\text{Ⅲ}}(x) = \cancel{D_1 e^{\alpha x}} + D_2 e^{-\alpha x}$　$(l < x)$

実数関数

ここで，$x \to \infty$のとき，$e^{\alpha x} \to \infty$となって，波動関数の条件に反する。

よって，$D_1 = 0$ となる。

また，D_2 を D とおきかえて

$\psi_{\text{Ⅲ}}(x) = De^{-\alpha x}$ ………⑧

$(D$：複素定数$)$となる。

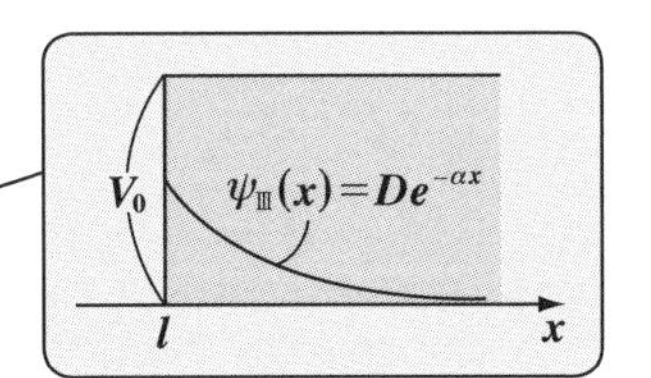

(ⅲ) 3つの領域の波動関数が，すべて実数関数で，

$$\begin{cases} \text{領域Ⅰ} \quad \psi_{\text{Ⅰ}}(x) = Ce^{\alpha x} \quad \cdots\cdots⑤ \quad (x < -l) \\ \text{領域Ⅱ} \quad \psi_{\text{Ⅱ}}(x) = A\cos kx + B\sin kx \quad \cdots\cdots⑦ \quad (-l < x < l) \\ \text{領域Ⅲ} \quad \psi_{\text{Ⅲ}}(x) = De^{-\alpha x} \quad \cdots\cdots⑧ \quad (l < x) \end{cases}$$

と求まったので，それぞれの境界，すなわち $x = -l$ と l における接続条件を求めよう。

ここで，簡潔に表すために，$\cos kl = c$，$\sin kl = s$ と略記することにする。

・まず，領域ⅠとⅡの境界 $x = -l$ における波動関数の接続条件は，

$\psi_{\text{Ⅰ}}(-l) = \psi_{\text{Ⅱ}}(-l)$，かつ $\psi_{\text{Ⅰ}}'(-l) = \psi_{\text{Ⅱ}}'(-l)$ より，

・$Ce^{-\alpha l} = A\underbrace{\cos(-kl)}_{\cos kl = c} + B\underbrace{\sin(-kl)}_{-\sin kl = -s}$ から，

$\begin{cases} \psi_{\text{Ⅰ}}(-l) = Ce^{-\alpha l} \\ \psi_{\text{Ⅱ}}(-l) = A\cos(-kl) + B\sin(-kl) \end{cases}$

$Ce^{-\alpha l} = Ac - Bs$ ……………………⑨

$\psi_{\text{Ⅰ}}'(x) = C\alpha e^{\alpha x}$
$\psi_{\text{Ⅱ}}'(x) = -Ak\sin kx + Bk\cos kx$ より，
$\begin{cases} \psi_{\text{Ⅰ}}'(-l) = C\alpha e^{-\alpha l} \\ \psi_{\text{Ⅱ}}'(-l) = -Ak\sin(-kl) + Bk\cos(-kl) \end{cases}$

・$C\alpha e^{-\alpha l} = -Ak\underbrace{\sin(-kl)}_{-\sin kl = -s} + Bk\underbrace{\cos(-kl)}_{\cos kl = c}$ から，

$C\alpha e^{-\alpha l} = Aks + Bkc$ ………………⑩

⑨×α－⑩より，

$0 = \alpha cA - \alpha sB - ksA - kcB$

$\therefore\ (\alpha c - ks)A - (\alpha s + kc)B = 0$ ……⑪

・次に，領域Ⅱ とⅢの境界 $x=l$ における波動関数の接続条件は，

$\psi_{\text{II}}(l)=\psi_{\text{III}}(l)$，かつ $\psi_{\text{II}}'(l)=\psi_{\text{III}}'(l)$ より，

$\begin{cases} \psi_{\text{II}}(l)=A\cos kl+B\sin kl \\ \psi_{\text{III}}(l)=De^{-\alpha l} \end{cases}$

・$A\underbrace{\cos kl}_{c}+B\underbrace{\sin kl}_{s}=De^{-\alpha l}$ から，

$Ac+Bs=De^{-\alpha l}$ ……………………⑫

$\psi_{\text{II}}'(x)=-Ak\sin kx+Bk\cos kx$

$\psi_{\text{III}}'(x)=-D\alpha e^{-\alpha x}$ より，

$\begin{cases} \psi_{\text{II}}'(l)=-Ak\sin kl+Bk\cos kl \\ \psi_{\text{III}}'(l)=-D\alpha e^{-\alpha l} \end{cases}$

・$-Ak\underbrace{\sin kl}_{s}+Bk\underbrace{\cos kl}_{c}=-D\alpha e^{-\alpha l}$

$-Aks+Bkc=-D\alpha e^{-\alpha l}$ ………⑬

⑫×α＋⑬より，

$\alpha cA+\alpha sB-ksA+kcB=0$

$(\alpha c-ks)A+(\alpha s+kc)B=0$ ………⑭　となる。

ここで，2つの境界条件の結果の⑪と⑭を列記すると，

$\begin{cases} (\alpha c-ks)A-(\alpha s+kc)B=0 & \text{………⑪} \\ (\alpha c-ks)A+(\alpha s+kc)B=0 & \text{………⑭} \end{cases}$

∴⑪＋⑭より，$2(\alpha c-ks)A=0$　　∴ $(\alpha c-ks)A=0$ ………⑮

⑮を⑭に代入すると，$(\alpha s+kc)B=0$ ………⑯

よって，$(\alpha c-ks)A=0$ ……⑮，かつ $(\alpha s+kc)B=0$ ……⑯となる。

これから，$A=0$ または $\alpha c-ks=0$　　これから，$B=0$ または $\alpha s+kc=0$ となる。

ここで，$\psi_{\text{II}}(x)=A\cos kx+B\sin kx$　より，

$A=0$ かつ $B=0$ のとき，$\psi_{\text{II}}(x)=0$ (零関数) となって，

波動関数としての意味をもたない。よって，⑮, ⑯から，次の結果が導ける。

(ⅰ) $A=0$ (⑮をみたす) のとき，$\alpha s+kc=0$ (⑯をみたす)，$\alpha s=-kc$　∴ $\dfrac{s}{c}=-\dfrac{k}{\alpha}$

または，

(ⅱ) $B=0$ (⑯をみたす) のとき，$\alpha c-ks=0$ (⑮をみたす)，$\alpha c=ks$　∴ $\dfrac{s}{c}=\dfrac{\alpha}{k}$

ここで，$\dfrac{s}{c}=\dfrac{\sin kl}{\cos kl}=\tan kl$　のことなので，以上をまとめると，

(i) $A=0$，かつ $\tan kl=-\frac{k}{\alpha}$ ……⑰ のとき，
$\psi_{\text{II}}(x)=B\sin kx$（奇関数）となる。
よって，このときの3つの波動関数
$\psi_{\text{I}}(x)$，$\psi_{\text{II}}(x)$，$\psi_{\text{III}}(x)$ の具体例の
イメージは右図のようになる。

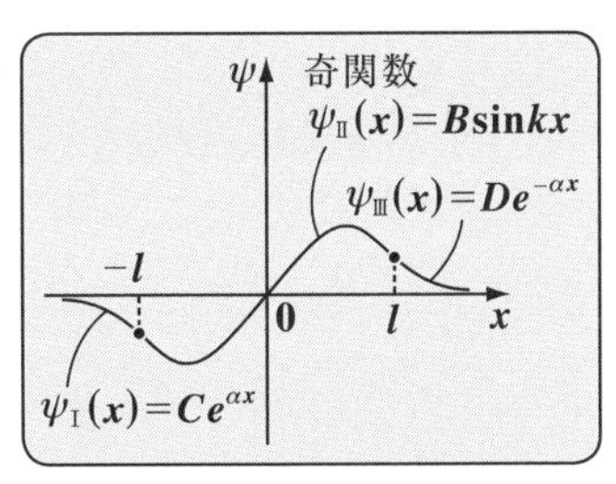

(ii) $B=0$，かつ $\tan kl=\frac{\alpha}{k}$ ……⑱ のとき，
$\psi_{\text{II}}(x)=A\cos kx$（偶関数）となる。
よって，このときの3つの波動関数
$\psi_{\text{I}}(x)$，$\psi_{\text{II}}(x)$，$\psi_{\text{III}}(x)$ の具体例の
イメージを示すと右図のようになる
んだね。納得いった？

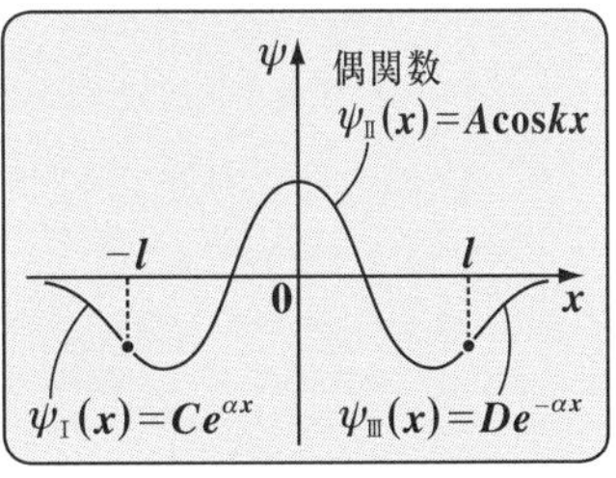

無限の大きさの井戸型ポテンシャルに束縛された粒子のエネルギーは自由な値を取れるのではなく，ある離散的なエネルギー固有値 $E_n\left(=\frac{\hbar^2\pi^2}{2mL^2}n^2\right)(n=1,2,3,\cdots)$ だけしか取れないんだね。そして，このエネルギー固有値に対応して，波動関数 $\psi_n(x)$ も決まり，これを固有関数というんだったね。(P86 参照)

では，今回の有限な大きさの井戸型ポテンシャルに束縛された粒子に対してもエネルギー固有値や固有関数が存在するのか調べてみよう。

ここで，⑰，⑱を利用するために，新たな変数（未知数）X と Y を次のように定義しよう。

$X=kl$ ………⑲　　$Y=\alpha l$ ………⑳　$(k>0,\ \alpha>0$ より，$X>0,\ Y>0)$

すると，⑰と⑱は X と Y で表せて，次のようになる。

・まず，⑰は，$\tan kl=-\frac{kl}{\alpha l}$ より，$\tan X=-\frac{X}{Y}$　（⑲，⑳より）

$$\therefore Y=-\frac{X}{\tan X}=-X\cot X \quad \cdots\cdots\text{㉑} \quad (X>0,\ Y>0)$$

・次に，⑱は，$\tan kl = \dfrac{\alpha l}{kl}$ より，

$\tan X = \dfrac{Y}{X}$

$\therefore Y = X\tan X$ ………㉒

この㉑と㉒は，$Y = f(X)$ の形の **2** つの

第 **1** 象限 $(X>0,\ Y>0)$ における関数

$E = \dfrac{\hbar^2 k^2}{2m}$ …………⑥

$V_0 - E = \dfrac{\hbar^2 \alpha^2}{2m}$ ……④

$\tan kl = \dfrac{\alpha}{k}$ ………⑱

$Y = -X\cot X$ ……㉑

を示している。さらに，$X(=kl)$ と $Y(=\alpha l)$ の間には，⑥と④を利用すると，次の関係式（円の方程式）が導ける。

$$X^2 + Y^2 = k^2 l^2 + \alpha^2 l^2 = l^2(\underbrace{k^2}_{\frac{2mE}{\hbar^2}} + \underbrace{\alpha^2}_{\frac{2m(V_0-E)}{\hbar^2}})$$

$\dfrac{2mE}{\hbar^2}$（⑥より）　$\dfrac{2m(V_0-E)}{\hbar^2}$（④より）

$$= l^2\left\{\frac{2mE}{\hbar^2} + \frac{2m(V_0 - E)}{\hbar^2}\right\} = \frac{2mV_0 l^2}{\hbar^2} \quad (=（正の定数）)$$

$$\therefore X^2 + Y^2 = \frac{2mV_0 l^2}{\hbar^2} \text{ ………㉓}$$

これは，中心 $(0,\ 0)$，半径 $\dfrac{\sqrt{2mV_0}\,l}{\hbar}$ の円を表す。

図 **1**　X と Y の決定

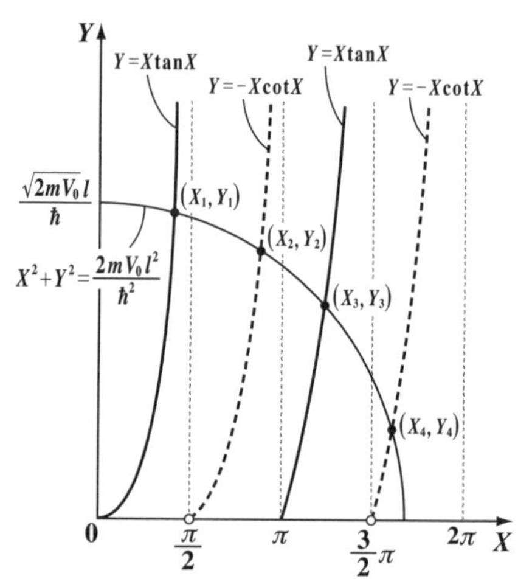

$Y = X\tan X$ ……㉒のグラフを実線で，また $Y = -X\cot X$ ……㉑のグラフを破線で，さらに㉓の **4** 分の **1** 円のグラフを図 **1** に示す。

㉑と㉒のグラフは，点 $(0,\ 0)$，$\left(\dfrac{\pi}{2},\ 0\right)$，$(\pi,\ 0)$，$\left(\dfrac{3}{2}\pi,\ 0\right)$，… を始点に交互に現われる増加関数で，漸近線 $X = \dfrac{\pi}{2}$，$X = \pi$，$X = \dfrac{3}{2}\pi$，$X = 2\pi$，…に沿うように，すべて無限大 (∞) に大きくなるんだね。

ここで，m，V_0，l の値が与えられると，半径 $r=\frac{\sqrt{2mV_0}\,l}{\hbar}$ が決まって，4分の1円(㉓)が描けるので，これと㉑，㉒の曲線との交点が求まる。図1では，交点 $(X_1,\ Y_1)$，$(X_2,\ Y_2)$，$(X_3,\ Y_3)$，$(X_4,\ Y_4)$ の4点が決まる場合を示した。

一般にP個の交点 $(X_n,\ Y_n)$ $(n=1,\ 2,\ \cdots,\ \mathrm{P})$ が決まると，

$X_n=kl$，$Y_n=\alpha l$　より，

$k=\frac{X_n}{l}$ ………㉔，$\alpha=\frac{Y_n}{l}$ ………㉕　$(n=1,\ 2,\ \cdots,\ \mathrm{P})$　となる。

よって，㉔を⑥に代入して，$E=E_n$ とおくと，エネルギー固有値として，

$$E_n=\frac{\hbar^2}{2m}\left(\frac{X_n}{l}\right)^2=\frac{\hbar^2X_n^{\ 2}}{2ml^2}\quad (n=1,\ 2,\ \cdots,\ \mathrm{P})$$　が決まる。

また，㉔と㉕を各領域の波動関数

$\psi_{\mathrm{I}}(x)=Ce^{\alpha x}$ ……⑤，$\psi_{\mathrm{II}}(x)=\begin{cases}A\cos kx\\ B\sin kx\end{cases}$ ……⑦′，$\psi_{\mathrm{III}}(x)=De^{-\alpha x}$ ……⑧

に代入すれば，これがエネルギー固有値 E_n に対応する固有関数 $\psi_n(x)$ になるんだね。

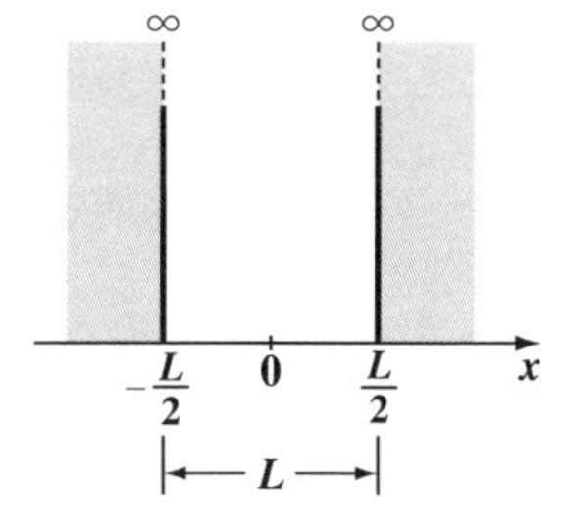

ここで，$V_0\to\infty$ とし，そして，$l=\frac{L}{2}$ とおくと，P86で解説した無限に大きい井戸型ポテンシャルの問題になる。$V_0\to\infty$ のとき，㉓の円の半径も∞になるので，これと㉑，㉒の曲線群との交点の X 座標は，極限値として，$X=\frac{\pi}{2}$，π，$\frac{3}{2}\pi$，…，すなわち，

$X_n=\frac{n}{2}\pi\left(=\frac{L}{2}k\right)$ となるので，$k=\frac{n}{L}\pi$ となる。

これを，$E_n=\frac{\hbar^2}{2m}k^2$ ………⑥　に代入すると，

エネルギー固有値 $E_n=\frac{\hbar^2}{2m}\left(\frac{n\pi}{L}\right)^2=\frac{\hbar^2\pi^2n^2}{2mL^2}$　となって，P88の結果と一致する。このような形で，有限と無限の大きさの井戸型ポテンシャルの問題は，関連し合っていることが，ご理解頂けたと思う。

例題 **14**　質量 m，エネルギー $E=-\dfrac{\hbar^2\alpha^2}{2m}\,(<0)$ (α は正の定数) の粒子が，右図に示すような負のパルスポテンシャル，すなわち，

$V(x)=-V_0\delta(x)\quad(V_0>0)$

によって，束縛されている。

このとき，シュレーディンガーの波動方程式を解いて，規格化された形の波動関数 $\psi(x)$ を求めよ。

(i) 負のパルスポテンシャル

$V(x)=-V_0\delta(x)\quad(V_0$：正の定数)

により，次のように領域Ⅰ, Ⅱに分割できる。

$$V(x)=\begin{cases}0 & (x<0)\text{：領域Ⅰ}\\ -\infty & (x=0)\\ 0 & (0<x)\text{：領域Ⅱ}\end{cases}$$

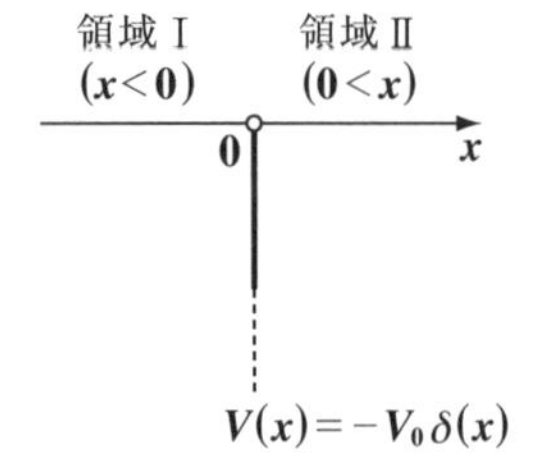

(ii) 時刻 t を含まない波動関数 $\psi(x)$ のシュレーディンガー方程式

$$-\frac{\hbar^2}{2m}\frac{d^2\psi}{dx^2}+V(x)\psi=E\psi$$

を領域Ⅰ, Ⅱに適用すると，

$$\begin{cases}\cdot\text{領域Ⅰ}\quad -\dfrac{\hbar^2}{2m}\dfrac{d^2\psi}{dx^2}=E\psi\ \cdots\cdots\text{①}\\ \cdot\text{領域Ⅱ}\quad -\dfrac{\hbar^2}{2m}\dfrac{d^2\psi}{dx^2}=E\psi\ \cdots\cdots\text{②}\end{cases}\qquad\left(E=-\frac{\hbar^2\alpha^2}{2m}<0,\ \alpha>0\right)$$

負のポテンシャルに対応させて，$E<0$ とした。

となる。ここで，波動関数 $\psi(x)$ の規格化条件 $\int_{-\infty}^{\infty}|\psi(x)|^2dx=1$ (全確率) より，波動関数は次の条件をみたさなければならないことに注意する。

$$\begin{cases}\cdot\text{領域Ⅰ}(x<0)\text{では，}x\to-\infty\text{ のとき }\psi_{\mathrm{I}}(x)\to 0\\ \cdot\text{領域Ⅱ}(0<x)\text{では，}x\to\infty\text{ のとき }\psi_{\mathrm{II}}(x)\to 0\end{cases}$$

・領域Ⅰ $(x<0)$ において，

$-\frac{\hbar^2}{2m}\frac{d^2\psi}{dx^2}=\underset{\ominus}{E}\psi$ ……① ここで，$E=-\frac{\hbar^2\alpha^2}{2m}(<0)$ (α：正の定数)とおいて，

これを①に代入してまとめると，

$-\frac{\hbar^2}{2m}\frac{d^2\psi}{dx^2}=-\frac{\hbar^2}{2m}\alpha^2\psi \qquad \psi''-\alpha^2\psi=0$ となる。

これを解いて，$\psi(x)=\psi_{\text{I}}(x)$とおくと，

$\psi_{\text{I}}(x)=A_1e^{\alpha x}+A_2e^{-\alpha x} \qquad (\alpha>0)$ となる。

ここで，$x\to-\infty$のとき$e^{-\alpha x}\to\infty$となって，波動関数の条件に反するので，

$A_2=0$となる。また，A_1をAとおきかえて，

$\psi_{\text{I}}(x)=Ae^{\alpha x}$ ………③

(A：複素定数) となる。

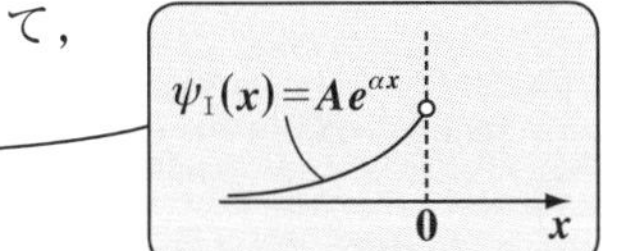

・領域Ⅱ $(0<x)$ においても同様に，

$-\frac{\hbar^2}{2m}\frac{d^2\psi}{dx^2}=E\psi$ ……② ここで，$E=-\frac{\hbar^2\alpha^2}{2m}(<0)$ (α：正の定数)とおいて，

これを②に代入してまとめると，

$\psi''-\alpha^2\psi=0$ となる。

これを解いて，$\psi(x)=\psi_{\text{II}}(x)$とおくと，

$\psi_{\text{II}}(x)=B_1e^{\alpha x}+B_2e^{-\alpha x} \qquad (\alpha>0)$ となる。

ここで，$x\to\infty$のとき$e^{\alpha x}\to\infty$となって，波動関数の条件に反するので，

$B_1=0$となる。また，B_2をBとおきかえて，

$\psi_{\text{II}}(x)=Be^{-\alpha x}$ ………④

(B：複素定数) となる。

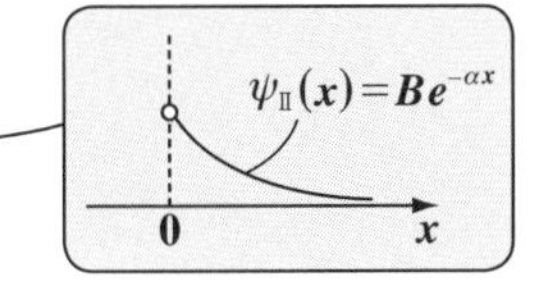

(iii) 領域Ⅰ，Ⅱにおける波動関数は共に実数関数で

$$\begin{cases}\cdot\text{領域Ⅰ}\ (x<0) & \psi_{\text{I}}(x)=Ae^{\alpha x} \quad \cdots\cdots③ \\ \cdot\text{領域Ⅱ}\ (0<x) & \psi_{\text{II}}(x)=Be^{-\alpha x} \quad \cdots\cdots④\end{cases}$$

が求まったので，境界$(x=0)$における接続条件を調べよう。

デルタ関数 $-V_0\delta(x)$ による $x=0$ における境界条件は，P138 で既に解説したように，

$\psi_{\rm I}(x)=Ae^{\alpha x}\ \ (x<0)$ ………③
$\psi_{\rm II}(x)=Be^{-\alpha x}\ (0<x)$ ………④

$$\begin{cases}\psi_{\rm I}(-0)=\psi_{\rm II}(+0) & \cdots\cdots(*m_0)\quad かつ,\\ \psi_{\rm II}'(+0)-\psi_{\rm I}'(-0)=\dfrac{2m(-V_0)}{\hbar^2}\psi(0) & \cdots\cdots(*m_0)'\end{cases}$$

（W_0 に $-V_0$ を代入した。）

となるので，

$$\begin{cases}\cdot A=B & \cdots\cdots⑤\\ \cdot -\alpha B-\alpha A=\dfrac{-2mV_0}{\hbar^2}\cdot A \quad より, & \\ \quad \alpha(A+B)=\dfrac{2mV_0}{\hbar^2}A & \cdots\cdots⑥\end{cases}$$

（$\psi(0)=\psi_{\rm I}(-0)$）

$\begin{cases}\psi_{\rm I}(-0)=Ae^0=A\\ \psi_{\rm II}(+0)=Be^0=B\end{cases}$

$\begin{cases}\psi_{\rm I}'(x)=\alpha Ae^{\alpha x}\\ \psi_{\rm II}'(x)=-\alpha Be^{-\alpha x}\end{cases}$ より，
$\begin{cases}\psi_{\rm I}'(-0)=\alpha Ae^0=\alpha A\\ \psi_{\rm II}'(+0)=-\alpha Be^0=-\alpha B\end{cases}$

⑤を⑥に代入して，

$2\alpha A=\dfrac{2mV_0}{\hbar^2}A$ 　$A\neq0$ より，両辺を $2A$ で割って，

$\alpha=\dfrac{mV_0}{\hbar^2}\ \ (>0)$ ………………⑦　となるんだね。

以上より，

$$\begin{cases}\psi_{\rm I}=Ae^{\alpha x} & (x<0)\\ \psi_{\rm II}=Ae^{-\alpha x} & (0<x)\end{cases}\quad \left(\alpha=\frac{mV_0}{\hbar^2}\right)$$

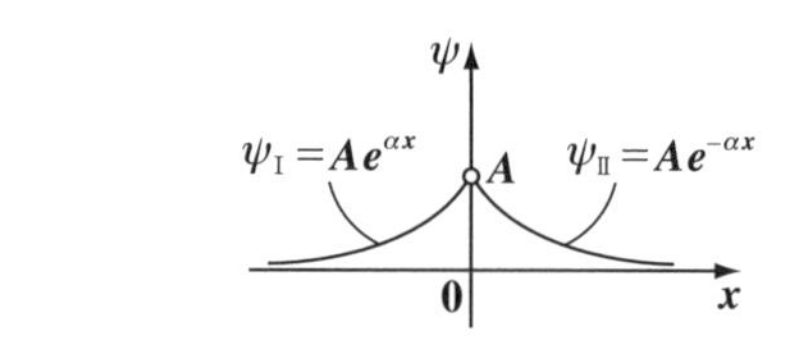

これをまとめて，波動関数は

$\psi(x)=Ae^{-\alpha|x|}$ ………⑧　$(x\neq0)$　$\left(\alpha=\dfrac{mV_0}{\hbar^2}\right)$　と表せる。

この波動関数を規格化（正規化），つまり $\displaystyle\int_{-\infty}^{\infty}|\psi(x)|^2dx=1$（全確率）をみたすように，定数 A の値を決定しよう。

$$\int_{-\infty}^{\infty}|\psi(x)|^2dx=\int_{-\infty}^{\infty}\psi(x)^*\psi(x)dx=\int_{-\infty}^{\infty}A^*e^{-\alpha|x|}\cdot Ae^{-\alpha|x|}dx$$

$$=\underbrace{A^*A}_{|A|^2}\int_{-\infty}^{\infty}\underbrace{e^{-2\alpha|x|}}_{\text{偶関数}}dx=|A|^2\cdot 2\int_0^{\infty}e^{-2\alpha x}dx$$

$$=2|A|^2\left(-\frac{1}{2\alpha}\right)\underbrace{\left[e^{-2\alpha x}\right]_0^{\infty}}=2|A|^2\cdot\left(-\frac{1}{2\alpha}\right)\cdot(-1)$$

$$\lim_{p\to\infty}\left[e^{-2\alpha x}\right]_0^p=(\underbrace{e^{-2\alpha p}}_{0}-1)=-1$$

$$=\boxed{\frac{|A|^2}{\alpha}=1}\ (\text{全確率})$$

$\therefore\ |A|^2=\alpha$ より，$A=\sqrt{\alpha}\left(=\sqrt{\dfrac{mV_0}{\hbar^2}}=\dfrac{\sqrt{mV_0}}{\hbar}\right)$ となる。

> Aの一般解は，$A=\sqrt{\alpha}\,e^{i\theta}$ となるが，ここでは，$\theta=0$ として実数解$A=\sqrt{\alpha}$を採用した。

以上より，求める規格化された波動関数$\psi(x)$は，

$\psi(x)=\sqrt{\alpha}\,e^{-\alpha|x|}$　$\left(\alpha=\dfrac{mV_0}{\hbar^2}\right)$ となって，答えだ。

ン？ 今回は，負のパルスポテンシャルだから，波動関数も，負の値をとる$\psi(x)=-\sqrt{\alpha}\,e^{-\alpha|x|}$の方がいいんじゃないかって？ もちろん，これは元の$\psi(x)$に係数-1をかけているだけで，しかも規格化条件$\int_{-\infty}^{\infty}|\psi|^2dx=1$をみたすわけだから，これも正解ということになるね。

§3. 調和振動子

さァ，これから，**“調和振動子”**(***harmonic oscillator***) の波動方程式と波動関数の解説に入ろう。調和振動子とは，平衡な位置からの直線変位に比例した復元力により振動する物理系のことで，例として，質量 m のバネ振り子を念頭において頂いたらいいんだね。

調和振動子は単振動とも呼ばれ，ニュートンの運動方程式 $m\ddot{x}=-kx$ で表され，その解が，$x=A\cos\omega t+B\sin\omega t$ $(k=m\omega^2)$ と表されることも既にご存知のはずだ。

この調和振動子 (単振動) の波動方程式

$-\frac{\hbar^2}{2m}\frac{d^2\psi}{dx^2}+\frac{1}{2}m\omega^2x^2\psi=E\psi$ ……① の最も単純な波動関数の解として，

$\psi(x)=Ne^{-\frac{1}{2}\alpha^2x^2}$ $\left(\alpha=\sqrt{\frac{m\omega}{\hbar}},\ N=\sqrt[4]{\frac{m\omega}{\pi\hbar}}\right)$ が存在すること，また，その

エネルギー $E=\frac{\hbar\omega}{2}$ であり，不確定性原理の式 $\Delta x\Delta p=\frac{\hbar}{2}$ が成り立つことは，P106 で既に解説した通りだ。

しかし，①の波動方程式をキチンと解くためには **“エルミートの微分方程式”** (***Hermite's differential equation***) を級数解法を用いて解いて，**“エルミート多項式”** (***Hermite polynomials***) を求めないといけないんだね。また，このエルミート多項式には，様々な性質があり，そのためこの波動方程式の解 (固有関数) が正規直交系であることも示せる。これから詳しく解説しよう。

この調和振動子は，量子力学の重要な基本要素なんだけれど，これを基にたとえば，固体の比熱式 (デバイの比熱式) が導かれるし，量子力学をさらに学習することにより出てくる “場の量子力学” でも中心的な役割を果たすんだね。したがって，ここで調和振動子の波動関数について，シッカリとした基本を身につけよう。

ここでは，解説がかなり長くなるので，複数の例題を設けて，ステップ・バイ・ステップに分かりやすく教えていくつもりだ。

● 波動方程式からエルミートの微分方程式が導かれる！

調和振動子の波動方程式を解く上でエルミートの微分方程式が現われるんだね。次の例題でこのプロセスを実際に確かめてみよう。

例題 **15**　調和振動子のシュレーディンガーの波動方程式：

$$-\frac{\hbar^2}{2m}\frac{d^2\psi(x)}{dx^2}+\frac{1}{2}m\omega^2x^2\psi(x)=E\psi(x)\ \cdots\cdots\cdots①$$ について，

次の各問いに答えよ。

(1) $E=\frac{1}{2}\hbar\omega\varepsilon\ \cdots\cdots\cdots②$　とおき，また，新たな変数 ξ を

$\xi=\alpha x\ \cdots\cdots\cdots③$　$\left(\alpha=\sqrt{\frac{m\omega}{\hbar}}\right)$　と定義し，

$\phi(\xi)=\psi(x)\ \cdots\cdots\cdots④$　とおいて，①を ξ と $\phi(\xi)$ の方程式に書き変えると，$\frac{d^2\phi(\xi)}{d\xi^2}=(\xi^2-\varepsilon)\phi(\xi)\ \cdots\cdots\cdots⑤$　が成り立つことを示せ。

(2) ⑤の方程式の解を $\phi(\xi)=e^{-\frac{\xi^2}{2}}f(\xi)\ \cdots\cdots\cdots⑥$　とおくと，$f(\xi)$ は次のエルミートの微分方程式：

$f''(\xi)-2\xi f'(\xi)+\eta f(\xi)=0\ \cdots\cdots\cdots⑦$　$(\eta=\varepsilon-1)$　をみたすことを示せ。

時刻 t を含まない波動方程式

$-\frac{\hbar^2}{2m}\frac{d^2\psi}{dx^2}+V\psi=E\psi$　に対して，調和振動子のポテンシャルエネルギー $V=\frac{1}{2}m\omega^2x^2$ を代入したものが，調和振動子のシュレーディンガーの波動方程式

$$-\frac{\hbar^2}{2m}\frac{d^2\psi(x)}{dx^2}+\frac{1}{2}m\omega^2x^2\psi(x)=E\psi(x)\ \cdots\cdots\cdots①$$ になるんだね。

この微分方程式をキチンと解くのはかなり手間がかかる。ここでは，(1)，(2) の導入に従って解いていくことにしよう。

(1) まず，エネルギー $E=\frac{1}{2}\hbar\omega\varepsilon\ \cdots\cdots\cdots②$ とおく。

これは，P106 で解説したように，最も単純な調和振動子の最小のエネルギー $\frac{1}{2}\hbar\omega$（これは，光子のエネルギー $(\hbar\omega=h\nu)$ の半分でもある。）に係数 ε をかけたものだ。

$$-\frac{\hbar^2}{2m}\frac{d^2\psi}{dx^2}+\frac{1}{2}m\omega^2x^2\psi=E\psi \cdots\cdots ①$$
$$E=\frac{1}{2}\hbar\omega\varepsilon \cdots\cdots ②$$

次に，変数 x から新たな変数 ξ（グザイ）に，次のように変数変換する。

$\xi=\alpha x$ ………③ $\left(\alpha=\sqrt{\frac{m\omega}{\hbar}}\right)$ よって，$x=\frac{\xi}{\alpha}$ ………③′

ここで，$\psi(x)=\psi\left(\frac{\xi}{\alpha}\right)=\phi(\xi)$ ………④ とおいて，$\frac{d^2\psi}{dx^2}$ と $\frac{d^2\phi}{d\xi^2}$ の関係式を求めると，

$$\frac{d\psi(x)}{dx}=\underbrace{\frac{d\xi}{dx}}_{\alpha}\cdot\frac{d\overbrace{\psi\left(\frac{\xi}{\alpha}\right)}^{\phi(\xi)}}{d\xi}=\alpha\frac{d\phi(\xi)}{d\xi}$$

$$\frac{d^2\psi}{dx^2}=\frac{d}{dx}\left(\frac{d\psi}{dx}\right)=\frac{d}{dx}\left(\alpha\frac{d\phi}{d\xi}\right)=\alpha\underbrace{\frac{d\xi}{dx}}_{\alpha}\cdot\frac{d^2\phi}{d\xi^2}$$

$$\therefore \frac{d^2\psi}{dx^2}=\alpha^2\frac{d^2\phi}{d\xi^2} \cdots\cdots ⑧$$

以上より，②，③′，④，⑧を①に代入して，

$$-\frac{\hbar^2}{2m}\underbrace{\alpha^2}_{\frac{m\omega}{\hbar}}\frac{d^2\phi}{d\xi^2}+\frac{1}{2}m\omega^2\underbrace{\frac{1}{\alpha^2}}_{\frac{\hbar}{m\omega}}\xi^2\phi=\frac{1}{2}\hbar\omega\varepsilon\phi$$

$$-\frac{1}{2}\hbar\omega\frac{d^2\phi}{d\xi^2}+\frac{1}{2}\hbar\omega\,\xi^2\phi=\frac{1}{2}\hbar\omega\,\varepsilon\phi$$

両辺を $\frac{1}{2}\hbar\omega\ (>0)$ で割って，

$$-\frac{d^2\phi}{d\xi^2}+\xi^2\phi=\varepsilon\phi$$

$$\therefore \frac{d^2\phi(\xi)}{d\xi^2}=(\xi^2-\varepsilon)\phi(\xi) \cdots\cdots ⑤$$ が導けるんだね。

関数 $\phi(\xi)$ のずい分シンプルな2階微分方程式が導けた！

(2) ここで，$\xi \gg 1$ として，⑤をさらに単純化してみよう。すると，大きな値をとる変数 ξ に対して，定数 ε は無視できると考えて，近似的に

$\dfrac{d^2\phi(\xi)}{d\xi^2} = (\xi^2 - \underbrace{\varepsilon}_{\text{これを無視して}})\phi(\xi) = \xi^2\phi(\xi)$ ………⑤′　となる。すると，

⑤の近似解として，$\phi(\xi) \fallingdotseq e^{-\frac{1}{2}\xi^2}$ ………⑨　が導ける。

$\because \phi'(\xi) = -\xi e^{-\frac{1}{2}\xi^2}$ ←（以降"′"(ダッシュ)は，ξによる微分を表す）

$\phi''(\xi) = -1 \cdot e^{-\frac{1}{2}\xi^2} - \xi \cdot (-\xi)e^{-\frac{1}{2}\xi^2} = (\xi^2 - \underbrace{1}_{\xi \gg 1 \text{より，これは無視できる}})e^{-\frac{1}{2}\xi^2} \fallingdotseq \xi^2\phi(\xi)$

となって，$\phi''(\xi) = \xi^2\phi(\xi)$ ……⑤′　をみたすからだね。

したがって，元の⑤の微分方程式の解 $\phi(\xi)$ は，近似解 $e^{-\frac{1}{2}\xi^2}$ に補正のための関数 $f(\xi)$ をかけたものと考えて，

$\phi(\xi) = e^{-\frac{\xi^2}{2}}f(\xi)$ ………⑥　とおく。そして，$f(\xi)$ のみたす微分方程式を導いて，これから，関数 $f(\xi)$ を求めて，⑥に代入すれば，$\phi(\xi)$ の厳密解が得られることになるんだね。これで，全体的な解法の流れがつかめたと思う。

⑥を ξ で 2 階微分すると，

公式：$(f \cdot g \cdot h)' = f' \cdot g \cdot h + f \cdot g' \cdot h + f \cdot g \cdot h'$

$\phi'(\xi) = -\xi e^{-\frac{\xi^2}{2}}f(\xi) + e^{-\frac{\xi^2}{2}}f'(\xi)$

$\phi''(\xi) = -1 \cdot e^{-\frac{\xi^2}{2}}f(\xi) - \xi \cdot (-\xi)e^{-\frac{\xi^2}{2}}f(\xi) - \xi e^{-\frac{\xi^2}{2}}f'(\xi) - \xi e^{-\frac{\xi^2}{2}}f'(\xi) + e^{-\frac{\xi^2}{2}}f''(\xi)$

$\therefore \phi''(\xi) = e^{-\frac{\xi^2}{2}}\left\{-f(\xi) + \xi^2 f(\xi) - 2\xi f'(\xi) + f''(\xi)\right\}$ ………⑥′

⑥と⑥′を⑤に代入してまとめると，

$e^{-\frac{\xi^2}{2}}\left\{-f(\xi) + \xi^2 f(\xi) - 2\xi f'(\xi) + f''(\xi)\right\} = (\xi^2 - \varepsilon)e^{-\frac{\xi^2}{2}}f(\xi)$

両辺を $e^{-\frac{\xi^2}{2}}(>0)$ で割ってまとめると，

$f''(\xi) - 2\xi f'(\xi) + \underbrace{(\varepsilon - 1)}_{\eta}f(\xi) = 0$

ここで，η（イータ）$= \varepsilon - 1$ (定数)とおくと，関数 $f(\xi)$ は微分方程式：

$f''(\xi) - 2\xi f'(\xi) + \eta f(\xi) = 0$ ……⑦ $(\eta = \varepsilon - 1)$ をみたすことが分かった。

ここで，この⑦は，エルミートの微分方程式と呼ばれる微分方程式だ。

以上で，例題 **15** の解答・解説は終了です。そして，このエルミートの微分方程式は，級数解法によって解くことができるんだね。これから解説しよう。

一般に，y を x の関数とするとき，2 階同次線形微分方程式：

$y'' + P(x)\cdot y' + Q(x)\cdot y = 0$ ………㋐　について

$P(x)$ と $Q(x)$ が $x=0$ で解析的であるとき，㋐の解も $x=0$ で

（これは，「$P(x)$ と $Q(x)$ がマクローリン展開できる」という意味だ。）

解析的であり，㋐は，

$y = \sum_{k=0}^{\infty} a_k x^k = a_0 + a_1 x + a_2 x^2 + a_3 x^3 + \cdots$　(a_k：定数) の形の級数解をもつ。

これが，微分方程式の級数解法の基本なんだね。

ここで，エルミートの微分方程式

$f''(\xi) \underbrace{-2\xi}_{P(\xi)} \cdot f'(\xi) + \underbrace{\eta}_{Q(\xi)} \cdot f(\xi) = 0$ ………①　$(\eta = \varepsilon - 1)$

をもう 1 度見てみると，$P(\xi) = -2\xi$，$Q(\xi) = \eta$ (定数) となって，共に $\xi = 0$ で

（$P(\xi) = 0 - 2\xi + 0\cdot\xi^2 + 0\cdot\xi^3 + \cdots$）（$Q(\xi) = \eta + 0\cdot\xi + 0\cdot\xi^2 + 0\cdot\xi^3 + \cdots$）

解析的であるため，①のエルミートの微分方程式は，次のような級数解をもつ。

$f(\xi) = \sum_{k=0}^{\infty} C_k \xi^k = C_0 + C_1\xi + C_2\xi^2 + C_3\xi^3 + \cdots + C_k\xi^k + \cdots$ ………②

②を ξ で 1 階，および 2 階微分して，

$f'(\xi) = \left(\sum_{k=0}^{\infty} C_k \xi^k\right)' = \sum_{k=0}^{\infty} C_k \left(\xi^k\right)' = \sum_{k=1}^{\infty} k C_k \xi^{k-1}$ ………③

（$k=0$ のとき，$0C_0\xi^{-1} = 0$ となって，なくなるため，$k=1$ スタートにした。）

$f''(\xi) = \left(\sum_{k=0}^{\infty} C_k \xi^k\right)'' = \sum_{k=0}^{\infty} C_k \left(\xi^k\right)'' = \sum_{k=2}^{\infty} k(k-1) C_k \xi^{k-2}$ ………④

（$k=0$，1 のときの項が同様に 0 となるため，$k=2$ スタートにした。）

②，③，④を①に代入して，

$$\underbrace{\sum_{k=2}^{\infty} k(k-1) C_k \xi^{k-2}}_{f''(\xi)} - 2\xi \cdot \underbrace{\sum_{k=1}^{\infty} k C_k \xi^{k-1}}_{f'(\xi)} + \eta \underbrace{\sum_{k=0}^{\infty} C_k \xi^k}_{f(\xi)} = 0$$

$$\underbrace{\sum_{k=2}^{\infty} k(k-1)C_k\xi^{k-2}}_{\sum_{k=0}^{\infty}(k+2)(k+1)C_{k+2}\xi^k} - 2\sum_{k=1}^{\infty} kC_k\xi^k + \eta\sum_{k=0}^{\infty} C_k\xi^k = 0$$

これは，いずれも $2\cdot1C_2+3\cdot2C_3\xi+4\cdot3C_4\xi^2+\cdots$ を表す。このように ξ^k の形にして，他の2項とそろえた。

$$\sum_{k=0}^{\infty}(k+2)(k+1)C_{k+2}\xi^k - 2\sum_{k=0}^{\infty} kC_k\xi^k + \eta\sum_{k=0}^{\infty} C_k\xi^k = 0$$

$k=0$ スタートとしても，初項は0なので構わない。
これで，3項とも，$k=0$ スタートで，ξ^k の項でそろったんだね。

$$\sum_{k=0}^{\infty}\{\underbrace{(k+2)(k+1)C_{k+2} - 2kC_k + \eta C_k}_{0}\}\xi^k = 0 \quad \cdots\cdots\cdots ⑤$$

⑤は，恒等式なので，$k=0, 1, 2, \cdots$ のすべての0以上の整数に対して，ξ^k の係数は0でなければならない。

つまり，⑤は，$0\cdot\xi^0+0\cdot\xi^1+0\cdot\xi^2+0\cdot\xi^3+\cdots=0$ となる。

よって，$(k+2)(k+1)C_{k+2}-(2k-\eta)C_k=0$

$\therefore C_{k+2} = \dfrac{2k-\eta}{(k+2)(k+1)}C_k$ ……⑥ $(k=0,\ 1,\ 2,\ 3,\ \cdots)$ が導けるんだね。

⑥は，係数列 $\{C_k\}$ の漸化式で，C_k と C_{k+2} の関係式より，

・C_0 から C_2 が，C_2 から C_4 が，C_4 から C_6 が，…… 導かれるので，
　C_0，C_2，C_4，C_6，……の系列の項と，

・C_1 から C_3 が，C_3 から C_5 が，C_5 から C_7 が，…… 導かれるので，
　C_1，C_3，C_5，C_7，……の系列の項が，それぞれ独立に存在する。

　ここで，⑥より，2つの系列の係数列が導かれたわけだけれど，$f(\xi)$ は無限級数にはなり得ない。このことを背理法によって証明することにより，調和振動子のエネルギー準位の公式：

$$E_n = \hbar\omega\left(n+\frac{1}{2}\right) \quad \cdots\cdots\cdots (*m_0) \quad (n=0,\ 1,\ 2,\ 3,\ \cdots)$$

を導くことができる。ここがまた大事なところなので，次の例題を解きながら，考えていこう。

例題 **16**　調和振動子の波動関数 $\psi(x)$ は，次式で表される。

$$\psi(x) = e^{-\frac{\xi^2}{2}} f(\xi) \quad \cdots\cdots ① \quad \left(\xi = \alpha x,\ \alpha = \sqrt{\frac{m\omega}{\hbar}}\right)$$

$$\begin{cases} f(\xi) = \sum_{k=0}^{\infty} C_k \xi^k & \cdots\cdots ② \\ C_{k+2} = \frac{2k-\eta}{(k+2)(k+1)} C_k & \cdots\cdots ③ \quad (\eta = \varepsilon - 1)\ (k = 0,\ 1,\ 2,\ \cdots) \end{cases}$$

このとき，次の各問いに答えよ。

(1) $f(\xi)$ は，無限級数にはなり得ないことを，背理法を用いて示せ。その結果 $\eta = 2n$ (n は 0 以上の整数)とおくことにより，エネルギー $E = \frac{1}{2}\hbar\omega\varepsilon$ が $E_n = \hbar\omega\left(n + \frac{1}{2}\right)$ ………$(*m_0)$　$(n = 0,\ 1,\ 2,\ \cdots)$ で表されることを示せ。

(2) $k = n$ $(n = 0,\ 1,\ 2,\ 3,\ 4)$ のときの $f(\xi)$ を $H_n(\xi)$ とおく。

(i) $C_0 = 1$ のとき，$H_0(\xi)$ を求めよ。

(ii) $C_1 = 2$ のとき，$H_1(\xi)$ を求めよ。

(iii) $C_0 = -2$ のとき，$H_2(\xi)$ を求めよ。

(iv) $C_1 = -12$ のとき，$H_3(\xi)$ を求めよ。

(v) $C_0 = 12$ のとき，$H_4(\xi)$ を求めよ。

(1) 調和振動子の波動関数 $\psi(x) = e^{-\frac{\xi^2}{2}} f(\xi)$ ……①の $f(\xi)$ が，有限級数であることを背理法によって示そう。まず，

$$f(\xi) = \sum_{k=0}^{\infty} C_k \xi^k = C_0 + C_1\xi + C_2\xi^2 + \cdots\cdots$$

が無限級数であると仮定する。

背理法
$f(\xi)$ が無限級数であると仮定して矛盾を導く。

ここで，k がかなり大きな数，すなわち $k \gg 1$ のとき③より，

$$\frac{C_{k+2}}{C_k} = \frac{2k-\eta}{(k+2)(k+1)} \fallingdotseq \frac{2k}{k \cdot k} = \frac{1}{\frac{k}{2}}$$

$$\therefore \frac{C_{k+2}}{C_k} \sim \frac{1}{\frac{k}{2}+1} \quad \cdots\cdots ④$$

$\frac{C_{k+2}}{C_k} = \frac{1}{\frac{k}{2}}$ より，分母を $\frac{k}{2}+1$ に変えても，$\frac{C_{k+2}}{C_k}$ は大体 $\frac{1}{\frac{k}{2}+1}$ 程度の値を取ることに変わりはない。

ここで，大きな値の ξ について考えるとき，$f(\xi)$ の次数の低い項の影響は小さくなるため，④の k が $k = 0,\ 1,\ 2,\ \cdots$ のように小さな場合でも，この④を敷衍することにしよう。

さらに，$C_1=C_3=C_5=\cdots=C_{2k-1}=\cdots=0$ と簡単化しよう。そして，$C_0=1$ とおいて，④式より，C_2, C_4, C_6, C_8, …の係数列を調べよう。④の k に $k=2n$ $(n=0, 1, 2, \cdots)$ を代入すると，

$C_{2n+2}\sim\dfrac{C_{2n}}{n+1}$ ……④′ となる。$C_0=1$ とすると，④′ より，

・$n=0$ のとき，$C_2\sim\dfrac{C_0}{1}=1=\dfrac{1}{1!}$

・$n=1$ のとき，$C_4\sim\dfrac{C_2}{2}\sim\dfrac{1}{2}=\dfrac{1}{2!}$

・$n=2$ のとき，$C_6\sim\dfrac{C_4}{3}\sim\dfrac{1}{3}\cdot\dfrac{1}{2!}=\dfrac{1}{3!}$

・$n=3$ のとき，$C_8\sim\dfrac{C_6}{4}\sim\dfrac{1}{4}\cdot\dfrac{1}{3!}=\dfrac{1}{4!}$

……………………………………………

これから，ξ が大きな値をとるとき，

$$f(\xi)=C_0+C_2\xi^2+C_4\xi^4+C_6\xi^6+C_8\xi^8+\cdots\cdots$$

$$\sim 1+\frac{\xi^2}{1!}+\frac{\xi^4}{2!}+\frac{\xi^6}{3!}+\frac{\xi^8}{4!}+\cdots\cdots+\frac{\xi^{2n}}{n!}+\cdots$$

$$=e^{\xi^2}$$ となる。

e^x のマクローリン展開
$e^x=1+\dfrac{x}{1!}+\dfrac{x^2}{2!}+\dfrac{x^3}{3!}+\cdots$

よって，①より，

波動関数 $\psi(x)\sim e^{-\frac{\xi^2}{2}}\cdot e^{\xi^2}=e^{\frac{\xi^2}{2}}=e^{\frac{1}{2}\alpha^2x^2}$ となるため，

$x\to\pm\infty$ の極限をとると，$\lim_{x\to\pm\infty}\psi(x)=\infty$ となって，$\lim_{x\to\pm\infty}\psi(x)=0$ の条件に反する。よって，矛盾。

$\int_{-\infty}^{\infty}|\psi(x)|^2dx=1$（全確率）となるための必要条件

$\therefore f(\xi)$ は無限級数にはなり得ない。すなわち，有限級数であることが分かった。

よって，$C_{k+2}=\dfrac{2k-\eta}{(k+2)(k+1)}C_k$ ……③ の η は 0 以上の偶数になる。

これを $\eta=2n$ とおくと，

$C_{k+2}=\dfrac{2k-2n}{(k+2)(k+1)}C_k$ ……③′ $(k=0, 1, 2, \cdots,$ n は 0 以上の整数$)$ となる。

③′であれば，$k=0, 1, 2, \cdots$ と変化させていき，$k=n$ のとき，$C_{n+2}=0$ となり，これ以降 $C_{n+4}=C_{n+6}=C_{n+8}=\cdots=0$ となるため，$f(\xi)$ は有限なベキ級数（多項式）になるんだね。

よって，$\eta=\varepsilon-1=2n$ より，$\varepsilon=2n+1$

これを，調和振動子のエネルギーの式 $E=\dfrac{1}{2}\hbar\omega\varepsilon$ に代入して，

$E=\dfrac{1}{2}\hbar\omega(2n+1)$　よって，これを E_n とおくと，

調和振動子のエネルギー準位の公式：

$E_n=\hbar\omega\left(n+\dfrac{1}{2}\right)$ ………$(*m_0)$　$(n=0,\ 1,\ 2,\ \cdots)$　が導けるんだね。

この n は量子数と呼ばれ，E_n はエネルギーの固有値を表す。したがって，調和振動子のエネルギーは，このように離散的な値しか取れず，このエネルギー固有値に対応して，固有関数(波動関数)$\psi_n(x)$ が存在することになるんだね。また，$n=0$ の基底状態のときでも，エネルギー $E_0=\dfrac{1}{2}\hbar\omega$ となって，エネルギーは 0 にはならないことにも注意しよう。

(2) では次，$f(\xi)=\sum_{k=0}^{\infty}C_k\xi^k$ ………②と，$C_{k+2}=\dfrac{2k-2n}{(k+2)(k+1)}C_k$ ……③´

を用いて，$k=n$ $(n=0,\ 1,\ 2,\ 3,\ 4)$ のときの $f(\xi)$，すなわち，$H_n(\xi)$ を具体的に求めてみよう。

(i) $n=0$，$C_0=1$ のとき，③´は，$C_{k+2}=\dfrac{2k-0}{(k+2)(k+1)}C_k$ より，

$k=0$ のとき，$C_2=0$　よって，これ以降 $C_4=C_6=C_8=\cdots=0$

$\therefore\ H_0(\xi)=C_0=1$

(ii) $n=1$，$C_1=2$ のとき，③´は，$C_{k+2}=\dfrac{2k-2}{(k+2)(k+1)}C_k$ より，

$k=1$ のとき，$C_3=0$　よって，これ以降 $C_5=C_7=C_9=\cdots=0$

$\therefore\ H_1(\xi)=C_1\xi=2\xi$

(iii) $n=2$，$C_0=-2$ のとき，③′ は，$C_{k+2}=\dfrac{2k-4}{(k+2)(k+1)}C_k$ より，

$k=0$ のとき，$C_2=\dfrac{0-4}{2\cdot1}\cdot(-2)=4$

$k=2$ のとき，$C_4=\dfrac{4-4}{4\cdot3}\cdot4=0$ よって，これ以降 $C_6=C_8=C_{10}=\cdots=0$

$\therefore H_2(\xi)=C_2\xi^2+C_0=4\xi^2-2$

(iv) $n=3$，$C_1=-12$ のとき，③′ は，$C_{k+2}=\dfrac{2k-6}{(k+2)(k+1)}C_k$ より，

$k=1$ のとき，$C_3=\dfrac{2-6}{3\cdot2}\cdot(-12)=8$

$k=3$ のとき，$C_5=\dfrac{6-6}{5\cdot4}\cdot8=0$ よって，これ以降 $C_7=C_9=C_{11}=\cdots=0$

$\therefore H_3(\xi)=C_3\xi^3+C_1\xi=8\xi^3-12\xi$

(v) $n=4$，$C_0=12$ のとき，③′ は，$C_{k+2}=\dfrac{2k-8}{(k+2)(k+1)}C_k$ より，

$k=0$ のとき，$C_2=\dfrac{-8}{2\cdot1}\cdot12=-48$

$k=2$ のとき，$C_4=\dfrac{4-8}{4\cdot3}\cdot(-48)=16$

$k=4$ のとき，$C_6=\dfrac{8-8}{6\cdot5}\cdot16=0$ よって，これ以降 $C_8=C_{10}=C_{12}=\cdots=0$

$\therefore H_4(\xi)=C_4\xi^4+C_2\xi^2+C_0=16\xi^4-48\xi^2+12$

以上 (i) ～ (v) より，まとめて示すと，

$H_0(\xi)=1$，$H_1(\xi)=2\xi$，$H_2(\xi)=4\xi^2-2$，$H_3(\xi)=8\xi^3-12\xi$，

$H_4(\xi)=16\xi^4-48\xi^2+12$　となるんだね。初項の C_0 や C_1 は適当に与えられていると思ったかもしれないけれど，実は $H_n(\xi)$ の最高次の項 ξ^n の係数が 2^n となるように与えられていたんだね。

一般に，$H_n(\xi)$ $(n=0, 1, 2, \cdots)$ は，エルミート多項式とよばれる有限のべき級数で，これについては，様々な公式や性質があるので，これからまた詳しく解説しよう。

● エルミート多項式を調べよう！

調和振動子のエネルギー固有値 E_n が

$$E_n = \hbar\omega\left(n+\frac{1}{2}\right) \cdots\cdots\cdots(*m_0) \quad (n=0,\ 1,\ 2,\ \cdots)$$

であることが分かり，

また，その波動関数 $\psi(x)$ も，これに対応する固有関数 $\psi_n(x)$ で表すことにすると，エルミート多項式 $H_n(\xi)$ と，規格化のための係数 a_n を用いて

$$\psi_n(x) = a_n H_n(\xi)\, e^{-\frac{\xi^2}{2}} \qquad \left(\xi = \alpha x,\ \ \alpha = \sqrt{\frac{m\omega}{\hbar}}\right)$$

$$= a_n H_n(\alpha x)\, e^{-\frac{\alpha^2}{2}x^2} \cdots\cdots\cdots(*n_0) \quad (n=0,\ 1,\ 2,\ \cdots)$$

と表されることが分かったんだね。

ここで，この係数 a_n を求めるため，また固有関数 $\psi_n(x)$ が正規直交系であることを示すためにも，エルミート多項式 $H_n(\xi)$ の性質や公式を押さえておく必要があるんだね。

エルミート多項式 $H_n(\xi)$ については，その係数の漸化式から具体的に $H_0(\xi)=1$，$H_1(\xi)=2\xi$，$H_2(\xi)=4\xi^2-2$，$H_3(\xi)=8\xi^3-12\xi$，$H_4(\xi)=16\xi^4-48\xi^2+12$ まで求めたけれど，一般には，次のエルミート多項式の **"母関数"** (*generating function*) $g(t,\ \xi)$ を用いて求める。

$$g(t,\ \xi) = e^{2t\xi-t^2} = \sum_{n=0}^{\infty} H_n(\xi)\frac{t^n}{n!} \cdots\cdots\cdots(*o_0)$$

実際に，$g(t,\ \xi)=e^{2t\xi-t^2}$ をマクローリン展開すると，

マクローリン展開
$e^x = 1+\frac{x}{1!}+\frac{x^2}{2!}+\cdots$

$$g(t,\ \xi) = 1+\frac{2t\xi-t^2}{1!}+\underbrace{\frac{(2t\xi-t^2)^2}{2!}}_{\frac{4t^2\xi^2-4t^3\xi+t^4}{2!}}+\underbrace{\frac{(2t\xi-t^2)^3}{3!}}_{\frac{8t^3\xi^3-12t^4\xi^2+6t^5\xi-t^6}{3!}}+\cdots\cdots$$

$$= \underbrace{1}_{H_0(\xi)}\cdot\frac{t^0}{0!}+\underbrace{2\xi}_{H_1(\xi)}\cdot\frac{t^1}{1!}+\underbrace{(4\xi^2-2)}_{H_2(\xi)}\frac{t^2}{2!}+\underbrace{(8\xi^3-12\xi)}_{H_3(\xi)}\frac{t^3}{3!}+\cdots\cdots$$

となって，$\frac{t^n}{n!}$ の係数として，$H_n(\xi)$ $(n=0,\ 1,\ 2,\ \cdots)$ が生成されることがお分かりになると思う。

この母関数 $(*o_0)$ から，次の 2 つのエルミート多項式の漸化式を導くことができる。

$$\begin{cases} (\text{i})\ H_{n+1}(\xi) = 2\xi H_n(\xi) - 2nH_{n-1}(\xi) \cdots\cdots\cdots (*p_0) \\ (\text{ii})\ H_n{}'(\xi) = 2nH_{n-1}(\xi) \cdots\cdots\cdots\cdots\cdots\cdots\cdots\cdots (*p_0)' \end{cases}$$

これらの公式は，$(*o_0)$ の両辺を t で，および ξ で微分することにより導ける。

(i) $e^{2t\xi-t^2} = \sum_{n=0}^{\infty} H_n(\xi)\dfrac{t^n}{n!}$ ………$(*o_0)$ の両辺を t で微分すると，

$$(\text{左辺}) = (2\xi - 2t)e^{2t\xi-t^2} = (2\xi-2t)\sum_{n=0}^{\infty} H_n(\xi)\frac{t^n}{n!}$$

$$= 2\xi\sum_{n=0}^{\infty} H_n(\xi)\frac{t^n}{n!} - 2\sum_{n=0}^{\infty} H_n(\xi)\frac{t^{n+1}}{n!}$$

$$= 2\xi\sum_{n=0}^{\infty} H_n(\xi)\frac{t^n}{n!} - 2\sum_{n=1}^{\infty} H_{n-1}(\xi)\frac{t^n}{(n-1)!}$$

$$= \sum_{n=0}^{\infty} \underline{\underline{2\xi H_n(\xi)}}\frac{t^n}{n!} - \sum_{n=0}^{\infty} \underline{\underline{2nH_{n-1}(\xi)}}\frac{t^n}{n!}$$

$n=0$ のときの項はどうせ 0 なので，$n=0$ スタートにできる。

$$(\text{右辺}) = \sum_{n=1}^{\infty} H_n(\xi)\frac{n\cdot t^{n-1}}{n!} = \sum_{n=1}^{\infty} H_n(\xi)\frac{t^{n-1}}{(n-1)!} = \sum_{n=0}^{\infty} \underline{\underline{H_{n+1}(\xi)}}\frac{t^n}{n!}$$

よって，両辺の $\dfrac{t^n}{n!}$ の係数を比較して，

$H_{n+1}(\xi) = 2\xi H_n(\xi) - 2nH_{n-1}(\xi)$ ………$(*p_0)$ が導ける。

(ii) $g(t,\xi) = e^{2t\xi-t^2}$ ………$(*o_0)$ の両辺を ξ で微分すると，$\dfrac{\partial g}{\partial \xi} = 2t\cdot g$ より

$$(\text{右辺}) = \sum_{n=0}^{\infty} \underline{\underline{H_n{}'(\xi)}}\frac{t^n}{n!}$$

$$(\text{左辺}) = 2t\sum_{n=0}^{\infty} H_n(\xi)\frac{t^n}{n!} = 2\sum_{n=0}^{\infty} H_n(\xi)\frac{t^{n+1}}{n!}$$

$$= \sum_{n=1}^{\infty} 2H_{n-1}(\xi)\frac{t^n}{(n-1)!} = \sum_{n=0}^{\infty} \underline{\underline{2nH_{n-1}(\xi)}}\frac{t^n}{n!}$$

$n=0$ のときの項はどうせ 0 なので，$n=0$ スタートにできる。

よって，$\dfrac{t^n}{n!}$ の係数を比較して，$H_n{}'(\xi) = 2nH_{n-1}(\xi)$ ………$(*p_0)'$ も導ける。

よって，$H_{n+1}(\xi)=2\xi H_n(\xi)-2nH_{n-1}(\xi)$ ………$(*p_0)$ $(n=0,\ 1,\ 2,\ \cdots)$

を用いると，$H_0(\xi)=1$ さえ与えられれば，

・$n=0$ のとき，$H_1(\xi)=2\xi\underbrace{H_0(\xi)}_{1}-\cancel{2\cdot 0\cdot H_{-1}(\xi)}=2\xi$

これは定義されていないので0とする。

・$n=1$ のとき，$H_2(\xi)=2\xi\underbrace{H_1(\xi)}_{2\xi}-2\cdot 1\cdot\underbrace{H_0(\xi)}_{1}=4\xi^2-2$

・$n=2$ のとき，$H_3(\xi)=2\xi\underbrace{H_2(\xi)}_{(4\xi^2-2)}-2\cdot 2\cdot\underbrace{H_1(\xi)}_{2\xi}=8\xi^3-12\xi$

……………………………………………………………………

と順次エルミート多項式を導ける。便利でしょう？

では次，エルミート多項式の直交性についても，次の例題を解きながら解説しよう。

例題17　2つのエルミート多項式の母関数

$$\begin{cases} g(t,\ \xi)=e^{2t\xi-t^2}=\displaystyle\sum_{m=0}^{\infty}H_m(\xi)\frac{t^m}{m!} & \cdots\cdots\cdots ① \\ g(s,\ \xi)=e^{2s\xi-s^2}=\displaystyle\sum_{n=0}^{\infty}H_n(\xi)\frac{s^n}{n!} & \cdots\cdots\cdots ② \end{cases}$$ を基に，

$$\int_{-\infty}^{\infty}g(t,\ \xi)g(s,\ \xi)e^{-\xi^2}d\xi=\sum_{m=0}^{\infty}\sum_{n=0}^{\infty}\frac{t^m s^n}{m!n!}\int_{-\infty}^{\infty}H_m(\xi)H_n(\xi)e^{-\xi^2}d\xi \quad\cdots\cdots ③$$

を利用して，次の公式：

$$\int_{-\infty}^{\infty}H_m(\xi)H_n(\xi)e^{-\xi^2}d\xi=2^n\cdot n!\sqrt{\pi}\,\delta_{mn} \quad\cdots\cdots\cdots(*q_0)$$

が成り立つことを示せ。(ただし，δ_{mn}はクロネッカーのデルタである。)

クロネッカーのデルタ $\delta_{mn}=\begin{cases}1 & (m=n\text{ のとき}) \\ 0 & (m\neq n\text{ のとき})\end{cases}$ であるから，$(*q_0)$が

エルミート多項式 $H_m(\xi)$ と $H_n(\xi)$ の直交性についての公式であることは，お分かりになると思うが，$(*q_0)$の被積分関数が $H_m(\xi)\cdot H_n(\xi)$ の他に

さらに $e^{-\xi^2}$ がかかっていることに注意しよう。この $e^{-\xi^2}$ は **“重み関数”** (***weight function***) と呼ばれるもので，この場合「$m \neq n$ のとき **2** つのエルミート多項式 $H_m(\xi)$ と $H_n(\xi)$ は重み関数 $e^{-\xi^2}$ に関して直交する」ということも覚えておこう。

では $(*q_0)$ が成り立つことを示そう。

③の左辺に①，②を代入して変形すると，

$$(\text{③の左辺}) = \int_{-\infty}^{\infty} \underbrace{g(t,\xi)}_{e^{2t\xi-t^2}}\,\underbrace{g(s,\xi)}_{e^{2s\xi-s^2}}\,e^{-\xi^2}d\xi \quad \leftarrow \text{①，②より}$$

$$= \int_{-\infty}^{\infty} \underbrace{e^{2t\xi-t^2}\cdot e^{2s\xi-s^2}\cdot e^{-\xi^2}}_{\underbrace{e^{-t^2-s^2}}_{\text{定数扱い}}\cdot e^{-\xi^2+2(t+s)\xi}}d\xi$$

$$-\{\xi^2-2(t+s)\xi+(t+s)^2\}+(t+s)^2 = -\{\xi-(t+s)\}^2+(t+s)^2$$

$$= e^{-t^2-s^2}\int_{-\infty}^{\infty} e^{\boxed{-\xi^2+2(t+s)\xi}}d\xi$$

$$= e^{-t^2-s^2}\int_{-\infty}^{\infty} \underbrace{e^{(t+s)^2}}_{\text{定数扱い}}\cdot e^{-\{\xi-(t+s)\}^2}d\xi$$

$$= \underbrace{e^{-t^2-s^2}\cdot e^{(t+s)^2}}_{e^{-t^2-s^2+t^2+2ts+s^2}=e^{2ts}}\underbrace{\int_{-\infty}^{\infty} e^{-\{\xi-(\boxed{t+s})\}^2}d\xi}_{\sqrt{\frac{\pi}{1}}} \quad \text{P（定数）}$$

ガウス積分 (**P44**)
$\int_{-\infty}^{\infty} e^{-ax^2}dx = \sqrt{\frac{\pi}{a}}$ ……$(*u)$ より
$\int_{-\infty}^{\infty} e^{-a(x-P)^2}dx = \sqrt{\frac{\pi}{a}}$ となる。
これは，x：$-\infty \to \infty$ の無限積分なので，被積分関数 e^{-ax^2} のグラフが，$(P, 0)$ だけ平行移動されても，積分（面積）計算に何の影響も生じないからだ。

$$= \sqrt{\pi}\,\underbrace{e^{2ts}}_{1+\frac{2ts}{1!}+\frac{(2ts)^2}{2!}+\frac{(2ts)^3}{3!}+\cdots = \sum_{n=0}^{\infty}\frac{(2ts)^n}{n!} = \sum_{n=0}^{\infty}\frac{2^n}{n!}t^n s^n}$$

e^x のマクローリン展開
$e^x = \sum_{n=0}^{\infty}\frac{x^n}{n!} = 1+\frac{x}{1!}+\frac{x^2}{2!}+\frac{x^3}{3!}+\cdots$

$$= \sqrt{\pi}\sum_{n=0}^{\infty}\frac{2^n}{n!}t^n s^n \quad \cdots\cdots\cdots ③'$$

③の右辺も，③の左辺に①，②を代入して，

$$(③の左辺)=\int_{-\infty}^{\infty} g(t,\ \xi)\ g(s,\ \xi)\ e^{-\xi^2}d\xi$$

$$=\int_{-\infty}^{\infty}\left(\sum_{m=0}^{\infty} H_m(\xi)\underbrace{\frac{t^m}{m!}}\right)\left(\sum_{n=0}^{\infty} H_n(\xi)\underbrace{\frac{s^n}{n!}}\right)e^{-\xi^2}d\xi$$

定数扱い

Σ計算と積分計算の順序を入れ替えられるものとした。

$$=\sum_{m=0}^{\infty}\sum_{n=0}^{\infty}\frac{t^m s^n}{m!\,n!}\int_{-\infty}^{\infty} H_m(\xi)H_n(\xi)e^{-\xi^2}d\xi=(③の右辺)$$

となるんだね。

以上より，③は，次のようになる。

$$\sum_{m=0}^{\infty}\sum_{n=0}^{\infty}\frac{t^m s^n}{m!\,n!}\int_{-\infty}^{\infty} H_m(\xi)H_n(\xi)e^{-\xi^2}d\xi=\sum_{n=0}^{\infty}\frac{\sqrt{\pi}\,2^n}{n!}\cdot t^n s^n \quad \cdots\cdots\cdots ④$$

④の両辺の $t^m s^n$ と $t^n s^n$ に着目すると，

(i) $m \neq n$ のとき，

右辺には，$t^n s^n$ の項しか存在しないので，左辺の $t^m s^n (m \neq n)$ の項の係数は 0，すなわち，

$$\underbrace{\frac{1}{m!\,n!}}_{\oplus}\int_{-\infty}^{\infty} H_m(\xi)H_n(\xi)e^{-\xi^2}d\xi=0$$ でなければならない。

よって，この両辺に $m!n!(>0)$ をかけて，

$$\int_{-\infty}^{\infty} H_m(\xi)H_n(\xi)e^{-\xi^2}d\xi=0 \quad \cdots\cdots\cdots ⑤$$ となる。

(ii) $m = n$ のとき，

左右両辺の $t^n s^n$ の係数を比較して，

$$\frac{1}{(n!)^2}\int_{-\infty}^{\infty} H_n(\xi)H_n(\xi)e^{-\xi^2}d\xi=\frac{\sqrt{\pi}\,2^n}{n!}$$

左辺の m に n を代入した $t^n s^n$ の係数

両辺に $(n!)^2\,(>0)$ をかけて，

$$\int_{-\infty}^{\infty} H_n(\xi)H_n(\xi)e^{-\xi^2}d\xi=2^n n!\sqrt{\pi} \quad \cdots\cdots\cdots ⑤'$$ となるんだね。

以上（i）（ii）の⑤と⑤′より，

$$\int_{-\infty}^{\infty} H_m(\xi)H_n(\xi)e^{-\xi^2}d\xi = \begin{cases} 0 & (m \neq n \text{ のとき}) \\ 2^n n!\sqrt{\pi} & (m = n \text{ のとき}) \end{cases}$$

よって，クロネッカーのデルタ δ_{mn} を用いると，

$$\int_{-\infty}^{\infty} H_m(\xi)H_n(\xi)e^{-\xi^2}d\xi = 2^n n!\sqrt{\pi}\,\delta_{mn} \cdots\cdots\cdots (*q_0)$$ が導けるんだね。

エルミート多項式の様々な公式の証明に，母関数 $g(t, \xi)$ が用いられていることがご理解頂けたと思う。

ここで勘のいい読者の方は，これはエルミート多項式の直交性の問題であったわけだけれど，固有関数（波動関数）：

$$\psi_n(x) = a_n H_n(\xi)e^{-\frac{\xi^2}{2}} = a_n H_n(\alpha x)e^{-\frac{\alpha^2}{2}x^2} \cdots\cdots\cdots (*n_0)$$ の正規直交性

と密接に関係していることに，お気付きになったと思う。解説しておこう。

$m = n$ のとき，$(*q_0)$ と $(*n_0)$ より，

$$\int_{-\infty}^{\infty} \Big\{ \underbrace{H_n(\xi)e^{-\frac{\xi^2}{2}}}_{\frac{1}{a_n}\psi_n(x)} \Big\}^2 d\xi = 2^n n!\sqrt{\pi}$$

$$\frac{1}{a_n^2}\int_{-\infty}^{\infty} \underbrace{\{\psi_n(x)\}^2}_{\psi_n(x)^*\psi_n(x) = |\psi_n(x)|^2 \ (\because \psi_n(x) \text{ は実数関数より，} \psi_n(x)^* = \psi_n(x))} \underbrace{\frac{d\xi}{dx}}_{\alpha(\because \xi = \alpha x)} dx = 2^n n!\sqrt{\pi}$$

$$\frac{\alpha}{a_n^2}\underbrace{\int_{-\infty}^{\infty} |\psi_n(x)|^2 dx}_{1(\text{全確率}) \ (\because \psi_n(x) \text{ は規格化された波動関数})} = 2^n n!\sqrt{\pi}$$ より，$$a_n^2 = \frac{\alpha}{2^n n!\sqrt{\pi}}$$

a_nを正の実数係数とすると，係数 $a_n = \sqrt{\dfrac{\alpha}{2^n n!\sqrt{\pi}}}$ $\left(\alpha = \sqrt{\dfrac{m\omega}{\hbar}}\right)$ となるんだね。

次に，$m \neq n$ のとき，$(*q_0)$ と $(*n_0)$ より

$$\int_{-\infty}^{\infty} \underbrace{H_m(\xi)e^{-\frac{\xi^2}{2}}}_{\frac{1}{a_m}\psi_m(x)} \cdot \underbrace{H_n(\xi)e^{-\frac{\xi^2}{2}}}_{\frac{1}{a_n}\psi_n(x)} \underbrace{\frac{d\xi}{dx}}_{\alpha} dx = 0$$ となる。よって，

$$\frac{\alpha}{a_m a_n}\int_{-\infty}^{\infty} \underbrace{\psi_m(x)}_{\psi_m(x)^*\ (\because \psi_m(x)\text{は実数関数})} \cdot \psi_n(x)\,dx = 0$$

両辺に $\frac{a_m a_n}{\alpha}$ (>0) をかけると，

$(\psi_m,\ \psi_n) = \int_{-\infty}^{\infty} \psi_m(x)^* \psi_n(x)\,dx = 0$　となって

$\psi_m(x)$ と $\psi_n(x)$ が直交することも分かる。

以上より，固有関数 $\psi_n(x) = \sqrt{\frac{\alpha}{2^n n!\sqrt{\pi}}}\, H_n(\alpha x)\, e^{-\frac{1}{2}\alpha^2 x^2}$　$(n = 0,\ 1,\ 2,\ \cdots)$

は正規直交系の関数列であることが分かったんだね。

さらに，ここでは証明が繁雑になるため省略するけれど，この固有関数は完全系であることも示せるんだね。

$\sum_{n=0}^{\infty} \psi_n(x)\psi_n(y)^* = \delta(x-y)$ をみたす。

これで調和振動子のエネルギー固有値 E_n とそれに対応する固有関数(波動関数) $\psi_n(x)$ が，

$$E_n = \hbar\omega\left(n + \frac{1}{2}\right) \quad \cdots\cdots\cdots\cdots\cdots\cdots\cdots\cdots (*m_0)$$

$$\psi_n(x) = \sqrt{\frac{\alpha}{2^n n!\sqrt{\pi}}}\, H_n(\alpha x)\, e^{-\frac{1}{2}\alpha^2 x^2} \quad \cdots\cdots (*r_0) \quad (n = 0,\ 1,\ 2,\ \cdots) \left(\alpha = \sqrt{\frac{m\omega}{\hbar}}\right)$$

であることが分かった。

調和振動子の最も簡単な予行演習として，例題 **9** (**P106**) を解説したんだけれど，これは，$(*r_0)$ と $(*m_0)$ の $n = 0$ のときのもの，すなわち，

$$\psi_0(x) = \underbrace{\sqrt{\frac{\alpha}{\sqrt{\pi}}}}_{N}\, \underbrace{H_0(\alpha x)}_{1}\, e^{-\frac{1}{2}\alpha^2 x^2} = N e^{-\frac{1}{2}\alpha^2 x^2},\quad E_0 = \frac{1}{2}\hbar\omega$$ についての問題だったんだね。今回は一般論として，調和振動子の問題を解いて，$(*m_0)$ と $(*r_0)$ の結果を得たんだね。

そして，固有関数列 $\{\psi_n(x)\}$ は，正規直交系であり，かつ完全系であるので，調和振動子の任意の波動関数 $\psi(x)$ は，固有関数列 $\{\psi_n(x)\}$ の **1** 次結合(重ね合わせ)により

$$\psi(x) = \sum_{n=0}^{\infty} C_n \psi_n(x) \quad \cdots\cdots\cdots ① \quad (C_n：複素定数)$$

と表すことができる。ここで，この複素定数 C_n は，ψ_n の正規直交性により，$C_n = (\psi_n, \psi)$ で求めることができる。

($\psi = C_0\psi_0 + C_1\psi_1 + \cdots + C_n\psi_n + \cdots$ (①より))

さらに，ψ が規格化されていればエネルギー固有値が E_n と観測される確率は，$|C_n|^2$ となることも大丈夫だね。以上の考え方は，例題 **8(P86)** の無限に大きい井戸型ポテンシャルの問題のところで詳しく解説しているので，忘れた方はもう **1** 度読み返してごらんになるといいと思う。

さらに，時刻も考慮に入れると，時刻 $t=0$ で，①の $\psi(x)$ の状態から出発した波動関数が，時刻が t だけ経過した後に $\Psi(x, t)$ になったとすると，

$$\Psi(x, t) = \sum_{n=0}^{\infty} C_n \psi_n(x) e^{-i\frac{E_n}{\hbar}t}$$

$$= \sum_{n=0}^{\infty} C_n \psi_n(x) e^{-i\left(n+\frac{1}{2}\right)\omega t} \quad \cdots\cdots\cdots ② \quad \left(\because E_n = \hbar\omega\left(n+\frac{1}{2}\right) より\right)$$

となる。この②の時刻を含む調和振動子の周期は，指数部に着目すると

$$-i\left(n+\frac{1}{2}\right)\omega T$$

(周期)

($\omega T = 4\pi$：$\frac{1}{2}$ にかかるため，ωT は 2π ではなく 4π でないといけない。)

$\omega T = 4\pi$　∴周期 $T = \dfrac{4\pi}{\omega}$ となるんだね。すなわち，この周期 $T = \dfrac{4\pi}{\omega}$ に対して $\Psi(x, t+T) = \Psi(x, t)$ をみたす。

(これは周期 T の周期関数の定義式だ。)

それでは，調和振動子の固有関数 $\psi_n(x)$ の $n=0,1,2,3,6$ のときのグラフの概形を図1(ⅰ)〜(ⅴ)に示そう。これから，

・$n=0,2,4,6,\cdots$，すなわち，n が偶数のとき，$\psi_n(x)$ は偶関数であり，$x=0$ に関して左右対称なグラフになる。これに対して，

・$n=1,3,5,7,\cdots$，すなわち，n が奇数のとき，$\psi_n(x)$ は奇関数であり，原点 0 に関して点対称なグラフとなることが分かる。

図1に示した2つの値 $-x_0$ と x_0 は古典力学における単振動の範囲 $-x_0<x<x_0$ を表している。これは運動エネルギー E とポテンシャルエネルギー V に対して，$E<V$ から計算される。

この $\pm x_0$ は古典力学における単振動の転回点と呼ばれるもので，古典力学において調和振動子は，この範囲でしか運動しない。

これに対して，量子力学における量子的粒子は，波動性をもつため，この外部の領域，すなわち，$x<-x_0$ または $x_0<x$ の範囲にまで浸み出していることが分かるんだね。

これで固有関数（波動関数）$\psi_n(x)$ の具体的なグラフのイメージもつかんで頂けたと思う。

図1　調和振動子の固有関数 $\psi_n(x)$ のグラフ

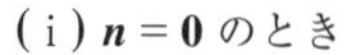
(ⅰ) $n=0$ のとき

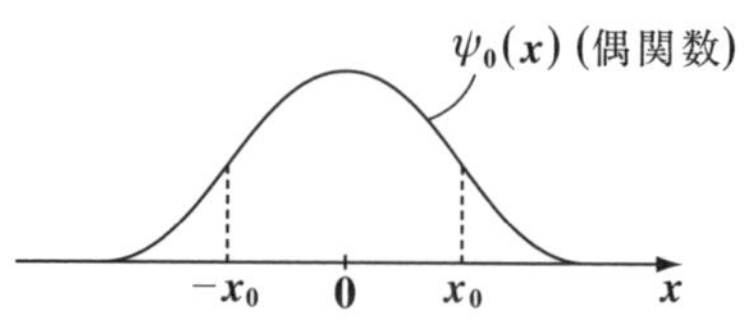

(ⅱ) $n=1$ のとき

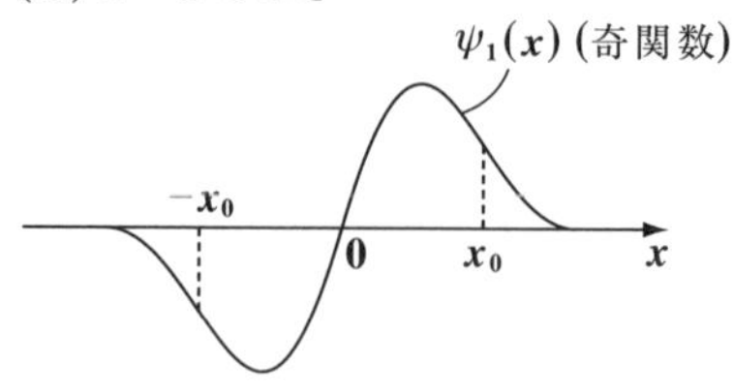

(ⅲ) $n=2$ のとき

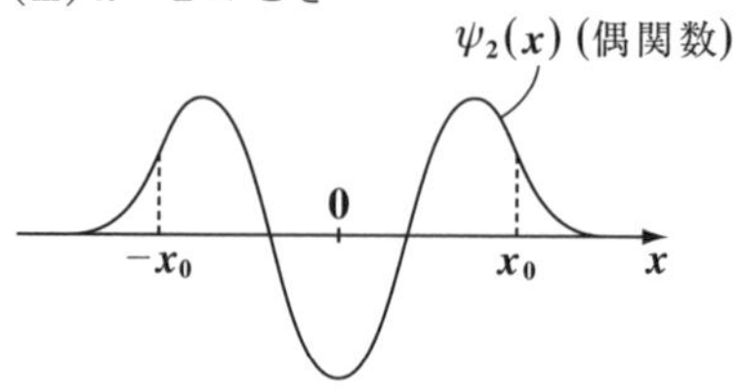

(ⅳ) $n=3$ のとき

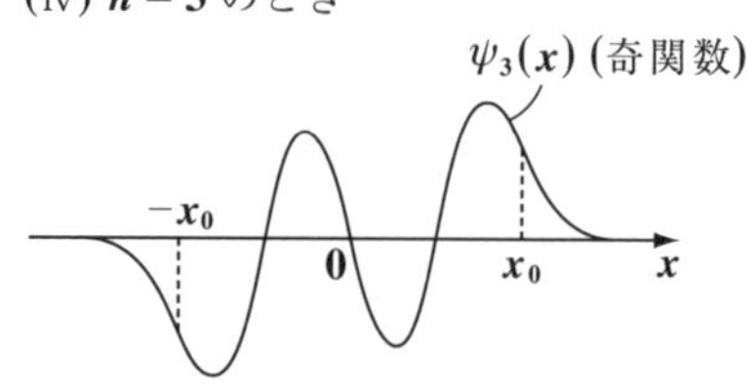

(ⅴ) $n=6$ のとき

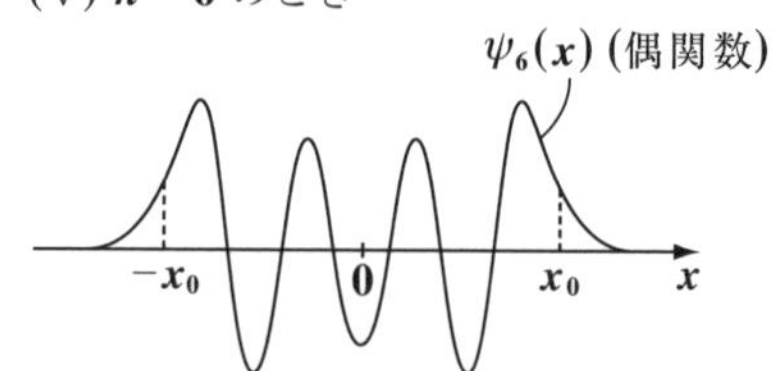

● 物理量の平均値を求めよう！

$$H_{n+1} = 2\xi H_n - 2nH_{n-1} \cdots\cdots(*p_0)$$
$$H_n{}' = 2nH_{n-1} \cdots\cdots\cdots\cdots\cdots\cdots(*p_0)'$$

では次に，調和振動子の固有状態 $\psi_n(x)$ における位置 x や運動量 p など…の各物理量の平均値を求めることにしよう。

その計算に役に立つ $\psi_n(x)$ と $\psi_n{}'(x)$ の漸化式の公式を次に示そう。これらは，エルミート多項式の漸化式 $(*p_0)$ と $(*p_0)'$ から導くことができる。

$$\begin{cases} (\text{i})\ x\psi_n(x) = \dfrac{1}{\alpha}\left\{\sqrt{\dfrac{n+1}{2}}\psi_{n+1}(x) + \sqrt{\dfrac{n}{2}}\psi_{n-1}(x)\right\} \cdots\cdots\cdots(*s_0) \\ (\text{ii})\ \dfrac{d\psi_n(x)}{dx} = -\alpha\left\{\sqrt{\dfrac{n+1}{2}}\psi_{n+1}(x) - \sqrt{\dfrac{n}{2}}\psi_{n-1}(x)\right\} \cdots\cdots\cdots(*t_0) \end{cases}$$

(i) まず，$(*s_0)$ が成り立つことを示そう。

$\psi_n(x) = a_nH_n(\xi)e^{-\frac{\xi^2}{2}} \cdots\cdots(*r_0)$ の両辺に $\xi(=\alpha x)$ をかけて，

$$\alpha x\psi_n(x) = a_n \cdot \underbrace{\xi H_n(\xi)}_{\frac{1}{2}\{H_{n+1}(\xi)+2nH_{n-1}(\xi)\}\ ((*p_0)(\text{P165})\text{より})} \cdot e^{-\frac{\xi^2}{2}}$$

$$= \frac{a_n}{2}\{H_{n+1}(\xi) + 2nH_{n-1}(\xi)\}e^{-\frac{\xi^2}{2}}$$

$$\therefore\ \alpha x\psi_n(x) = \frac{a_n}{2a_{n+1}} \cdot \underbrace{a_{n+1}H_{n+1}(\xi)e^{-\frac{\xi^2}{2}}}_{\psi_{n+1}(x)} + \frac{na_n}{a_{n-1}} \cdot \underbrace{a_{n-1}H_{n-1}(\xi)e^{-\frac{\xi^2}{2}}}_{\psi_{n-1}(x)} \cdots\cdots\cdots①$$

ここで，$a_n = \sqrt{\dfrac{\alpha}{2^n n!\sqrt{\pi}}}$ より，

$$\frac{a_n}{a_{n+1}} = \sqrt{\frac{2^{n+1}(n+1)!}{2^n n!}} = \sqrt{2(n+1)}$$ となる。同様に，

$$\left(\frac{\dfrac{\sqrt{\alpha}}{\sqrt{2^n n!\sqrt{\pi}}}}{\dfrac{\sqrt{\alpha}}{\sqrt{2^{n+1}(n+1)!\sqrt{\pi}}}}\right)$$

$$\frac{a_n}{a_{n-1}} = \sqrt{\frac{2^{n-1}(n-1)!}{2^n n!}} = \frac{1}{\sqrt{2n}}$$ となる。

また，$\psi_{n+1} = a_{n+1}H_{n+1}e^{-\frac{\xi^2}{2}}$，$\psi_{n-1} = a_{n-1}H_{n-1}e^{-\frac{\xi^2}{2}}$ より，①は，

$$\alpha x\psi_n(x) = \frac{\sqrt{2(n+1)}}{2}\psi_{n+1}(x) + \frac{n}{\sqrt{2n}}\psi_{n-1}(x)$$

この両辺を $\alpha\left(=\sqrt{\dfrac{m\omega}{\hbar}}>0\right)$ で割って，

$$x\psi_n(x)=\frac{1}{\alpha}\left\{\sqrt{\frac{n+1}{2}}\psi_{n+1}(x)+\sqrt{\frac{n}{2}}\psi_{n-1}(x)\right\}\ \cdots\cdots\cdots(*s_0)$$ が導ける。

(ii) 次に，$(*t_0)$ が成り立つことを示そう。

$\xi=\alpha x$ より，$d\xi=\alpha dx$

よって，$\psi_n(x)=a_nH_n(\xi)e^{-\frac{\xi^2}{2}}$ ……$(*r_0)$ の両辺を ξ で微分すると，

$$\frac{d\psi_n(x)}{d\xi}=a_n\frac{d}{d\xi}\left\{H_n(\xi)e^{-\frac{\xi^2}{2}}\right\}$$

$$\frac{1}{\alpha}\cdot\frac{d\psi_n(x)}{dx}=a_n\left\{H_n'(\xi)e^{-\frac{\xi^2}{2}}-\xi H_n(\xi)e^{-\frac{\xi^2}{2}}\right\}$$

（$\frac{d\psi_n(x)}{d\xi}=\frac{1}{\alpha}\cdot\frac{d\psi_n(x)}{dx}$，$\frac{1}{\alpha}=\frac{dx}{d\xi}$）

$H_n'(\xi)=2nH_{n-1}(\xi)$ （$(*p_0)'$(P165)より）

$=nH_{n-1}(\xi)+nH_{n-1}(\xi)$

（$nH_{n-1}(\xi)=\xi H_n(\xi)-\frac{1}{2}H_{n+1}(\xi)$ （$(*p_0)$より））

$=nH_{n-1}(\xi)+\xi H_n(\xi)-\frac{1}{2}H_{n+1}(\xi)$

$$\therefore\ \frac{1}{\alpha}\cdot\frac{d\psi_n(x)}{dx}=a_n\left\{nH_{n-1}(\xi)e^{-\frac{\xi^2}{2}}-\frac{1}{2}H_{n+1}(\xi)e^{-\frac{\xi^2}{2}}\right\}$$

この両辺に α をかけて，

$$\frac{d\psi_n(x)}{dx}=-\alpha\left\{\frac{a_n}{2a_{n+1}}\cdot a_{n+1}H_{n+1}(\xi)e^{-\frac{\xi^2}{2}}-\frac{na_n}{a_{n-1}}\cdot a_{n-1}H_{n-1}(\xi)e^{-\frac{\xi^2}{2}}\right\}$$

（$\frac{a_n}{2a_{n+1}}=\sqrt{\frac{n+1}{2}}$，$a_{n+1}H_{n+1}(\xi)e^{-\frac{\xi^2}{2}}=\psi_{n+1}(x)$，$\frac{na_n}{a_{n-1}}=\sqrt{\frac{n}{2}}$，$a_{n-1}H_{n-1}(\xi)e^{-\frac{\xi^2}{2}}=\psi_{n-1}(x)$）

$$\therefore\ \frac{d\psi_n(x)}{dx}=-\alpha\left\{\sqrt{\frac{n+1}{2}}\psi_{n+1}(x)-\sqrt{\frac{n}{2}}\psi_{n-1}(x)\right\}\ \cdots\cdots\cdots(*t_0)$$

も導けるんだね。

これらの公式を用いて，次の例題で固有状態 $\psi_n(x)$ における平均値 $\langle x\rangle$, $\langle p\rangle$, $\langle x^2\rangle$, $\langle p^2\rangle$, Δx, Δp を実際に計算してみよう。$n=0$ のときについては，例題9(P106)で既に計算している。次の例題の結果は一般論なので，この $n=0$ の特殊な場合が，例題9の結果と一致することもご確認頂きたい。

例題 **18**　調和振動子が，波動関数：

$\psi_n(x) = a_n H_n(\alpha x) e^{-\frac{1}{2}\alpha^2 x^2}$　$\left(\alpha = \sqrt{\frac{m\omega}{\hbar}}\right)$ の固有状態にあるものとする。

このとき，次の漸化式を用いて，以下の問いに答えよ。

$$\begin{cases} x\psi_n = \frac{1}{\alpha}\left(\sqrt{\frac{n+1}{2}}\psi_{n+1} + \sqrt{\frac{n}{2}}\psi_{n-1}\right) \cdots\cdots\cdots\cdots (*s_0) \\ \frac{d\psi_n}{dx} = -\alpha\left(\sqrt{\frac{n+1}{2}}\psi_{n+1} - \sqrt{\frac{n}{2}}\psi_{n-1}\right) \cdots\cdots\cdots (*t_0) \end{cases}$$

(1) 位置 x と運動量 p について，平均値 $<x>$, $<p>$, $<x^2>$, $<p^2>$ を求めよ。

(2) 不確定性原理の式 $\Delta x \Delta p = \hbar\left(n + \frac{1}{2}\right)$ が成り立つことを示せ。

(1) ・まず，位置 x について，$<x>$ と $<x^2>$ を求める。

(i) $<x> = (\psi_n,\ \hat{x}\psi_n) = \frac{1}{\alpha}\left(\psi_n,\ \sqrt{\frac{n+1}{2}}\psi_{n+1} + \sqrt{\frac{n}{2}}\psi_{n-1}\right)$

$x\psi_n = \frac{1}{\alpha}\left(\sqrt{\frac{n+1}{2}}\psi_{n+1} + \sqrt{\frac{n}{2}}\psi_{n-1}\right)$　（$(*s_0)$ より）

$= \frac{1}{\alpha}\left\{\sqrt{\frac{n+1}{2}}\underbrace{(\psi_n,\ \psi_{n+1})}_{0} + \sqrt{\frac{n}{2}}\underbrace{(\psi_n,\ \psi_{n-1})}_{0}\right\}$　← $\{\psi_n\}$ の正規直交性より

$= 0$ ………①　となる。

$H_n(\alpha x)$ は，偶関数か奇関数なので，

$<x> = (\psi_n,\ x\psi_n) = \int_{-\infty}^{\infty} x\{\psi_n(x)\}^2 dx$

$= a_n^2 \int_{-\infty}^{\infty} \underbrace{x}_{\text{奇関数}} \underbrace{\{H_n(\alpha x)\}^2 e^{-\alpha^2 x^2}}_{\text{偶関数}} dx = 0$　と求めてもよい。

(ii) $<x^2> = (\psi_n,\ x^2\psi_n) = (\underbrace{x\psi_n}_{\parallel},\ \underbrace{x\psi_n}_{\parallel})$

$\frac{1}{\alpha}\left(\sqrt{\frac{n+1}{2}}\psi_{n+1}+\sqrt{\frac{n}{2}}\psi_{n-1}\right)$ ((*s_0)より)

$(\psi_n,\ x^2\psi_n) = \int_{-\infty}^{\infty} x^2\psi_n{}^2 dx$
$= \int_{-\infty}^{\infty} x\psi_n \cdot x\psi_n dx = (x\psi_n,\ x\psi_n)$
となる。今回の積分計算は大変なので漸化式を利用しよう。

$$= \frac{1}{\alpha^2}\left(\sqrt{\frac{n+1}{2}}\psi_{n+1}+\sqrt{\frac{n}{2}}\psi_{n-1},\ \sqrt{\frac{n+1}{2}}\psi_{n+1}+\sqrt{\frac{n}{2}}\psi_{n-1}\right)$$

$$= \underbrace{\frac{1}{\alpha^2}}_{\frac{\hbar}{m\omega}}\left\{\frac{n+1}{2}\underbrace{(\psi_{n+1},\psi_{n+1})}_{1} + \frac{\sqrt{n(n+1)}}{2}\underbrace{(\psi_{n+1},\psi_{n-1})}_{0} + \frac{\sqrt{n(n+1)}}{2}\underbrace{(\psi_{n-1},\psi_{n+1})}_{0} + \frac{n}{2}\underbrace{(\psi_{n-1},\psi_{n-1})}_{1}\right\}$$

$\{\psi_n\}$の正規直交性より

$$= \frac{\hbar}{m\omega}\left(\frac{n+1}{2}+\frac{n}{2}\right) = \frac{\hbar}{m\omega}\left(n+\frac{1}{2}\right) \quad \cdots\cdots\cdots②$$ となる。

・次に，運動量 p について，$<p>$, $<p^2>$を求める。

(i) $<p> = (\psi_n,\ \underbrace{\hat{p}}_{-i\hbar\frac{d}{dx}}\psi_n) = -i\hbar\left(\psi_n,\ \underbrace{\frac{d\psi_n}{dx}}_{\parallel}\right)$

$-\alpha\left(\sqrt{\frac{n+1}{2}}\psi_{n+1}-\sqrt{\frac{n}{2}}\psi_{n-1}\right)$ ((*t_0)より)

$$= i\alpha\hbar\left(\psi_n,\ \sqrt{\frac{n+1}{2}}\psi_{n+1}-\sqrt{\frac{n}{2}}\psi_{n-1}\right)$$

$$= i\alpha\hbar\left(\sqrt{\frac{n+1}{2}}\underbrace{(\psi_n,\ \psi_{n+1})}_{0}-\sqrt{\frac{n}{2}}\underbrace{(\psi_n,\ \psi_{n-1})}_{0}\right)$$

← $\{\psi_n\}$の正規直交性より

$= 0$ ………③　となるんだね。

(ii) $<p^2> = (\psi_n,\ \underbrace{\hat{p}^2}_{\parallel}\psi_n) = -\hbar^2\left(\psi_n,\ \underbrace{\frac{d^2\psi_n}{dx^2}}_{\parallel}\right)$

$\left(-i\hbar\frac{d}{dx}\right)^2 = -\hbar^2\frac{d^2}{dx^2}$

$-\alpha\cdot\frac{d}{dx}\left(\sqrt{\frac{n+1}{2}}\psi_{n+1}-\sqrt{\frac{n}{2}}\psi_{n-1}\right)$ ((*t_0)より)
$= -\alpha\left(\sqrt{\frac{n+1}{2}}\frac{d\psi_{n+1}}{dx}-\sqrt{\frac{n}{2}}\frac{d\psi_{n-1}}{dx}\right)$

よって，　$\psi_n' = -\alpha\left(\sqrt{\frac{n+1}{2}}\psi_{n+1} - \sqrt{\frac{n}{2}}\psi_{n-1}\right) \cdots (*t_0)$ より

$$<p^2> = \alpha\hbar^2\left(\psi_n,\ \sqrt{\frac{n+1}{2}}\underbrace{\frac{d\psi_{n+1}}{dx}}_{-\alpha\left(\sqrt{\frac{n+2}{2}}\psi_{n+2}-\sqrt{\frac{n+1}{2}}\psi_n\right)} - \sqrt{\frac{n}{2}}\underbrace{\frac{d\psi_{n-1}}{dx}}_{-\alpha\left(\sqrt{\frac{n}{2}}\psi_n-\sqrt{\frac{n-1}{2}}\psi_{n-2}\right)}\right)$$

$$= -\alpha^2\hbar^2\left(\psi_n,\ \frac{\sqrt{(n+1)(n+2)}}{2}\psi_{n+2} - \frac{n+1}{2}\psi_n - \frac{n}{2}\psi_n + \frac{\sqrt{n(n-1)}}{2}\psi_{n-2}\right)$$

$$= \alpha^2\hbar^2\left(\psi_n,\ \left(n+\frac{1}{2}\right)\psi_n\right) = \underbrace{\alpha^2}_{\frac{m\omega}{\hbar}}\hbar^2\left(n+\frac{1}{2}\right)\underbrace{(\psi_n,\ \psi_n)}_{1}$$

$\{\psi_n\}$ の正規直交性より

$$= m\omega\hbar\left(n+\frac{1}{2}\right) \cdots\cdots\cdots ④$$ となる。

(2) **(1)** の結果の $<x> = 0$ ………①，$<x^2> = \frac{\hbar}{m\omega}\left(n+\frac{1}{2}\right)$ ………②，

$<p> = 0$ ………③，$<p^2> = m\omega\hbar\left(n+\frac{1}{2}\right)$ ………④　を用いて，

x と p のバラツキ(標準偏差) Δx，Δp を求めると，

$$\Delta x = \sqrt{<x^2> - <x>^2} = \sqrt{\frac{\hbar}{m\omega}\left(n+\frac{1}{2}\right)} \cdots\cdots\cdots ⑤$$ となる。(①，②より)

$$\Delta p = \sqrt{<p^2> - <p>^2} = \sqrt{m\omega\hbar\left(n+\frac{1}{2}\right)} \cdots\cdots\cdots ⑥$$ となる。(③，④より)

よって，⑤×⑥より，

$\Delta x\Delta p = \hbar\left(n+\frac{1}{2}\right)$　$(n = 0,\ 1,\ 2,\ \cdots)$　となって，調和振動子の不確定性原理の式が導けたんだね。

よって，$n = 0$ のとき，$\Delta x\Delta p = \frac{\hbar}{2}$ となって，例題 **9(3)** の結果 (**P109**) と一致することが分かった。

$\psi_n(x)$の固有状態における，x^2とp^2の平均値

$<x^2>=\dfrac{\hbar}{m\omega}\left(n+\dfrac{1}{2}\right)$ ………② と $<p^2>=m\omega\hbar\left(n+\dfrac{1}{2}\right)$ ………④ が

分かったので，これから，このポテンシャルエネルギー $V(x)=\dfrac{1}{2}m\omega^2x^2$

と運動エネルギー $\dfrac{p^2}{2m}$ の平均値も次のように求められる。

$$\cdot <V>=\left(\psi_n,\ \frac{1}{2}m\omega^2x^2\psi_n\right)=\frac{1}{2}m\omega^2(\psi_n,\ x^2\psi_n)$$

$$=\frac{1}{2}m\omega^2\underbrace{<x^2>}_{\frac{\hbar}{m\omega}\left(n+\frac{1}{2}\right)\ (②より)}=\frac{1}{2}m\omega^2\cdot\frac{\hbar}{m\omega}\left(n+\frac{1}{2}\right)$$

$$=\frac{1}{2}\hbar\omega\left(n+\frac{1}{2}\right)\ \cdots\cdots⑦$$ となり，また，

$$\cdot\left\langle\frac{p^2}{2m}\right\rangle=\left(\psi_n,\ \frac{\hat{p}^2}{2m}\psi_n\right)=\frac{1}{2m}(\psi_n,\ \hat{p}^2\psi_n)$$

$$=\frac{1}{2m}\underbrace{<p^2>}_{m\omega\hbar\left(n+\frac{1}{2}\right)\ (④より)}=\frac{1}{2m}m\omega\hbar\left(n+\frac{1}{2}\right)$$

$$=\frac{1}{2}\hbar\omega\left(n+\frac{1}{2}\right)\ \cdots\cdots⑦'$$ となるんだね。

ここで，調和振動子の $\psi_n(x)$の固有状態におけるエネルギー固有値 E_n は

$E_n=\hbar\omega\left(n+\dfrac{1}{2}\right)$ ………$(*m_0)$ より，

$$\cdot\underbrace{<V>}_{ポテンシャルエネルギー}=\underbrace{\left\langle\frac{p^2}{2m}\right\rangle}_{運動エネルギー}=\frac{1}{2}\underbrace{E_n}_{エネルギー固有値(エネルギー準位)}\quad(n=0,\ 1,\ 2,\ \cdots)$$ と，

きれいな結果が導かれることも頭に入れておこう。

● 任意の $\psi(x)$ の $<x>$ や $<p>$ も調べよう！

では次，固有関数 $\psi_n(x)$ の重ね合わせ（1次結合）によって生成される任意の波動関数 $\psi(x)$ の $<x>$ や $<p>$ についても，次の例題で計算してみよう。

例題 19　調和振動子の固有関数 $\psi_n(x)$ の重ね合わせによる任意の波動関数 $\psi(x)=\sum_{n=0}^{\infty}C_n\psi_n(x)$ について，次の各問いに答えよ。

$\left(\text{ただし，}\alpha=\sqrt{\dfrac{m\omega}{\hbar}}\text{ であり，}C_n\text{ は実数定数とする。}\right)$

(1) 公式：$x\psi_n=\dfrac{1}{\alpha}\left(\sqrt{\dfrac{n+1}{2}}\psi_{n+1}+\sqrt{\dfrac{n}{2}}\psi_{n-1}\right)$ …………$(*s_0)$

を用いて，$\psi(x)$ の位置 x の平均値 $<x>$ を求めよ。

(2) 公式：$\dfrac{d\psi_n}{dx}=-\alpha\left(\sqrt{\dfrac{n+1}{2}}\psi_{n+1}-\sqrt{\dfrac{n}{2}}\psi_{n-1}\right)$ ………$(*t_0)$

を用いて，$\psi(x)$ の運動量 p の平均値 $<p>$ を求めよ。

(1) まず，$\psi(x)=\sum_{n=0}^{\infty}C_n\psi_n(x)$ の位置 x の平均値 $<x>$ は，次のように求められる。

$$<x>=(\psi,\ \hat{x}\psi)=\left(\sum_{m=0}^{\infty}C_m\psi_m,\ x\sum_{n=0}^{\infty}C_n\psi_n\right)$$

$\hat{x}$ は x（∵ x は実数定数）

$$=\sum_{m=0}^{\infty}\sum_{n=0}^{\infty}C_mC_n(\psi_m,\ x\psi_n)$$

$x\psi_n=\dfrac{1}{\alpha}\left(\sqrt{\dfrac{n+1}{2}}\psi_{n+1}+\sqrt{\dfrac{n}{2}}\psi_{n-1}\right)$　（$(*s_0)$ より）

C_m, C_n が複素定数ならば $C_m^*C_n$ と表すべきだが，C_m, C_n は実数定数なので，C_mC_n と表せる。

ここで，公式 $(*s_0)$，および固有関数 $\psi_n(x)$ の正規直交性より，$m=n-1$ と $n+1$ のときの項のみが残り，他の項はすべて 0 となるんだね。

$$\therefore <x>=\frac{1}{\alpha}\sum_{n=0}^{\infty}\left\{C_{n+1}C_n\left(\psi_{n+1},\ \sqrt{\frac{n+1}{2}}\psi_{n+1}\right)+C_{n-1}C_n\left(\psi_{n-1},\ \sqrt{\frac{n}{2}}\psi_{n-1}\right)\right\}$$

$\sqrt{\dfrac{n+1}{2}}(\psi_{n+1},\ \psi_{n+1})=\sqrt{\dfrac{n+1}{2}}$　（$(\psi_{n+1},\ \psi_{n+1})=1$）

$\sqrt{\dfrac{n}{2}}(\psi_{n-1},\ \psi_{n-1})=\sqrt{\dfrac{n}{2}}$　（$(\psi_{n-1},\ \psi_{n-1})=1$）

よって，$<x>=\frac{1}{\alpha}\left(\sum_{n=0}^{\infty}C_nC_{n+1}\sqrt{\frac{n+1}{2}}+\underbrace{\sum_{n=0}^{\infty}C_{n-1}C_n\sqrt{\frac{n}{2}}}\right)$

$0+C_0C_1\sqrt{\frac{1}{2}}+C_1C_2\sqrt{\frac{2}{2}}+C_2C_3\sqrt{\frac{3}{2}}+\cdots=\sum_{n=0}^{\infty}C_nC_{n+1}\sqrt{\frac{n+1}{2}}$

$$=\frac{2}{\alpha}\sum_{n=0}^{\infty}C_nC_{n+1}\sqrt{\frac{n+1}{2}}$$

$\therefore <x>=\frac{1}{\alpha}\sum_{n=0}^{\infty}\sqrt{2(n+1)}\,C_nC_{n+1}\quad\left(\alpha=\sqrt{\frac{m\omega}{\hbar}}\right)$ となるんだね。

(2) 次に，$\psi(x)=\sum_{n=0}^{\infty}C_n\psi_n(x)$ の運動量 p の平均値 $<p>$ も同様に求められる。

$<p>=(\psi,\ \underbrace{\hat{p}}\psi)=-i\hbar\left(\psi,\ \frac{d\psi}{dx}\right)$

$-i\hbar\frac{d}{dx}$

$$=-i\hbar\left(\sum_{m=0}^{\infty}C_m\psi_m,\ \frac{d}{dx}\sum_{n=0}^{\infty}C_n\psi_n\right)$$

$$=-i\hbar\left(\sum_{m=0}^{\infty}C_m\psi_m,\ \sum_{n=0}^{\infty}C_n\frac{d\psi_n}{dx}\right)$$

$$=-i\hbar\sum_{m=0}^{\infty}\sum_{n=0}^{\infty}C_mC_n\left(\psi_m,\ \underbrace{\frac{d\psi_n}{dx}}\right)$$

$\alpha\left(\sqrt{\frac{n}{2}}\psi_{n-1}-\sqrt{\frac{n+1}{2}}\psi_{n+1}\right)\quad((*t_0)$ より)

C_m と C_n が複素定数ならば $C_m^*C_n$ とするべきだけれど，C_m と C_n は実数定数より，C_mC_n と表した。

ここで，公式 $(*t_0)$，および固有関数 $\psi_n(x)$ の正規直交性より，$m=n-1$ と $n+1$ のときの項のみが残り，他の項はすべて 0 となる。

$$\therefore <p>=-i\hbar\alpha\sum_{n=0}^{\infty}\left\{C_{n-1}C_n\underbrace{\left(\psi_{n-1},\ \sqrt{\frac{n}{2}}\psi_{n-1}\right)}-C_{n+1}C_n\underbrace{\left(\psi_{n+1},\ \sqrt{\frac{n+1}{2}}\psi_{n+1}\right)}\right\}$$

$\sqrt{\frac{n}{2}}\underbrace{(\psi_{n-1},\ \psi_{n-1})}_{1}=\sqrt{\frac{n}{2}}$

$\sqrt{\frac{n+1}{2}}\underbrace{(\psi_{n+1},\ \psi_{n+1})}_{1}=\sqrt{\frac{n+1}{2}}$

よって，$<p> = -i\hbar\alpha\left(\underbrace{\sum_{n=0}^{\infty} C_{n-1}C_n\sqrt{\frac{n}{2}}}_{0+C_0C_1\sqrt{\frac{1}{2}}+C_1C_2\sqrt{\frac{2}{2}}+C_2C_3\sqrt{\frac{3}{2}}+\cdots=\sum_{n=0}^{\infty}C_nC_{n+1}\sqrt{\frac{n+1}{2}}} - \sum_{n=0}^{\infty} C_nC_{n+1}\sqrt{\frac{n+1}{2}}\right) = 0$ となるんだね。

納得いった？

これで，例題 19 の解答・解説は終了です。ン？任意の波動関数 $\psi(x)$ について $<x^2>$ や $<p^2>$ はどうなるのかって!? では，計算は少し繁雑になるんだけれど，向学心旺盛な読者の皆さんと一緒にもう一頑張りしてみよう。

(i) では，$\psi(x) = \sum_{n=0}^{\infty} C_n\psi_n(x)$ における $<x^2>$ を求めると，

$$<x^2> = (\psi,\ x^2\psi) = \left(\sum_{m=0}^{\infty} C_m\psi_m,\ \underbrace{x^2\sum_{n=0}^{\infty} C_n\psi_n}_{\sum_{n=0}^{\infty} C_n x^2\psi_n}\right) \quad (C_m,\ C_n：実数定数)$$

公式：
$x\psi_n = \frac{1}{\alpha}\left(\sqrt{\frac{n+1}{2}}\psi_{n+1} + \sqrt{\frac{n}{2}}\psi_{n-1}\right) \cdots (*s_0)$
を 3 回用いる。

$$= \sum_{m=0}^{\infty}\sum_{n=0}^{\infty} C_mC_n(\psi_m,\ x^2\psi_n)$$

$x\cdot x\psi_n$

$= x\cdot\frac{1}{\alpha}\left(\sqrt{\frac{n+1}{2}}\psi_{n+1} + \sqrt{\frac{n}{2}}\psi_{n-1}\right)$

$= \frac{1}{\alpha}\left(\sqrt{\frac{n+1}{2}}\,x\psi_{n+1} + \sqrt{\frac{n}{2}}\,x\psi_{n-1}\right)$

$x\psi_{n+1} = \frac{1}{\alpha}\left(\sqrt{\frac{n+2}{2}}\psi_{n+2} + \sqrt{\frac{n+1}{2}}\psi_n\right)$，$x\psi_{n-1} = \frac{1}{\alpha}\left(\sqrt{\frac{n}{2}}\psi_n + \sqrt{\frac{n-1}{2}}\psi_{n-2}\right)$

$= \frac{1}{\alpha^2}\left(\frac{\sqrt{(n+1)(n+2)}}{2}\psi_{n+2} + \frac{n+1}{2}\psi_n + \frac{n}{2}\psi_n + \frac{\sqrt{(n-1)n}}{2}\psi_{n-2}\right)$

$= \frac{1}{\alpha^2}\left\{\frac{\sqrt{(n+1)(n+2)}}{2}\psi_{n+2} + \left(n+\frac{1}{2}\right)\psi_n + \frac{\sqrt{(n-1)n}}{2}\psi_{n-2}\right\}$

$$= \frac{1}{\alpha^2}\sum_{m=0}^{\infty}\sum_{n=0}^{\infty} C_mC_n\left(\psi_m,\ \underbrace{\frac{\sqrt{(n+1)(n+2)}}{2}\psi_{n+2} + \left(n+\frac{1}{2}\right)\psi_n + \frac{\sqrt{(n-1)n}}{2}\psi_{n-2}}_{Q_n\,(=\alpha^2x^2\psi_n)\text{ とおく}}\right)$$

ここで，$Q_n = \alpha^2x^2\psi_n$ とおくと，固有関数 ψ_n の正規直交性より，

$m=n-2$，n，$n+2$ のときの項のみが残り，他の項はすべて 0 となるので，$<x^2>$は，

$$<x^2> = \frac{1}{\alpha^2}\left\{\sum_{n=0}^{\infty} C_{n-2}C_n\underbrace{(\psi_{n-2},\ Q_n)}_{\frac{\sqrt{(n-1)n}}{2}} + \sum_{n=0}^{\infty} C_n{}^2\underbrace{(\psi_n,\ Q_n)}_{\left(n+\frac{1}{2}\right)} + \sum_{n=0}^{\infty} C_nC_{n+2}\underbrace{(\psi_{n+2},\ Q_n)}_{\frac{\sqrt{(n+1)(n+2)}}{2}}\right\}$$

$Q_n = \dfrac{\sqrt{(n-1)n}}{2}\psi_{n-2} + \left(n+\dfrac{1}{2}\right)\psi_n + \dfrac{\sqrt{(n+1)(n+2)}}{2}\psi_{n+2}$ より

$$= \frac{1}{\alpha^2}\left\{\sum_{n=0}^{\infty}\frac{\sqrt{(n-1)n}}{2}C_{n-2}C_n + \sum_{n=0}^{\infty}\left(n+\frac{1}{2}\right)C_n{}^2 + \sum_{n=0}^{\infty}\frac{\sqrt{(n+1)(n+2)}}{2}C_nC_{n+2}\right\}$$

これは，$n \geqq 2$ でしか定義できない。よって，

$\displaystyle\sum_{n=2}^{\infty}\frac{\sqrt{(n-1)n}}{2}C_{n-2}C_n = \sum_{n=0}^{\infty}\frac{\sqrt{(n+1)(n+2)}}{2}C_nC_{n+2}$ となって，第 3 項と一致する。

$$\therefore <x^2> = \frac{1}{\alpha^2}\left\{\sum_{n=0}^{\infty}\left(n+\frac{1}{2}\right)C_n{}^2 + \sum_{n=0}^{\infty}\sqrt{(n+1)(n+2)}\,C_nC_{n+2}\right\}$$ となるんだね。

(ii) 最後に，$\psi(x)$ における$<p^2>$も求めておこう。

$$<p^2> = (\psi,\ \underbrace{\hat{p}^2}_{\left(-i\hbar\frac{d}{dx}\right)^2 = -\hbar^2\frac{d^2}{dx^2}}\psi) = \left(\sum_{m=0}^{\infty}C_m\psi_m,\ -\hbar^2\frac{d^2}{dx^2}\left(\sum_{n=0}^{\infty}C_n\psi_n\right)\right)\quad (C_m,\ C_n：実数定数)$$

$$= \left(\sum_{m=0}^{\infty}C_m\psi_m,\ -\hbar^2\sum_{n=0}^{\infty}C_n\frac{d^2\psi_n}{dx^2}\right)$$

$$= -\hbar^2\sum_{m=0}^{\infty}\sum_{n=0}^{\infty}C_mC_n\left(\psi_m,\ \frac{d^2\psi_n}{dx^2}\right)$$

公式：
$\psi_n{}' = \alpha\left(\sqrt{\dfrac{n}{2}}\psi_{n-1} - \sqrt{\dfrac{n+1}{2}}\psi_{n+1}\right) \cdots (*t_0)$
を 3 回使った。

$$\frac{d}{dx}\left(\frac{d\psi_n}{dx}\right) = \frac{d}{dx}\left\{\alpha\left(\sqrt{\frac{n}{2}}\psi_{n-1} - \sqrt{\frac{n+1}{2}}\psi_{n+1}\right)\right\}$$

$$= \alpha\left(\sqrt{\frac{n}{2}}\underbrace{\frac{d\psi_{n-1}}{dx}}_{\alpha\left(\sqrt{\frac{n-1}{2}}\psi_{n-2} - \sqrt{\frac{n}{2}}\psi_n\right)} - \sqrt{\frac{n+1}{2}}\underbrace{\frac{d\psi_{n+1}}{dx}}_{\alpha\left(\sqrt{\frac{n+1}{2}}\psi_n - \sqrt{\frac{n+2}{2}}\psi_{n+2}\right)}\right)$$

$$<p^2> = -\hbar^2\alpha^2 \sum_{m=0}^{\infty}\sum_{n=0}^{\infty} C_m C_n \left(\psi_m,\ \frac{\sqrt{(n-1)n}}{2}\psi_{n-2} - \frac{n}{2}\psi_n - \frac{n+1}{2}\psi_n + \frac{\sqrt{(n+1)(n+2)}}{2}\psi_{n+2}\right)$$

$$= \hbar^2\alpha^2 \sum_{m=0}^{\infty}\sum_{n=0}^{\infty} C_m C_n \Bigl(\psi_m,\ \underbrace{-\frac{\sqrt{(n-1)n}}{2}\psi_{n-2} + \left(n+\frac{1}{2}\right)\psi_n - \frac{\sqrt{(n+1)(n+2)}}{2}\psi_{n+2}}_{R_n とおく}\Bigr)$$

ここで，$R_n = -\dfrac{1}{\alpha^2}\dfrac{d^2\psi_n}{dx^2}$ とおくと，固有関数 ψ_n の正規直交性より，$m = n-2,\ n,\ n+2$ のときの項のみが残り，他の項はすべて 0 となる。よって，$<p^2>$は，

$$<p^2> = \hbar^2\alpha^2 \Bigl\{ \sum_{n=0}^{\infty} C_{n-2}C_n \underbrace{(\psi_{n-2},\ R_n)}_{-\frac{\sqrt{(n-1)n}}{2}} + \sum_{n=0}^{\infty} C_n{}^2 \underbrace{(\psi_n,\ R_n)}_{\left(n+\frac{1}{2}\right)} + \sum_{n=0}^{\infty} C_n C_{n+2} \underbrace{(\psi_{n+2},\ R_n)}_{-\frac{\sqrt{(n+1)(n+2)}}{2}} \Bigr\}$$

$$= \hbar^2\alpha^2 \left\{ -\sum_{n=0}^{\infty}\frac{\sqrt{(n-1)n}}{2}C_{n-2}C_n + \sum_{n=0}^{\infty}\left(n+\frac{1}{2}\right)C_n{}^2 - \sum_{n=0}^{\infty}\frac{\sqrt{(n+1)(n+2)}}{2}C_n C_{n+2} \right\}$$

これは，$n \geqq 2$ でしか定義できない。よって，
$\displaystyle\sum_{n=2}^{\infty}\frac{\sqrt{(n-1)n}}{2}C_{n-2}C_n = \sum_{n=0}^{\infty}\frac{\sqrt{(n+1)(n+2)}}{2}C_n C_{n+2}$ となって，第3項と一致する。

$$\therefore <p^2> = \hbar^2\alpha^2 \left\{ \sum_{n=0}^{\infty}\left(n+\frac{1}{2}\right)C_n{}^2 - \sum_{n=0}^{\infty}\sqrt{(n+1)(n+2)}\,C_n C_{n+2} \right\}$$ となるんだね。

後は表現が繁雑になるから書かないけれど，

$\Delta x = \sqrt{<x^2> - <x>^2}$，$\Delta p = \sqrt{<p^2> - <p>^2}$ を求めて，$\Delta x \Delta p$ を求めれば，任意の波動関数 $\psi(x)$ における不確定性原理の式も表せるんだね。

古典力学では，簡単な記述で終わる調和振動子が，量子力学においては，これ程豊富な内容を含んでいたんだね。かなり内容があるので，1度でマスターしようとせずに，繰り返し読んで，自分のものにして頂きたい。

そして，この調和振動子については，さらに次の章の演算子法でもまた解説しなければならないんだね。そのためにも，これまでの内容をシッカリマスターしておこう。

講義3● シュレーディンガーの波動方程式(実践編)　公式エッセンス

1. 確率流密度 $S(x,\ t)$

(i) $-\dfrac{\partial S}{\partial x}=\dfrac{\partial|\Psi|^2}{\partial t}$　　(ii) $S(x,\ t)=\dfrac{\hbar}{2mi}\left(\Psi^*\dfrac{\partial\Psi}{\partial x}-\dfrac{\partial\Psi^*}{\partial x}\Psi\right)$

2. ステップ(階段)ポテンシャル

$V(x)=\begin{cases}0 & (x<0)\\ V_0 & (x>0)\end{cases}$　　$E>V_0$ のとき，

入射，反射，透過の確率流密度を S_{inc}，S_{ref}，S_{tra} とおくと，

反射率 $R=\dfrac{|S_{\text{ref}}|}{S_{\text{inc}}}=\left(\dfrac{k-\gamma}{k+\gamma}\right)^2$，透過率 $T=\dfrac{S_{\text{tra}}}{S_{\text{inc}}}=\dfrac{4k\gamma}{(k+\gamma)^2}$

$\left(E=\dfrac{\hbar^2k^2}{2m},\ E-V_0=\dfrac{\hbar^2\gamma^2}{2m}\right)$

3. 矩形ポテンシャル

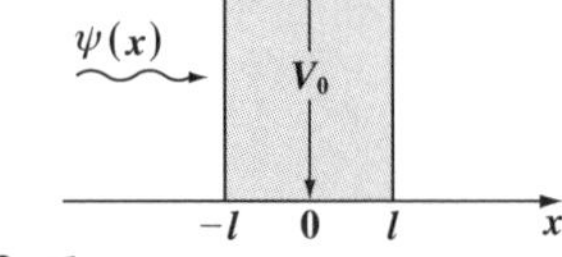

$V(x)=\begin{cases}0 & (x<-l,\ l<x)\\ V_0 & (-l<x<l)\end{cases}$　　$E>V_0$ のとき，

反射率 $R=\dfrac{|S_{\text{ref}}|}{S_{\text{inc}}}=\dfrac{(\alpha^2-k^2)^2\sin^2 2\alpha l}{4\alpha^2k^2\cos^2 2\alpha l+(k^2+\alpha^2)^2\sin^2 2\alpha l}$

透過率 $T=\dfrac{S_{\text{tra}}}{S_{\text{inc}}}=\dfrac{4\alpha^2k^2}{4\alpha^2k^2\cos^2 2\alpha l+(k^2+\alpha^2)^2\sin^2 2\alpha l}$

$\left(E=\dfrac{\hbar^2k^2}{2m},\ E-V_0=\dfrac{\hbar^2\alpha^2}{2m}\right)$

4. 1次元ポテンシャルによる束縛問題

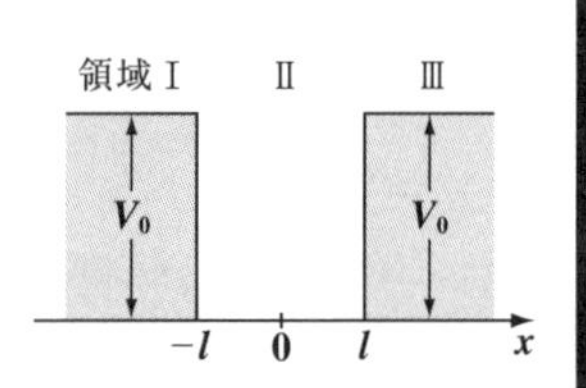

$\begin{cases}\text{領域Ⅰ} & \psi_{\text{I}}(x)=Ce^{\alpha x}\\ \text{領域Ⅱ} & \psi_{\text{II}}(x)=A\cos kx+B\sin kx\\ \text{領域Ⅲ} & \psi_{\text{III}}(x)=De^{-\alpha x}\end{cases}$

5. 調和振動子

シュレーディンガー方程式 $-\dfrac{\hbar^2}{2m}\dfrac{d^2\psi}{dx^2}+\dfrac{1}{2}m\omega^2x^2\psi=E\psi$ の固有関数 $\psi_n(x)$ は，

$\psi_n(x)=\sqrt{\dfrac{\alpha}{2^n n!\sqrt{\pi}}}H_n(\alpha x)e^{-\frac{1}{2}\alpha^2x^2}$　$(n=0,\ 1,\ 2,\ \cdots)$　$\left(\alpha=\sqrt{\dfrac{m\omega}{\hbar}}\right)$

(ただし，$H_n(\xi)$ は，エルミート多項式)

固有エネルギー $E_n=\hbar\omega\left(n+\dfrac{1}{2}\right)$　$(n=0,\ 1,\ 2,\ \cdots)$

量子力学と演算子法

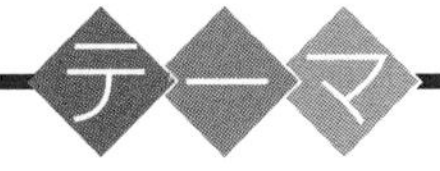

▶量子力学と演算子

$$\left(\begin{array}{l}(\hat{A}u,\ v)=(u,\ \hat{A}v)\ \ (\hat{A}:\text{エルミート演算子})\\ [\hat{A}\hat{B},\ \hat{C}]=\hat{A}[\hat{B},\ \hat{C}]+[\hat{A},\ \hat{C}]\hat{B}\end{array}\right)$$

▶演算子による調和振動子の解法

$$\left(\begin{array}{l}\hat{a}=\dfrac{1}{\sqrt{2m\hbar\omega}}(m\omega\hat{x}+i\hat{p})\\ \hat{a}^{\dagger}=\dfrac{1}{\sqrt{2m\hbar\omega}}(m\omega\hat{x}-i\hat{p})\end{array}\right)$$

▶演算子の行列形式

$$\left((f,\ \hat{A}g)={}^t\boldsymbol{f}^*A\boldsymbol{g},\ \ U_U^{-1}A_HU_U\ \text{による対角化}\right)$$

§1. 量子力学と演算子

これまでの講義で，物理量 x，p などの演算子として，$\hat{x} \equiv x$，$\hat{p} \equiv -i\hbar\frac{\partial}{\partial x}$ を用いて，内積計算や物理量の平均値などを求めてきた。量子力学において，これら演算子は，単なる計算の便宜上必要なものであるだけでなく，量子力学の理論構成上必要不可欠なものなんだね。したがって，この章では，これら演算子をまとめて体系立てて学習することにしよう。これによって，量子力学の基本的な構造をより明確に理解できるようになるはずだ。

まず，この節では，**"エルミート演算子"** (*Hermitian operator*) $\hat{A}$ について解説しよう。エルミート演算子とは，一般に 2 つの関数 u，v に対して，$(\hat{A}u, v) = (u, \hat{A}v)$ をみたす演算子のことで，$\hat{x}$ や $\hat{p}$，それに $\hat{H}$ が，このエルミート演算子であることを示そう。さらに，これらを利用することにより，不確定性原理の公式：$\Delta x \Delta p \geqq \frac{\hbar}{2}$ が成り立つことも証明しよう。

また，エルミート演算子 $\hat{A}$ により，$\hat{A}u_n = a_n u_n$ (a_n：固有値，u_n：固有関数) の関係が生成されること，および，固有関数 u_n ($n = 0, 1, 2, \cdots$) が正規直交系となることなども示すつもりだ。さらに，ポアソン括弧と演算子の交換関係や交換子についても解説しよう。これらのことを学べば，さらに量子力学の理解が深まって面白くなると思う。

そして，次の節では，この演算子法の応用例として，ディラックが考案した，調和振動子の問題を演算子を利用して代数的に解く手法について詳しく解説するつもりだ。

さらに，最後の節では，演算子の行列形式について教えよう。具体的には，$(f, \hat{A}g)$ は，$(f, \hat{A}g) = {}^t\boldsymbol{f}^* A \boldsymbol{g}$ と，行列とベクトルの積で表現することができるんだね。また，行列 A の対角化についても解説する。

それでは，量子力学と演算子の解説講義を始めよう！

● エルミート演算子を調べてみよう！

2つの複素関数 $u(x)$ と $v(x)$ の内積 $(u,\ v)$ は，

$$(u,\ v)=\int_{-\infty}^{\infty}u^*v\,dx \quad \cdots\cdots\cdots(*b_0)$$

$u(x)$ が実数関数のときは，$u^*=u$ より，$(u,\ v)=\int_{-\infty}^{\infty}uv\,dx$ となる。

で定義された。そして，一般的な物理量 A の演算子を $\hat{A}$ とおくと，A の平均値 $\langle A\rangle$ は，次のように計算して求められるんだね。

$$\langle A\rangle=(\Psi,\ \hat{A}\Psi) \quad \cdots\cdots(*c_0) \quad \left[\text{または，}\langle A\rangle=(\psi,\ \hat{A}\psi) \quad \cdots\cdots\cdots(*c_0)'\right]$$

ここで，$\Psi(x,\ t)$，$\psi(t)$ は，規格化された波動関数としている。

ここで，これまで用いた具体的な物理量と，その演算子の定義を示すと次の通りだ。

- ・位置変数 x ⟶ 演算子 $\hat{x}\equiv x$
- ・運動量 p ⟶ 演算子 $\hat{p}\equiv -i\hbar\dfrac{\partial}{\partial x}$ $\left[\text{または，}\hat{p}\equiv -i\hbar\dfrac{d}{dx}\right]$
- ・ハミルトニアン H ⟶ 演算子 $\hat{H}\equiv H(\hat{x},\ \hat{p})$

それでは，一般論として演算子 $\hat{A}$ が“**エルミート演算子**”であることの定義を下に示そう。

エルミート演算子

2つの複素関数 $u(x)$，$v(x)$ と，演算子 $\hat{A}$，$\hat{B}$ について，

$(\hat{A}u,\ v)=(u,\ \hat{B}v)$ ………① が成り立つとき，

$\hat{B}$ は，$\hat{A}$ のエルミート共役であるといい，$\hat{B}=\hat{A}^\dagger$ と表す。よって，①は，

$(\hat{A}u,\ v)=(u,\ \hat{A}^\dagger v)$ ………①′ と表せる。 “†”は，クロスとでも呼ぼう

ここで，$\hat{A}^\dagger=\hat{A}$，すなわち $(\hat{A}u,\ v)=(u,\ \hat{A}v)$ ………$(*u_0)$ が成り立つとき，$\hat{A}$ をエルミート演算子という。

それでは，$\hat{x}$ と $\hat{p}$ が共にエルミート演算子であることを示そう。

(i) $(\hat{x}u,\ v)=(xu,\ v)=\int x\,u^*v\,dx=\int u^*\cdot xv\,dx=(u,\ \hat{x}v)$ となる。

（x は実数より，$x^*=x$ ／ $\hat{x}=x$）

よって，$(\hat{x}u,\ v)=(u,\ \hat{x}v)$ をみたすので，$\hat{x}$ はエルミート演算子なんだね。

(ⅱ) 次，$\hat{p}$ がエルミート演算子であることを示す前提条件として，

$\lim_{x\to\pm\infty} u(x) = 0$，$\lim_{x\to\pm\infty} v(x) = 0$ とする。これは，u，v が波動関数であるならば，みたすべき条件だ。

$$(\hat{p}u,\ v) = i\hbar\left(\frac{du}{dx},\ v\right) = i\hbar\int_{-\infty}^{\infty}\frac{du^*}{dx}\cdot v\,dx$$

$\hat{p} = -i\hbar\dfrac{d}{dx}$，$i\hbar = (-i\hbar)^*$

部分積分法
$\int f'\cdot g\,dx = f\cdot g - \int f\cdot g'\,dx$

$$= i\hbar\left\{\left[u^* v\right]_{-\infty}^{\infty} - \int_{-\infty}^{\infty} u^*\frac{dv}{dx}\,dx\right\}$$

$\lim_{p\to\infty}\left[u(x)^*\cdot v(x)\right]_{-p}^{p} = \lim_{p\to\infty}\left\{u(p)^* v(p) - u(-p)^* v(-p)\right\} = 0$（$u(p)^*\to 0$，$v(p)\to 0$，$u(-p)^*\to 0$，$v(-p)\to 0$）

$$= \int_{-\infty}^{\infty} u^*\left(-i\hbar\frac{dv}{dx}\right)dx = (u,\ \hat{p}v)$$

よって，$(\hat{p}u,\ v) = (u,\ \hat{p}v)$ をみたすので，$\hat{p}$ もエルミート演算子と言えるんだね。

では次の例題で，ハミルトニアン演算子 $\hat{H}$ も，エルミート演算子であることを示そう。

例題 20　ハミルトニアン演算子 $\hat{H} = \dfrac{1}{2m}\hat{p}^2 + V(x)$ が，エルミート演算子であることを，次の手順に従って示せ。（ただし，$V(x)$ は実数関数で，かつ，$\lim_{x\to\pm\infty} u(x) = 0$，$\lim_{x\to\pm\infty} v(x) = 0$ とする。）

(1) $(\hat{V}u,\ v) = (u,\ \hat{V}v)$　を示せ。

(2) $(\hat{p}^2u,\ v) = (u,\ \hat{p}^2v)$　を示せ。

(3) $(\hat{H}u,\ v) = (u,\ \hat{H}v)$　を示せ。

---

(1) $V(x)$ は x の実数関数であり，$\hat{V} = V(\hat{x})$ とおく。

$$(Vu,\ v) = \int_{-\infty}^{\infty}(Vu)^* v\,dx = \int_{-\infty}^{\infty} u^*\cdot Vv\,dx = (u,\ Vv)$$

$V = \hat{V}$，$(Vu)^* = V\cdot u^*$（∵ V は実数関数），$V = \hat{V}$（∵ V は実数関数）

よって，$(\hat{V}u,\ v) = (u,\ \hat{V}v)$ ………① は成り立つ。

これから，$\hat{V}(=V)$ はエルミート演算子と言えるんだね。

(2) $\lim_{x \to \pm\infty} u(x) = 0$, $\lim_{x \to \pm\infty} v(x) = 0$ が成り立つので, $\hat{p}$ はエルミート演算子である。よって,

$$(\hat{p}^2 u, v) = (\hat{p} \cdot (\hat{p} u), v) = (\hat{p} u, \hat{p} v) = (u, \hat{p} \cdot (\hat{p} v))$$

$\hat{p}$ は, エルミート演算子より, このように順に移動できる。

$= (u, \hat{p}^2 v)$ となる。

よって, $(\hat{p}^2 u, v) = (u, \hat{p}^2 v)$ ………② が成り立つ。

これから, $\hat{p}^2$ もエルミート演算子であることが分かった。

(3) (1), (2)の結果より,

$\frac{1}{2m} \times ② + ①$ を実行すると,

$$\frac{1}{2m}(\hat{p}^2 u, v) + (\hat{V} u, v) = \frac{1}{2m}(u, \hat{p}^2 v) + (u, \hat{V} v)$$

$$\left(\frac{1}{2m}\hat{p}^2 u, v\right) + (V u, v) = \left(u, \frac{1}{2m}\hat{p}^2 v\right) + (u, V v)$$

($\frac{1}{2m}$：実数, V は x の実数関数)

$$\left(\left(\frac{1}{2m}\hat{p}^2 + V\right) u, v\right) = \left(u, \left(\frac{1}{2m}\hat{p}^2 + V\right) v\right)$$

($\frac{1}{2m}\hat{p}^2 + V = \hat{H}$)

よって, $(\hat{H} u, v) = (u, \hat{H} v)$ が成り立つ。

これから, ハミルトニアン演算子 $\hat{H}$ も, エルミート演算子であることが分かったんだね。

そして, $\hat{H}$ がエルミート演算子であることから, 時刻 t を含む波動関数 $\Psi(x, t)$ の自分自身との内積 (Ψ, Ψ) は, 時刻 t によらず一定であることが次のように示せる。

時刻 t を含む波動関数 $\Psi(x, t)$ のシュレーディンガー方程式は

$i\hbar \frac{\partial \Psi}{\partial t} = \hat{H} \Psi$ ……$(*w)'$ (P55) より, $\frac{\partial \Psi}{\partial t} = \frac{1}{i\hbar} \hat{H} \Psi$ ……㋐ となるね。

よって，(Ψ, Ψ) を時刻 t で偏微分すると，

$\dfrac{\partial \Psi}{\partial t} = \dfrac{1}{i\hbar}\hat{H}\Psi$ ……㋐

$$\frac{\partial}{\partial t}(\Psi, \Psi) = \left(\frac{\partial \Psi}{\partial t}, \Psi\right) + \left(\Psi, \frac{\partial \Psi}{\partial t}\right) \cdots\cdots\cdots ㋑$$

$$\frac{\partial}{\partial t}(\Psi, \Psi) = \frac{\partial}{\partial t}\left(\int_{-\infty}^{\infty}\Psi^*\Psi dx\right) = \int_{-\infty}^{\infty}\frac{\partial}{\partial t}(\Psi^*\Psi)dx$$

$$= \int_{-\infty}^{\infty}\left(\frac{\partial \Psi^*}{\partial t}\Psi + \Psi^*\frac{\partial \Psi}{\partial t}\right)dx = \int_{-\infty}^{\infty}\underbrace{\frac{\partial \Psi^*}{\partial t}}_{\left(\frac{\partial \Psi}{\partial t}\right)^*}\Psi dx + \int_{-\infty}^{\infty}\Psi^*\frac{\partial \Psi}{\partial t}dx$$

$$= \left(\frac{\partial \Psi}{\partial t}, \Psi\right) + \left(\Psi, \frac{\partial \Psi}{\partial t}\right)$$ となる。

ここで，㋐より，$\dfrac{\partial \Psi}{\partial t} = \dfrac{-i^2}{i\hbar}\hat{H}\Psi = -\dfrac{i}{\hbar}\hat{H}\Psi$ ……㋐′ を㋑に代入すると，

$$\frac{\partial}{\partial t}(\Psi, \Psi) = \left(-\frac{i}{\hbar}\hat{H}\Psi, \Psi\right) + \left(\Psi, -\frac{i}{\hbar}\hat{H}\Psi\right)$$

$$= \frac{i}{\hbar}\underbrace{\left(\hat{H}\Psi, \Psi\right)}_{(\Psi, \hat{H}\Psi)} - \frac{i}{\hbar}\left(\Psi, \hat{H}\Psi\right)$$

$(\Psi, \hat{H}\Psi)$ ($\because \hat{H}$ はエルミート演算子なので，移動できる。)

$$= \frac{i}{\hbar}\left(\Psi, \hat{H}\Psi\right) - \frac{i}{\hbar}\left(\Psi, \hat{H}\Psi\right) = 0$$ となる。

よって，$\dfrac{\partial}{\partial t}(\Psi, \Psi) = 0$ より，(Ψ, Ψ) は時刻 t により変化しないことが分かった。このように，演算子がエルミート演算子であれば，様々な興味深い結果が導けるんだね。ではもう一つ，一般的なエルミート演算子 $\hat{A}$ について，次の性質が成り立つことも調べてみよう。

(ex) 任意の複素関数 $u(x)$ とエルミート演算子 $\hat{A}$ について
$(u, \hat{A}u)$ は必ず実数となることを示そう。
$\hat{A}$ はエルミート演算子より，

$$(u, \hat{A}u) = (\hat{A}u, u) = (u, \hat{A}u)^*$$

移動可能

一般に
$(u, v) = (v, u)^*$ となる。(P61)

よって，$(u, \hat{A}u) = z$(複素数)とおくと，$z = z^*$ より，z，すなわち $(u, \hat{A}u)$ は実数であることが分かるんだね。これから，規格化された波動関数 ψ に対して，位置 x や運動量 p の平均値$\langle x \rangle$，$\langle p \rangle$は，

> 複素数 $z = x + iy$ $(x, y$：実数$)$
> の実数条件は，$z = z^*$である。
> $(\because)$ $z = x + iy$，$z^* = x - iy$ より，
> $z = z^*$ ならば $x + iy = x - iy$
> $2iy = 0$ $\therefore y = 0$ となって
> $z = x$ (実数)となるからだね。

これらに対応する演算子 $\hat{x}$，$\hat{p}$ が共にエルミート演算子なので，
$\langle x \rangle = (\psi, \hat{x}\psi)$ より，$\langle x \rangle$は実数となるし，また，
$\langle p \rangle = (\psi, \hat{p}\psi)$ より，$\langle p \rangle$も実数となることが分かるんだね。大丈夫？

● エルミート演算子と固有値・固有関数の関係も調べよう！

演算子 $\hat{A}$ について，固有値 λ_n と固有関数 $u_n(x)$ との関係は，

$$\hat{A}u_n = \underbrace{\lambda_n}_{\text{固有値}} \underbrace{u_n}_{\text{固有関数}} \quad \cdots\cdots\cdots (*v_0) \quad (n = 0, 1, 2, \cdots)$$

で表される。

> これは，m 次の正方行列 A について，固有値 λ と m 次元の固有ベクトル $\boldsymbol{u}$ との関係：
> $A\boldsymbol{u} = \lambda\boldsymbol{u}$，すなわち，これを具体的に書くと，
>
> $$\begin{bmatrix} a_{11} & a_{12} & \cdots & a_{1m} \\ a_{21} & a_{22} & \cdots & a_{2m} \\ \vdots & & \ddots & \vdots \\ a_{m1} & \cdots & \cdots & a_{mm} \end{bmatrix} \begin{bmatrix} u_1 \\ u_2 \\ \vdots \\ u_m \end{bmatrix} = \lambda \begin{bmatrix} u_1 \\ u_2 \\ \vdots \\ u_m \end{bmatrix}$$
>
> と同様の形式をしているんだね。

$(*v_0)$において，$\hat{A}$ がエルミート演算子であるならば，固有値 λ_nは実数であることを示そう。

まず，$\hat{A}$ がエルミート演算子より，(ex)で示したように $(u_n, \hat{A}u_n)$ は実数だね。

よって，$(u_n, \underbrace{\hat{A}u_n}_{\lambda_n u_n \ ((*v_0)\text{より})}) = (u_n, \lambda_n u_n) = \lambda_n \underbrace{(u_n, u_n)}_{\int_{-\infty}^{\infty} u_n^* u_n dx \geq 0 \text{より，} (u_n, u_n) \text{は} 0 \text{以上の実数}}$ (＝実数)

ここで，(u_n, u_n) は 0 以上の実数だから，$\lambda_n \times$(0以上の実数)＝(実数)より，λ_nも実数となる。

したがって，エルミート演算子 $\hat{A}$ についての固有値 λ_n と固有関数 $\boldsymbol{u}_n$ は，

$\hat{A}\boldsymbol{u}_n = \underbrace{\lambda_n}_{\text{固有値(実数)}} \underbrace{\boldsymbol{u}_n}_{\text{固有関数}}$ ………$(*v_0)$　$(n = 0, 1, 2, \cdots)$　となる。

ここで，異なる固有値 λ_j と λ_k の固有関数 $\boldsymbol{u}_j$ と $\boldsymbol{u}_k$ が直交することを次の例題で示そう。

$(*v_0)$ より，

$\hat{A}\boldsymbol{u}_j = \lambda_j \boldsymbol{u}_j$ ………①　　$\hat{A}\boldsymbol{u}_k = \lambda_k \boldsymbol{u}_k$ ………②　$(j \neq k,\ \lambda_j \neq \lambda_k)$

ここで 2 つの内積 $(\hat{A}\boldsymbol{u}_j, \boldsymbol{u}_k)$ と $(\boldsymbol{u}_j, \hat{A}\boldsymbol{u}_k)$ を求めると，

・$(\underbrace{\hat{A}\boldsymbol{u}_j}_{\lambda_j \boldsymbol{u}_j\ (\text{①より})}, \boldsymbol{u}_k) = (\lambda_j \boldsymbol{u}_j, \boldsymbol{u}_k) = \underbrace{\lambda_j}_{\lambda_j^*\ (\because \lambda_j \text{は実数})}(\boldsymbol{u}_j, \boldsymbol{u}_k)$ ………③　であり，

・$(\boldsymbol{u}_j, \underbrace{\hat{A}\boldsymbol{u}_k}_{\lambda_k \boldsymbol{u}_k\ (\text{②より})}) = (\boldsymbol{u}_j, \lambda_k \boldsymbol{u}_k) = \lambda_k(\boldsymbol{u}_j, \boldsymbol{u}_k)$ ………④　となる。

ここで，$\hat{A}$ は，エルミート演算子より $(\hat{A}\boldsymbol{u}_j, \boldsymbol{u}_k) = (\boldsymbol{u}_j, \hat{A}\boldsymbol{u}_k)$，すなわち③と④は等しい。よって，

$\lambda_j(\boldsymbol{u}_j, \boldsymbol{u}_k) = \lambda_k(\boldsymbol{u}_j, \boldsymbol{u}_k)$

$\underbrace{(\lambda_j - \lambda_k)}_{\neq 0}(\boldsymbol{u}_j, \boldsymbol{u}_k) = 0$　　ここで，$\lambda_j \neq \lambda_k$ より，$\lambda_j - \lambda_k \neq 0$

$\therefore (\boldsymbol{u}_j, \boldsymbol{u}_k) = 0$　となって，$\boldsymbol{u}_j$ と $\boldsymbol{u}_k$ は直交する。

ここで，$\|\boldsymbol{u}_n\|^2 = (\boldsymbol{u}_n, \boldsymbol{u}_n) = 1$ $(n = 0, 1, 2, \cdots)$ と規格化（正規化）すれば，

$(\boldsymbol{u}_j, \boldsymbol{u}_k) = \delta_{jk} = \begin{cases} 1 & (j = k \text{ のとき}) \\ 0 & (j \neq k \text{ のとき}) \end{cases}$　となるので，

固有関数列 $\{\boldsymbol{u}_n\}$ $(n = 0, 1, 2, \cdots)$ は，正規直交系となるんだね。

ここで，固有値，固有ベクトルのときと同様に，等しい固有値に対して複数の固有関数が存在する場合がある。この場合，この固有関数による状態は縮退しているという。このように，縮退している状態の固有関数についても，固有ベクトルのときと同様に，それぞれを正規直交化させることができる。(シュミットの正規直交化法を用いる。)

そしてさらに，固有関数列 $\{u_n\}$ が完全系であるならば，任意の関数 $f(x)$ は，

$\sum_{n=0}^{\infty} u_n(x)\,u_n(y)^* = \delta(x-y)$ をみたす。

$$f(x) = \sum_{n=0}^{\infty} C_n u_n(x) = C_0 u_0(x) + C_1 u_1(x) + C_2 u_2(x) + \cdots$$

で表すことができる。

以上解説した内容の具体例を，ここで復習しておこう。

(ex) 無限に大きい井戸型ポテンシャルに閉じこめられた質量 m の粒子の問題 (P86) について，このハミルトニアン演算子 $\hat{H}$ は

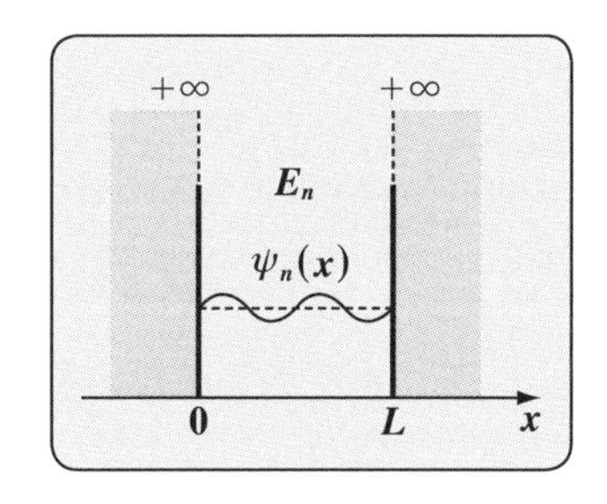

$\hat{H} = -\dfrac{\hbar^2}{2m}\dfrac{d^2}{dx^2}$ であり，波動方程式は

$\hat{H}\,\psi_n = E_n\,\psi_n$ となって，これは $(*v_0)$

（$\hat{H}$：エルミート演算子，E_n：エネルギー固有値，ψ_n：固有関数）

に当てはまる。このとき，

$$\begin{cases} \text{エネルギー固有値 } E_n = \dfrac{\hbar^2\pi^2}{2mL^2}n^2 \\ \text{固有関数 } \psi_n(x) = \sqrt{\dfrac{2}{L}}\sin\dfrac{n\pi}{L}x \qquad (n = 1,\ 2,\ 3,\ \cdots) \end{cases}$$

（規格化された波動関数）

となり，固有関数列 $\{\psi_n\}$ $(n = 1, 2, 3, \cdots)$ は，正規直交系かつ完全系であるので，境界条件 $\psi(0) = \psi(L) = 0$ をみたす任意の波動関数 $\psi(x)$ は，次のように，固有関数列 $\{\psi_n\}$ の重ね合わせ（1次結合）で

$\psi(x) = \sum_{n=1}^{\infty} C_n \psi_n(x)$　と表すことができるんだね。

そして，このとき，エネルギー E_n が観測される確率は $|C_n|^2$ に比例することも解説した。

それでは，$(*v_0)$ の公式に当てはまる例題をもう1題，すなわち，調和振動子についても示しておこう。

(ex) 調和振動子 (**P155**) のハミルトニアン $\hat{H}$ は，

$\hat{H} = -\dfrac{\hbar^2}{2m}\dfrac{d^2}{dx^2} + \dfrac{1}{2}m\omega^2x^2$ であり，この波動方程式は，

$\underbrace{\hat{H}}_{\text{エルミート演算子}}\psi_n = \underbrace{E_n}_{\text{エネルギー固有値}}\underbrace{\psi_n}_{\text{固有関数}}$ となって，

これは，$\hat{A}u_n = \lambda_n u_n$ ………($*\nu_0$) に当てはまるんだね。このとき，

$$\begin{cases} \text{エネルギー固有値 } E_n = \hbar\omega\left(n + \dfrac{1}{2}\right) \\ \text{固有関数 } \psi_n(x) = \sqrt{\dfrac{\alpha}{2^n n!\sqrt{\pi}}}\,H_n(\alpha x)\,e^{-\frac{1}{2}\alpha^2x^2} \quad (n = 0,\ 1,\ 2,\ \cdots) \end{cases}$$

$$\left(\text{ただし，} \alpha = \sqrt{\dfrac{m\omega}{\hbar}},\ H_n(\alpha x) \text{：エルミート多項式}\right)$$

となり，固有関数列 $\{\psi_n\}$ $(n = 0, 1, 2, \cdots)$ は，正規直交系かつ完全系であるので，境界条件 $\lim\limits_{x\to\pm\infty}\psi(x) = 0$ をみたす任意の波動関数 $\psi(x)$ は，固有関数列 $\{\psi_n\}$ の重ね合わせにより，

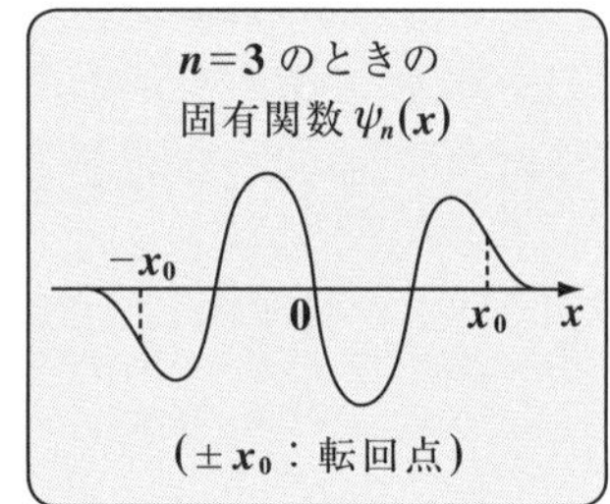

$\psi(x) = \sum\limits_{n=0}^{\infty} C_n\psi_n$ と表すことができるんだね。

この場合の不確定性原理の式が，

$\Delta x\Delta p = \hbar\left(n + \dfrac{1}{2}\right)$ で与えられることも，重要だったんだね。

どう？一般論として，エルミート演算子 $\hat{A}$ に対して，($*\nu_0$) の公式をみたす **2** つの例題を復習することによって，スッキリ頭の中がまとまったでしょう。量子力学は，このように演算子をマスターすることによって，体系立てて理解できるようになるんだね。

● 演算子の交換関係を調べよう！

2 つの実数 x と y の積に対しては，当然 $xy=yx$，すなわち $xy-yx=0$ となって，交換則が成り立つけれど，一般に 2 つの行列 X と Y の積については，$XY \neq YX$，すなわち，$XY-YX \neq O$ となって，交換則は成り立たない。これと同様に，2 つの演算子 $\hat{A}$，$\hat{B}$ についても，交換則が成り立つ場合と成り立たない場合があるんだね。この判定の基準として，ポアソン括弧が利用できるので示しておこう。以下，ポアソン括弧 $[F,\ G]_{q,\,p}$ (P38) を，$[F,\ G]$ と略記することにする。

たとえば，2 つの物理量 x と p について考えよう。

(i) $[x,\,p]=\dfrac{\partial x}{\partial x}\cdot\dfrac{\partial p}{\partial p}-\dfrac{\partial x}{\partial p}\cdot\dfrac{\partial p}{\partial x}=1\times1-0\times0=1$ となる。これに対応して，$\hat{x}\hat{p}-\hat{p}\hat{x}$ について考えよう。この $\hat{x}\hat{p}-\hat{p}\hat{x}$ もまとめて 1 つの演算子として作用するため，その作用の対象として，任意の関数 $u(x)$ を利用するといいんだね。よって，

$$(\hat{x}\,\hat{p}-\hat{p}\,\hat{x})u=-i\hbar x\frac{du}{dx}+i\hbar\frac{d}{dx}(xu)$$

$\hat{x}$: x　$\hat{p}$: $-i\hbar\dfrac{d}{dx}$

$$=-i\hbar x\frac{du}{dx}+i\hbar u+i\hbar x\frac{du}{dx}=i\hbar u$$ となるので，

$(\hat{x}\hat{p}-\hat{p}\hat{x})u=i\hbar u$ だね。よって，

$[\hat{x},\ \hat{p}]=\hat{x}\hat{p}-\hat{p}\hat{x}=i\hbar$ となることが分かった。

(ii) $[p,\,p]=\dfrac{\partial p}{\partial x}\cdot\dfrac{\partial p}{\partial p}-\dfrac{\partial p}{\partial p}\cdot\dfrac{\partial p}{\partial x}=0\times1-1\times0=0$ となる。これに対応して，$\hat{p}\hat{p}-\hat{p}\hat{p}=\hat{p}^2-\hat{p}^2$ を考えると，これは，同じもの同士の引き算なので，

$\hat{p}^2$: $-\hbar^2\dfrac{d^2}{dx^2}$

当然 0 となる。よって，$\hat{p}\hat{p}-\hat{p}\hat{p}=0$ だね。

一般に，2 つの物理量 A, B に対して，次の関係が成り立つ。つまり，

$$\begin{cases}\text{(i) ポアソン括弧 } [A,\ B]=1 \text{ のとき，} \hat{A}\hat{B}-\hat{B}\hat{A}=i\hbar \\ \text{(ii) ポアソン括弧 } [A,\ B]=0 \text{ のとき，} \hat{A}\hat{B}-\hat{B}\hat{A}=0\end{cases}$$

の関係が存在するんだね。

量子力学では，この $\hat{A}\hat{B}-\hat{B}\hat{A}$ を "**交換子**" (***commutator***) と呼び，ポアソン括弧と似た記号 $[\hat{A},\hat{B}]$ で表す。つまり，

$[\hat{A},\hat{B}]=\hat{A}\hat{B}-\hat{B}\hat{A}$ ………$(*w_0)$ と表すんだね。

そして，$[\hat{A},\hat{B}]=0$ のとき，可換といい，そうでないときを非可換という。この交換子 $[\hat{A},\hat{B}]$ が可換か，または非可換かの関係を，交換関係という。この交換子 $[\hat{A},\hat{B}]$ の交換関係は，不確定性原理とも密接に関係している。次の例題で確認しておこう。

> 例題 **21**　**2** つの異なるエルミート演算子 $\hat{A}$ と $\hat{B}$ が非可換であるとき，次の **2** つの関係式を同時にみたす固有関数 ψ は存在しないことを示せ。(ただし，ψ は零関数ではないものとする。)
>
> $\hat{A}\psi=a\psi$ ………①　　$\hat{B}\psi=b\psi$ ………②

①，②は，**2** つの異なるエルミート演算子 $\hat{A}$ と $\hat{B}$ についての固有値 (a と b) および固有関数 ψ の問題なんだね。このように，異なる演算子 $\hat{A}$ と $\hat{B}$ について①，②を同時にみたす固有関数 ψ のことを "**同時固有関数**" という。もし，①と②が同時に成り立つとすると，これは，物理的には，同じ固有状態 ψ において，**2** つの物理量 A と B を測定したとき，実数の観測値 a と b がそれぞれ独立に決定できるということになる。したがって，たとえば，a と b を位置 x と運動量 p の測定値であるとすると，x と p の値を同時に確定することはできないという，不確定性原理に矛盾することになるんだね。よって，逆に考えると，不確定性原理が成り立つためには，$\hat{A}$ と $\hat{B}$ が非可換でなければならないと言える。

少し前置が長くなったね。それでは，早速例題 **21** の問題を背理法により証明してみよう。

2 つの異なるエルミート演算子 $\hat{A}$ と $\hat{B}$ が非可換であるので，

$[\hat{A},\hat{B}]=\hat{A}\hat{B}-\hat{B}\hat{A}\neq 0$ ………⓪ となる。

このとき，

$\hat{A}\psi=a\psi$ ……① かつ $\hat{B}\psi=b\psi$ ……②をみたす同時固有関数 ψ が存在するものとして，矛盾を導いてみよう。 ← これが，背理法のやり方だね。

②の両辺に，左から $\hat{A}$ を作用させると，

$\hat{A}\hat{B}\psi = \hat{A}b\psi = b(\underbrace{\hat{A}\psi}_{a\psi\,(①より)}) = ba\psi = ab\psi$ ………③ ← 実数の積は可換だから $ab = ba$ だね。

①の両辺に，左から $\hat{B}$ を作用させると，

$\hat{B}\hat{A}\psi = \hat{B}a\psi = a(\hat{B}\psi) = ab\psi$ ………………④

ここで，③－④を計算すると，

$\hat{A}\hat{B}\psi - \hat{B}\hat{A}\psi = ab\psi - ab\psi = 0$

$\therefore (\hat{A}\hat{B} - \hat{B}\hat{A})\psi = 0$ ………⑤ となる。ここで，ψ は零関数ではないので，

（零関数とは，恒等的に 0 となる関数のこと。）

$\psi \neq 0$　これから，⑤より $\hat{A}\hat{B} - \hat{B}\hat{A} = [\hat{A}, \hat{B}] = 0$ となる。これは $\hat{A}$ と $\hat{B}$ が非可換であること(⓪)に反する。よって矛盾。← 背理法の完成！

$\therefore$ $\hat{A}$ と $\hat{B}$ が非可換のとき，①と②を同時にみたす同時固有関数 ψ は存在しないことが示せたんだね。面白かった？

そして，これから，2 つの固有値(観測値) a と b は同時に確定できないので，不確定性原理が成り立つことも言えるんだね。

それでは，交換子 $[\hat{A}, \hat{B}]$ の性質をまとめて下に示そう。

交換子 $[\hat{A}, \hat{B}]$ の性質

演算子 $\hat{A}$，$\hat{B}$，$\hat{C}$ についての交換子には，次の性質がある。

(1) $[\hat{A}, \hat{A}] = 0$

(2) $[\hat{A}, \hat{B}] = -[\hat{B}, \hat{A}]$

(3) $[\alpha\hat{A}, \beta\hat{B}] = \alpha\beta[\hat{A}, \hat{B}]$　　(α，β：複素定数)

(4) $[\hat{A} \pm \hat{B}, \hat{C}] = [\hat{A}, \hat{C}] \pm [\hat{B}, \hat{C}]$

$[\hat{A}, \hat{B} \pm \hat{C}] = [\hat{A}, \hat{B}] \pm [\hat{A}, \hat{C}]$

(5) $[\hat{A}\hat{B}, \hat{C}] = \hat{A}[\hat{B}, \hat{C}] + [\hat{A}, \hat{C}]\hat{B}$

$[\hat{A}, \hat{B}\hat{C}] = \hat{B}[\hat{A}, \hat{C}] + [\hat{A}, \hat{B}]\hat{C}$

各性質の証明もやっておこう。

(1) $[\hat{A}, \hat{A}] = \hat{A}\hat{A} - \hat{A}\hat{A} = 0$　となる。

(2) $[\hat{A}, \hat{B}] = \hat{A}\hat{B} - \hat{B}\hat{A} = -(\hat{B}\hat{A} - \hat{A}\hat{B}) = -[\hat{B}, \hat{A}]$　となる。

(3) α, β が複素定数(実数も含む)のとき,

$$[\alpha\hat{A},\ \beta\hat{B}]=\alpha\hat{A}\cdot\beta\hat{B}-\beta\hat{B}\cdot\alpha\hat{A}=\alpha\beta\hat{A}\hat{B}-\alpha\beta\hat{B}\hat{A}$$

$$=\alpha\beta(\hat{A}\hat{B}-\hat{B}\hat{A})=\alpha\beta[\hat{A},\ \hat{B}]$$ も成り立つ。

(4) $[\hat{A}\pm\hat{B},\ \hat{C}]=(\hat{A}\pm\hat{B})\hat{C}-\hat{C}(\hat{A}\pm\hat{B})$

$$=\hat{A}\hat{C}\pm\hat{B}\hat{C}-\hat{C}\hat{A}\mp\hat{C}\hat{B}$$

$$=\hat{A}\hat{C}-\hat{C}\hat{A}\pm(\hat{B}\hat{C}-\hat{C}\hat{B})$$

$$=[\hat{A},\ \hat{C}]\pm[\hat{B},\ \hat{C}]$$ となるのも大丈夫だね。

$[\hat{A},\ \hat{B}\pm\hat{C}]=[\hat{A},\ \hat{B}]\pm[\hat{A},\ \hat{C}]$ も同様に示せる。

(5) $[\hat{A}\hat{B},\ \hat{C}]=\hat{A}[\hat{B},\ \hat{C}]+[\hat{A},\ \hat{C}]\hat{B}$ ………(∗) が成り立つことも示そう。

((∗)の右辺) $=\hat{A}[\hat{B},\ \hat{C}]+[\hat{A},\ \hat{C}]\hat{B}$

$$=\hat{A}(\hat{B}\hat{C}-\hat{C}\hat{B})+(\hat{A}\hat{C}-\hat{C}\hat{A})\hat{B}$$

$$=\hat{A}\hat{B}\hat{C}-\hat{A}\hat{C}\hat{B}+\hat{A}\hat{C}\hat{B}-\hat{C}\hat{A}\hat{B}$$

$=(\hat{A}\hat{B})\hat{C}-\hat{C}(\hat{A}\hat{B})=[\hat{A}\hat{B},\ \hat{C}]=$((∗)の左辺)となって,

(∗)の式は成り立つ。

$[\hat{A},\ \hat{B}\hat{C}]=\hat{B}[\hat{A},\ \hat{C}]+[\hat{A},\ \hat{B}]\hat{C}$ も同様に示せる。

ここで, **(5)** の公式: $[\underset{①}{\hat{A}}\underset{②}{\hat{B}},\ \hat{C}]=\hat{A}[\hat{B},\ \hat{C}]+[\hat{A},\ \hat{C}]\hat{B}$ ………(∗)については,

①が左に出る　②が右に出る

「左辺の第**1**項の積 $\underset{①}{\hat{A}}\underset{②}{\hat{B}}$ の $\hat{A}$(①)が左に出て, 次に $\hat{B}$(②)が右に出たものの和」

と覚えておけば忘れないと思う。

それでは, 具体的な交換子の計算の練習をやっておこう。

例題 **22**　次の交換子を求めよ。(ただし, $V(x)$ は実数関数とする。)

(1) $[\hat{x},\ \hat{x}]$　**(2)** $[\hat{p},\ \hat{p}]$　**(3)** $[\hat{p},\ \hat{x}]$　**(4)** $[2\hat{x},\ i\hat{p}]$

(5) $[\hat{x}+\hat{p},\ \hat{p}]$　**(6)** $[\hat{p}^2,\ \hat{x}]$　**(7)** $[\hat{p},\ \hat{x}^2]$　**(8)** $[V(\hat{x}),\ \hat{p}]$

(1) $[\hat{x},\ \hat{x}]=\hat{x}\,\hat{x}-\hat{x}\,\hat{x}=x^2-x^2=0$

(2) $[\hat{p},\ \hat{p}]=\hat{p}^2-\hat{p}^2=0$

公式: $[\hat{A},\ \hat{A}]=0$ を用いてもいい。

(3) $[\hat{p},\ \hat{x}] = -\underbrace{[\hat{x},\ \hat{p}]}_{i\hbar\ (\text{P195 より})} = -i\hbar$ ← 公式：$[\hat{A},\ \hat{B}] = -[\hat{B},\ \hat{A}]$

これを，$[\hat{p},\ \hat{x}]u = (\hat{p}\hat{x} - \hat{x}\hat{p})u = \hat{p}xu - x\hat{p}u$

$= -i\hbar\dfrac{d}{dx}(xu) - x(-i\hbar)\dfrac{du}{dx}$

$= -i\hbar\left(u + x\dfrac{du}{dx}\right) + i\hbar x\dfrac{du}{dx} = -i\hbar u$ より，

$[\hat{p},\ \hat{x}] = -i\hbar$ と求めても，もちろん構わない。

(4) $[2\hat{x},\ i\hat{p}] = 2i\underbrace{[\hat{x},\ \hat{p}]}_{i\hbar\ (\text{P195 より})} = 2i \times i\hbar = -2\hbar$ ← 公式：$[\alpha\hat{A},\ \beta\hat{B}] = \alpha\beta[\hat{A},\ \hat{B}]$

(5) $[\hat{x} + \hat{p},\ \hat{p}] = \underbrace{[\hat{x},\ \hat{p}]}_{i\hbar\ (\text{P195 より})} + \underbrace{[\hat{p},\ \hat{p}]}_{0} = i\hbar$ ← 公式：$[\hat{A} + \hat{B},\ \hat{C}] = [\hat{A},\ \hat{C}] + [\hat{B},\ \hat{C}]$

(6) $[\hat{p}^2,\ \hat{x}] = \underbrace{\hat{p}}_{-i\hbar\frac{d}{dx}}\underbrace{[\hat{p},\ \hat{x}]}_{-i\hbar\ ((3)\text{より})} + \underbrace{[\hat{p},\ \hat{x}]}_{-i\hbar}\underbrace{\hat{p}}_{-i\hbar\frac{d}{dx}}$ ← 公式：$[\hat{A}\hat{B},\ \hat{C}] = \hat{A}[\hat{B},\ \hat{C}] + [\hat{A},\ \hat{C}]\hat{B}$

$= -\hbar^2\dfrac{d}{dx} - \hbar^2\dfrac{d}{dx} = -2\hbar^2\dfrac{d}{dx} \quad \left(= -2i\hbar\left(-i\hbar\dfrac{d}{dx}\right) = -2i\hbar\hat{p}\right)$

これを，$[\hat{p}^2,\ \hat{x}]u = (\hat{p}^2 x - x\hat{p}^2)u = \hat{p}^2 xu - x\hat{p}^2 u$

$\left(-i\hbar\dfrac{d}{dx}\right)^2 = -\hbar^2\dfrac{d^2}{dx^2}$

$= -\hbar^2\underbrace{(xu)''}_{(u + xu')' = u' + u' + xu''} + \hbar^2 xu'' = -2\hbar^2\dfrac{d}{dx}u$ より，

$[\hat{p}^2,\ \hat{x}] = -2\hbar^2\dfrac{d}{dx}$ と求めても構わない。

(7) $[\hat{p},\ \hat{x}^2] = \hat{x}\underbrace{[\hat{p},\ \hat{x}]}_{-i\hbar} + \underbrace{[\hat{p},\ \hat{x}]}_{-i\hbar\ ((3)\text{より})}\hat{x}$ ← 公式：$[\hat{A},\ \hat{B}\hat{C}] = \hat{B}[\hat{A},\ \hat{C}] + [\hat{A},\ \hat{B}]\hat{C}$

$= -ix\hbar - ix\hbar = -2i\hbar x$

これも，$[\hat{p},\ \hat{x}^2]u = \hat{p}x^2 u - x^2\hat{p}u = -i\hbar\underbrace{(x^2 u)'}_{(2xu + x^2 u')} + i\hbar x^2 u' = -2ix\hbar u$

$\therefore [\hat{p},\ \hat{x}^2] = -2i\hbar x$ と求めてもいい。

(8) $\left[V(\hat{x}),\ \hat{p}\right]u(x)=(V\cdot\hat{p}-\hat{p}\cdot V)u=-i\hbar\left\{V\frac{du}{dx}-\frac{d}{dx}(Vu)\right\}$

実数関数　任意の実数関数　$Vu'-(V'u+Vu')$

$=i\hbar\frac{dV}{dx}u$　より，

$\left[V(\hat{x}),\ \hat{p}\right]=i\hbar\frac{dV}{dx}$　となる。

では次，交換子と内積の証明問題も解いてみよう。

例題 23　$\hat{H}\psi_n=E_n\psi_n$ ……①　(E_n：固有値，ψ_n：固有関数，$\hat{H}$：ハミルトニアン演算子)のとき，次式が成り立つことを証明せよ。

$(\psi_n,\ [\hat{H},\ \hat{p}\hat{x}]\psi_n)=0$ ……(*)　($\hat{p}$，$\hat{x}$：運動量と位置の演算子)

((*)の左辺) $=(\psi_n,\ [\hat{H},\ \hat{p}\hat{x}]\psi_n)$

$(\hat{H}\hat{p}\hat{x}-\hat{p}\hat{x}\hat{H})$

$=(\psi_n,\ \hat{H}\hat{p}\hat{x}\psi_n-\hat{p}\hat{x}\hat{H}\psi_n)$

$=(\psi_n,\ \hat{H}\hat{p}\hat{x}\psi_n)-(\psi_n,\ \hat{p}\hat{x}\hat{H}\psi_n)$

$\hat{H}$はエルミート演算子より，移動できる。　$E_n\psi_n$ (①より)

$=(\hat{H}\psi_n,\ \hat{p}\hat{x}\psi_n)-(\psi_n,\ E_n\hat{p}\hat{x}\psi_n)$

$E_n\psi_n$ (①より)

$=(E_n\psi_n,\ \hat{p}\hat{x}\psi_n)-E_n(\psi_n,\ \hat{p}\hat{x}\psi_n)$

実数

$=E_n(\psi_n,\ \hat{p}\hat{x}\psi_n)-E_n(\psi_n,\ \hat{p}\hat{x}\psi_n)=0=$ ((*)の右辺)

E_n^* ($\because E_n$：実数)

よって，(*)は成り立つことが分かったんだね。

ここで，さらに，この(*)の$\hat{H}$を調和振動子のハミルトニアン演算子，すなわち，

$\hat{H}=\frac{\hat{p}^2}{2m}+\frac{1}{2}m\omega^2\hat{x}^2$ ………②　として，式を変形してみよう。

まず，②を$[\hat{H},\ \hat{p}\hat{x}]$に代入して計算すると，

$$[\hat{H},\ \hat{p}\hat{x}] = \left[\frac{1}{2m}\hat{p}^2 + \frac{1}{2}m\omega^2\hat{x}^2,\ \hat{p}\hat{x}\right]$$

・$[\hat{A}+\hat{B},\ \hat{C}] = [\hat{A},\ \hat{C}] + [\hat{B},\ \hat{C}]$
・$[\alpha\hat{A},\ \beta\hat{B}] = \alpha\beta[\hat{A},\ \hat{B}]$

$$= \frac{1}{2m}\underbrace{[\hat{p}^2,\ \hat{p}\hat{x}]} + \frac{1}{2}m\omega^2\underbrace{[\hat{x}^2,\ \hat{p}\hat{x}]}$$

$\hat{p}\underbrace{[\hat{p}^2,\ \hat{x}]} + \underbrace{[\hat{p}^2,\ \hat{p}]}\hat{x}$ ： $-2i\hbar\hat{p}$ ((6)(P199)より)，0

$\underbrace{\hat{p}[\hat{x}^2,\ \hat{x}]} + \underbrace{[\hat{x}^2,\ \hat{p}]}\hat{x}$ ： 0，$-[\hat{p},\ \hat{x}^2] = 2i\hbar\hat{x}$ ((7)(P199)より)

公式：$[\hat{A},\ \hat{B}\hat{C}] = \hat{B}[\hat{A},\ \hat{C}] + [\hat{A},\ \hat{B}]\hat{C}$

$$= \frac{1}{2m}(-2i\hbar\hat{p}^2) + \frac{1}{2}m\omega^2\cdot 2i\hbar\hat{x}^2$$

$$= -\frac{i\hbar}{m}\hat{p}^2 + i\hbar m\omega^2\hat{x}^2 = -i\hbar\left(\frac{\hat{p}^2}{m} - m\omega^2\hat{x}^2\right) \quad \cdots\cdots\cdots③$$ となる。

③を(＊)に代入すると，

$$\left(\psi_n,\ -i\hbar\left(\frac{\hat{p}^2}{m} - m\omega^2\hat{x}^2\right)\psi_n\right) = 0$$

$$-i\hbar\left(\psi_n,\ \left(\frac{\hat{p}^2}{m} - m\omega^2\hat{x}^2\right)\psi_n\right) = 0$$ 両辺を$-i\hbar$で割って，変形すると，

$$\left(\psi_n,\ \frac{\hat{p}^2}{m}\psi_n\right) - (\psi_n,\ m\omega^2\hat{x}^2\psi_n) = 0$$ より，

$$\left(\psi_n,\ \frac{\hat{p}^2}{m}\psi_n\right) = (\psi_n,\ m\omega^2\hat{x}^2\psi_n)$$ この両辺に$\frac{1}{2}$をかけると，

$$\left(\psi_n,\ \frac{\hat{p}^2}{2m}\psi_n\right) = \left(\psi_n,\ \frac{1}{2}m\omega^2\hat{x}^2\psi_n\right)$$

$$\underbrace{\left\langle\frac{p^2}{2m}\right\rangle} = \underbrace{\left\langle\frac{1}{2}m\omega^2x^2\right\rangle}$$ となる。

運動エネルギーの平均値　ポテンシャルエネルギーの平均値

したがって，交換子を使った内積計算により，調和振動子について，その運動エネルギーの平均値$\left\langle\frac{p^2}{2m}\right\rangle$とポテンシャルエネルギーの平均値$\left\langle\frac{1}{2}m\omega^2x^2\right\rangle$とが等しいことが導けたんだね。面白かった？

● 不確定性原理の不等式を導こう！

では次に，演算子$\hat{x}$と$\hat{p}$が，エルミート演算子であることと，交換子の知識を利用して，不確定性原理の不等式：

$\Delta x \cdot \Delta p \geqq \frac{\hbar}{2}$ ……$(*t)'$ を導くことにしよう。

この$(*t)'$の不等式は，実は高校数学でも頻出のシュワルツの不等式：

$$\int_a^b \{f(x)\}^2 dx \cdot \int_a^b \{g(x)\}^2 dx \geqq \left\{\int_a^b f(x)g(x)dx\right\}^2 \quad \cdots\cdots(**0)$$

と同様の手法で導くことができるので，参考までに簡単に紹介しておこう。

積分区間$[a, b]$で積分可能な2つの関数$f(x)$と$g(x)$について，新たに変数tを用いて，次の定積分$\int_a^b \underbrace{\{tf(x)+g(x)\}^2}_{0\text{以上}} dx$を実行すると，この被積分関数は0以上より，当然次の不等式が成り立つ。

$\int_a^b \underbrace{\{tf(x)+g(x)\}^2}_{t^2\{f(x)\}^2+2tf(x)\cdot g(x)+\{g(x)\}^2} dx \geqq 0$ ……㋐ となる。㋐より，

$$\int_a^b \left(\underbrace{t^2}_{\text{定数扱い}}\{f(x)\}^2 + \underbrace{2t}_{\text{定数扱い}}f(x)g(x) + \{g(x)\}^2\right)\underbrace{dx}_{x\text{で積分}} \geqq 0$$

これは，xでの積分より，まずt^2や$2t$は定数扱いなので，項別に積分する際，積分記号の外に出せる。

$$\underbrace{t^2\int_a^b \{f(x)\}^2 dx}_{\mathrm{A}(\text{定数})} + \underbrace{2t\int_a^b f(x)g(x)dx}_{\mathrm{B}'(\text{定数})} + \underbrace{\int_a^b \{g(x)\}^2 dx}_{\mathrm{C}(\text{定数})} \geqq 0 \quad \cdots\cdots ㋑$$

すると，$\int_a^b \{f(x)\}^2 dx$，$\int_a^b f(x)g(x)dx$，$\int_a^b \{g(x)\}^2 dx$ の3つの定積分が本当の定数となるので，これらを順にA，B′，Cとおくと，㋑は，

$\mathrm{A}t^2+2\mathrm{B}'t+\mathrm{C} \geqq 0$ ……㋑ となって，

tを変数とする2次不等式になる。

よって，$h(t)=\underbrace{\mathrm{A}}_{\oplus}t^2+2\mathrm{B}'t+\mathrm{C}$ とおくと，

$h(t)$は，下に凸の放物線より，すべての実数tに対して$h(t) \geqq 0$ ……㋑′ と

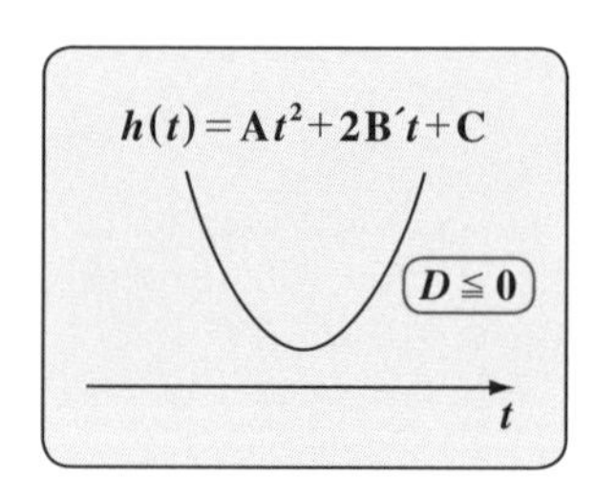

なるための条件は，2次方程式 $h(t)=At^2+2B't+C=0$ の判別式を D とおくと，

$$\frac{D}{4}=B'^2-AC=\left\{\int_a^b f(x)g(x)dx\right\}^2-\int_a^b\{f(x)\}^2dx\cdot\int_a^b\{g(x)\}^2dx\leqq 0$$

となる。これからシュワルツの不等式：

$$\int_a^b\{f(x)\}^2dx\cdot\int_a^b\{g(x)\}^2dx\geqq\left\{\int_a^b f(x)g(x)dx\right\}^2\quad\cdots\cdots(**0)$$

が導かれるんだね。

それでは，これと同様にして，次の例題を解いて，不確定性原理の不等式 $(*t)'$ を導いてみよう。

例題 24　規格化された波動関数 $\psi(x)$ と，演算子 $\hat{x}$，$\hat{p}$，および任意の値を取り得る実数変数 ξ を用いて，新たな関数 $u(x)$ を
$u=(\xi\hat{p}+i\hat{x})\psi$ ……①　と定義する。
(1) $(u,\ u)=\langle p^2\rangle\xi^2+\hbar\xi+\langle x^2\rangle$ ……②　が成り立つことを示せ。
(2) 任意の実数 ξ に対して，$(u,\ u)\geqq 0$ であることから，不確定性原理の不等式：$\Delta x\cdot\Delta p\geqq\dfrac{\hbar}{2}$ ……$(*t)'$　が成り立つことを示せ。
(ただし，$\langle x\rangle=\langle p\rangle=0$ とする。)

(1) $u(x)=(\xi\hat{p}+i\hat{x})\psi$ ………①より，$\|u\|^2=(u,\ u)$ を求めると，

$$\|u\|^2=(u,\ u)=\big((\xi\hat{p}+i\hat{x})\psi,\ (\xi\hat{p}+i\hat{x})\psi\big)\quad(\xi：任意の実数)$$

定数変数

$$=(\xi\hat{p}\psi+i\hat{x}\psi,\ \xi\hat{p}\psi+i\hat{x}\psi)$$

$$=(\xi\hat{p}\psi,\ \xi\hat{p}\psi)+(\xi\hat{p}\psi,\ i\hat{x}\psi)+(i\hat{x}\psi,\ \xi\hat{p}\psi)+(i\hat{x}\psi,\ i\hat{x}\psi)$$

$$=\underbrace{\xi^*\xi}_{\xi^2(\because\xi は実数)}(\hat{p}\psi,\ \hat{p}\psi)+\underbrace{\xi^*i}_{i\xi}(\hat{p}\psi,\ \hat{x}\psi)$$

$$+\underbrace{i^*\xi}_{-i\xi}(\hat{x}\psi,\ \hat{p}\psi)+\underbrace{i^*i}_{-i\cdot i=-i^2=1}(\hat{x}\psi,\ \hat{x}\psi)$$

よって，

$$\|u\|^2 = \xi^2(\hat{p}\psi,\ \hat{p}\psi) + i\xi(\hat{p}\psi,\ \hat{x}\psi) - i\xi(\hat{x}\psi,\ \hat{p}\psi) + (\hat{x}\psi,\ \hat{x}\psi)$$

$\hat{p}$ と $\hat{x}$ は，共にエルミート演算子より，移動できる！

$$= \xi^2\underbrace{(\psi,\ \hat{p}^2\psi)}_{<p^2>} + \underbrace{i\xi(\psi,\ \hat{p}\hat{x}\psi) - i\xi(\psi,\ \hat{x}\hat{p}\psi)}_{-i\xi(\psi,(\hat{x}\hat{p}-\hat{p}\hat{x})\psi)} + \underbrace{(\psi,\ \hat{x}^2\psi)}_{<x^2>}$$

$$= \xi^2 <p^2> - i\xi(\psi,\ \underbrace{(\hat{x}\hat{p} - \hat{p}\hat{x})}_{\text{交換子 } [\hat{x},\ \hat{p}] = i\hbar \ (\text{P195 より})}\psi) + <x^2>$$

$$= <p^2>\xi^2 \underbrace{- i\xi(\psi,\ i\hbar\psi)}_{-i\xi \cdot i\hbar(\psi,\ \psi) = \hbar\xi} + <x^2>$$

$(\psi,\ \psi) = \|\psi\|^2 = 1$ ← ψ は規格化された波動関数だからね。

$\therefore \|u\|^2 = (u,\ u) = <p^2>\xi^2 + \hbar\xi + <x^2>$ ………② となる。

(2) $\|u\|^2 = (u,\ u) = \int_{-\infty}^{\infty} u^* u dx = \int_{-\infty}^{\infty} \underbrace{|u|^2}_{0 \text{ 以上}} dx \geqq 0$ である。②より，

$$\|u\|^2 = (u,\ u) = \underbrace{<p^2>}_{A}\xi^2 + \underbrace{\hbar}_{B}\xi + \underbrace{<x^2>}_{C}$$

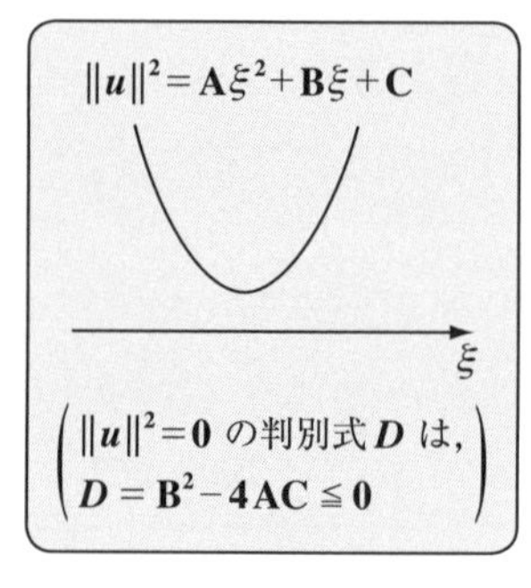

について，$<p^2>$，$\hbar$，$<x^2>$ を順に 3 つの定数 A，B，C とおくと，
$A = <p^2> > 0$ より，右図に示すように，②は，ξ を変数とする下に凸の放物線 (2 次関数) になる。そして，任意の変数 ξ に対して，$\|u\|^2 \geqq 0$ となるための条件は，ξ の 2 次方程式：
$\|u\|^2 = (u,\ u) = A\xi^2 + B\xi + C = 0$ の判別式を D とおくと，

$D = B^2 - 4AC = \boxed{\hbar^2 - 4 \cdot <p^2> \cdot <x^2> \leqq 0}$ である。これから，

$<x^2><p^2> \geqq \dfrac{\hbar^2}{4}$ より，$\sqrt{<x^2>}\sqrt{<p^2>} \geqq \dfrac{\hbar}{2}$ ………③ となる。

ここで，$<x>=<p>=0$　より，

$$\Delta x=\sqrt{<x^2>-\underbrace{<x>^2}_{0^2}}=\sqrt{<x^2>}\ \cdots\cdots\cdots ④$$

$$\Delta p=\sqrt{<p^2>-\underbrace{<p>^2}_{0^2}}=\sqrt{<p^2>}\ \cdots\cdots\cdots ⑤$$　となる。

④，⑤を③に代入することにより，不確定性原理の不等式：

$$\Delta x\cdot\Delta p\geqq\frac{\hbar}{2}\ \cdots\cdots(*t)'$$　が導けるんだね。

どう？シュワルツの不等式を導くのと同様のプロセスで導くことができて，面白かったでしょう？

さらに，この不確定性原理の不等式 $(*t)'$ は，次の形で表現することもできる。

$$\Delta t\cdot\Delta E\geqq\frac{\hbar}{2}\ \cdots\cdots(*t)''$$

この $(*t)''$ の不等式の導き方も解説しておこう。

ここでは，自由粒子のエネルギーの式 $E=\frac{p^2}{2m}$ について考える。

まず，E を p の 2 次関数と考えて，両辺を p で微分すると，

$\frac{dE}{dp}=\frac{2p}{2m}=\frac{p}{m}$　となる。これから，$dE=\frac{p}{m}dp$ より，近似的に dE と dp を ΔE と Δp に置き換えると，

$$\Delta E=\frac{p}{m}\Delta p=\frac{mv}{m}\Delta p=\underbrace{v}_{\frac{\Delta x}{\Delta t}}\cdot\Delta p=\frac{\Delta x}{\Delta t}\cdot\Delta p$$　と表せる。よって，

$$\Delta x\cdot\Delta p=\Delta t\cdot\Delta E\ \cdots\cdots\cdots ⑥$$　となる。

⑥を $(*t)'$ に代入して，

$$\Delta t\cdot\Delta E\geqq\frac{\hbar}{2}\ \cdots\cdots(*t)''$$　が導けるんだね。

これで，さらに，不確定性原理についての理解が深まったと思う。面白かった？

§2. 演算子による調和振動子の解法

調和振動子に対しては，シュレーディンガーの波動方程式を級数解法を使って解く解析的な手法について，既に **P154** で詳しく解説したね。

しかし，この調和振動子については，このような解析的な解法だけでなく，演算子を利用した代数的なアプローチ法もあるんだね。これは，ディラックが考案した巧妙な手法で，まず新たに，演算子 $\hat{a}$ を

$\hat{a} = \frac{1}{\sqrt{2m\hbar\omega}}(m\omega\hat{x} + i\hat{p})$ と定義し，これと複素共役な演算子

$\hat{a}^\dagger = \frac{1}{\sqrt{2m\hbar\omega}}(m\omega\hat{x} - i\hat{p})$ を使って，調和振動子のハミルトニアン演算子

$\hat{H} = \frac{\hat{p}^2}{2m} + \frac{1}{2}m\omega^2\hat{x}^2$ を書き換えることができる。さらに，交換子 $[\hat{a}, \hat{a}^\dagger] = 1$ により，$\hat{a}$ が消滅演算子であり，$\hat{a}^\dagger$ が生成演算子であることも分かる。

この演算子による調和振動子の解法を学ぶことにより，演算子だけでなく，調和振動子についても，さらに理解を深めることができるんだね。これから詳しく解説しよう。

● まず，2つの演算子 $\hat{a}$ と $\hat{a}^\dagger$ を定義しよう！

調和振動子のハミルトニアン演算子は，

$\hat{H} = \frac{1}{2m}\hat{p}^2 + \frac{1}{2}m\omega^2\hat{x}^2$ ………① で表され，時刻 t を含まない波動関数 (固有関数) $\psi_n(x)$ とエネルギー固有値 E_n について，

$\underbrace{\hat{H}}_{\text{エルミート演算子}}\psi_n = \underbrace{E_n}_{\text{エネルギー固有値}}\underbrace{\psi_n}_{\text{固有関数}}$ ………② の関係が成り立ち，固有値 E_n は，

$E_n = \hbar\omega\left(n + \frac{1}{2}\right)$ ………$(*m_0)$ で表されるんだったね。

ここでは，②の微分方程式を解くのではなく，新たな演算子 $\hat{a}$ と，このエルミート共役な演算子 $\hat{a}^\dagger$ を次のように定義して，これらを使って，①のハミルトニアン演算子 $\hat{H}$ を表してみよう。

$\hat{a}^\dagger$ は，$(\hat{a}u,\ v)=(u,\ \hat{a}^\dagger v)$ をみたす演算子のことだ。

$$\hat{a}=\frac{1}{\sqrt{2m\hbar\omega}}(m\omega\hat{x}+i\hat{p})\ \cdots\cdots\cdots(*x_0)$$

$$\hat{a}^\dagger=\frac{1}{\sqrt{2m\hbar\omega}}(m\omega\hat{x}-i\hat{p})\ \cdots\cdots\cdots(*x_0)'$$

$(\hat{a}u,\ v)=\int\hat{a}^*u^*v\,dx$
$=\int u^*\hat{a}^*v\,dx$
$=(u,\ \underbrace{\hat{a}^*}_{\hat{a}^\dagger}v)$ より，
$\hat{a}^\dagger=\hat{a}^*$(複素共役)
となる。

ン？何で，こんな演算子が急に出てくるのか？よく分からないって？当然の疑問だね。$(*x_0)$ と $(*x_0)'$ は，係数 $\frac{1}{\sqrt{2m\hbar\omega}}$ を除けば，実は，①のハミルトニアン演算子 $\hat{H}$ から必然的に導かれるものなんだ。

①を実際に変形してみると，

$$\hat{H}=\frac{1}{2m}\hat{p}^2+\frac{1}{2}m\omega^2\hat{x}^2$$

$$=-\frac{1}{8m}(\underbrace{-2i\hat{p}}_{(m\omega\hat{x}-i\hat{p})-(m\omega\hat{x}+i\hat{p})})^2+\frac{1}{8m}(\underbrace{2m\omega\hat{x}}_{(m\omega\hat{x}-i\hat{p})+(m\omega\hat{x}+i\hat{p})})^2$$

$$=-\frac{1}{8m}\{\underbrace{(m\omega\hat{x}-i\hat{p})}_{\sqrt{2m\hbar\omega}\,\hat{a}^\dagger}-\underbrace{(m\omega\hat{x}+i\hat{p})}_{\sqrt{2m\hbar\omega}\,\hat{a}}\}^2$$ ← $(*x_0)$, $(*x_0)'$ より

$$+\frac{1}{8m}\{\underbrace{(m\omega\hat{x}-i\hat{p})}_{\sqrt{2m\hbar\omega}\,\hat{a}^\dagger}+\underbrace{(m\omega\hat{x}+i\hat{p})}_{\sqrt{2m\hbar\omega}\,\hat{a}}\}^2$$ ← $(*x_0)$, $(*x_0)'$ より

$$=-\frac{2m\hbar\omega}{8m}(\hat{a}^\dagger-\hat{a})^2+\frac{2m\hbar\omega}{8m}(\hat{a}^\dagger+\hat{a})^2$$ となるので，

結局，$\hat{H}$ は $\hat{a}$ と $\hat{a}^\dagger$ により，

$$\hat{H}=-\frac{\hbar\omega}{4}(\hat{a}^\dagger-\hat{a})^2+\frac{\hbar\omega}{4}(\hat{a}^\dagger+\hat{a})^2\ \cdots\cdots\cdots③$$ と表されるんだね。ディラックのこの巧妙な変形手法で，$\hat{H}$ を $\hat{a}$ と $\hat{a}^\dagger$ で表現しなおしたわけだ。

③をさらに変形して，

$$\hat{H} = \frac{\hbar\omega}{4}\left\{(\hat{a}^\dagger + \hat{a})^2 - (\hat{a}^\dagger - \hat{a})^2\right\}$$

$$= \frac{\hbar\omega}{4}\left\{\hat{a}^{\dagger 2} + \hat{a}^\dagger\hat{a} + \hat{a}\hat{a}^\dagger + \hat{a}^2 - (\hat{a}^{\dagger 2} - \hat{a}^\dagger\hat{a} - \hat{a}\hat{a}^\dagger + \hat{a}^2)\right\}$$

$\therefore \hat{H} = \frac{\hbar\omega}{2}(\hat{a}\hat{a}^\dagger + \hat{a}^\dagger\hat{a})$ ………④　と，簡潔にまとめられるんだね。

それでは，④の変形をさらに進めるために，$\hat{a}$ と $\hat{a}^\dagger$ の交換子 $[\hat{a},\ \hat{a}^\dagger]$ を次の例題で調べてみよう。

例題 25　演算子 $\hat{a} = \frac{1}{\sqrt{2m\hbar\omega}}(m\omega\hat{x} + i\hat{p})$ と，このエルミート共役な演算子 $\hat{a}^\dagger = \frac{1}{\sqrt{2m\hbar\omega}}(m\omega\hat{x} - i\hat{p})$ の交換子 $[\hat{a},\ \hat{a}^\dagger]$ が

$[\hat{a},\ \hat{a}^\dagger] = 1$ ……(*)　となることを示せ。

では，早速交換子 $[\hat{a},\ \hat{a}^\dagger]$ を計算してみよう。

$$[\hat{a},\ \hat{a}^\dagger] = \hat{a}\hat{a}^\dagger - \hat{a}^\dagger\hat{a}$$

$$= \frac{1}{2m\hbar\omega}[m\omega\hat{x} + i\hat{p},\ m\omega\hat{x} - i\hat{p}]$$

$$= \frac{1}{2m\hbar\omega}\{\underbrace{[m\omega\hat{x},\ m\omega\hat{x}]}_{0} - [m\omega\hat{x},\ i\hat{p}] + [i\hat{p},\ m\omega\hat{x}] - \underbrace{[i\hat{p},\ i\hat{p}]}_{0}\}$$

公式：$[\hat{A},\ \hat{A}] = 0$

$$= \frac{1}{2m\hbar\omega}\{-im\omega\underbrace{[\hat{x},\ \hat{p}]}_{i\hbar} + im\omega\underbrace{[\hat{p},\ \hat{x}]}_{-[\hat{x},\ \hat{p}] = -i\hbar}\}$$

$[\hat{x},\ \hat{p}] = i\hbar$ (P195 より)

$$= \frac{1}{2m\hbar\omega}(m\omega\hbar + m\omega\hbar) = 1$$　となる。

$\therefore [\hat{a},\ \hat{a}^\dagger] = 1$ ……(*)　が成り立つことが示せたんだね。

これから，$\hat{a}\hat{a}^\dagger - \hat{a}^\dagger\hat{a} = 1$ ………⑤　と表せる。そして，

⑤より，$\underline{\underline{\hat{a}\hat{a}^\dagger}} = \underline{\underline{\hat{a}^\dagger\hat{a} + 1}}$ ………⑤′　となるので，⑤′を④に代入すると，

$$\hat{H} = \frac{\hbar\omega}{2}(\underline{\underline{\hat{a}^\dagger\hat{a}+1}} + \hat{a}^\dagger\hat{a})$$

$\therefore \hat{H} = \hbar\omega\left(\hat{a}^\dagger\hat{a} + \frac{1}{2}\right)$ ………⑥ となって，非常に興味深い式が導けたんだね。

何故なら，

この⑥を $\hat{H}\psi_n = \underbrace{E_n}_{\hbar\omega\left(n+\frac{1}{2}\right)\cdots\cdots(*m_0)}\psi_n$ ………②　に代入すると，$(*m_0)$ より，

$\cancel{\hbar\omega}\left(\hat{a}^\dagger\hat{a} + \frac{1}{2}\right)\psi_n = \cancel{\hbar\omega}\left(n + \frac{1}{2}\right)\psi_n$　となるので，

$\hat{a}^\dagger\hat{a}\psi_n + \cancel{\frac{1}{2}\psi_n} = n\psi_n + \cancel{\frac{1}{2}\psi_n}$

$\therefore \underbrace{\hat{a}^\dagger\hat{a}}_{\text{演算子}}\ \underbrace{\psi_n}_{\text{固有関数}} = \underbrace{n}_{\text{固有値}}\ \underbrace{\psi_n}_{\text{固有関数}}$ ………⑦　が導けるからなんだ。この⑦は，演算子 $\hat{a}^\dagger\hat{a}$ に対して，固有関数 ψ_n，固有値 n の式になっているんだね。

● $\hat{a}^\dagger$ は生成演算子で，$\hat{a}$ は消滅演算子だ！

それでは，さらに話を進めよう。

(i) ⑤より，$\underline{\underline{\hat{a}^\dagger\hat{a}}} = \underline{\underline{\hat{a}\hat{a}^\dagger - 1}}$ ………⑤″ となる。⑤″を⑦に代入すると，

$(\underline{\underline{\hat{a}\hat{a}^\dagger - 1}})\psi_n = n\psi_n$　　$\hat{a}\hat{a}^\dagger\psi_n - \psi_n = n\psi_n$　より，

$\hat{a}\hat{a}^\dagger\psi_n = (n+1)\psi_n$ ………⑧

ここで，⑧の両辺に，左から $\hat{a}^\dagger$ を作用させると，

$\hat{a}^\dagger\hat{a}\hat{a}^\dagger\psi_n = \hat{a}^\dagger\underbrace{(n+1)}_{\text{定数}}\psi_n$　ここで，$n+1$ は定数より，

$\therefore \underbrace{\hat{a}^\dagger\hat{a}}_{\text{演算子}}\ \underbrace{\hat{a}^\dagger\psi_n}_{\text{固有関数}} = \underbrace{(n+1)}_{\text{固有値}}\ \underbrace{\hat{a}^\dagger\psi_n}_{\text{固有関数}}$ ………⑨　となる。

⑨は，演算子 $\hat{a}^\dagger\hat{a}$ について，固有関数 $\hat{a}^\dagger\psi_n$，固有値 $(n+1)$ の式になっていることが分かるはずだ。

このように，$\hat{a}^\dagger$を⑧に左から作用させることにより，固有値をnから$n+1$に増加させることができるので，$\hat{a}^\dagger$を **"生成演算子"** (***creation operator***) と呼ぶんだね。

$\hat{a}\hat{a}^\dagger - \hat{a}^\dagger\hat{a} = 1$ ……⑤
$\hat{a}^\dagger\hat{a}\psi_n = n\psi_n$ ……⑦

ここで，もう1度⑨式を下に示そう。

$$\underbrace{\hat{a}^\dagger\hat{a}}_{\text{演算子}}\ \underbrace{\hat{a}^\dagger\psi_n}_{C\psi_{n+1}} = \underbrace{(n+1)}_{\text{固有値}}\ \underbrace{\hat{a}^\dagger\psi_n}_{C\psi_{n+1}} \text{ ………⑨}$$

すると，これから固有値$n+1$に対応して，固有関数$\hat{a}^\dagger\psi_n$を，

$\hat{a}^\dagger\psi_n = C\psi_{n+1}$ ………⑩　(C：複素定数) とおけばよいことに気付くはずだ。では，この複素定数Cはどのように決めるか？これは次の例題で示すように，$(\psi_{n+1},\ \psi_{n+1}) = (\psi_n,\ \psi_n)$ の条件から決定することができる。これは，固有関数列$\{\psi_n\}$の規格化，すなわち，

$(\psi_n,\ \psi_n) = (\psi_{n+1},\ \psi_{n+1}) = (\psi_{n+2},\ \psi_{n+2}) =$ ……… $= 1$ (全確率) となるための必要条件なんだね。

(これから，$(\psi_{n+1},\ \psi_{n+1}) = (\psi_n,\ \psi_n)$ が成り立たなければならない。)

例題 **26**　$\hat{a}\hat{a}^\dagger - \hat{a}^\dagger\hat{a} = 1$ ……⑤ と $\hat{a}^\dagger\hat{a}\psi_n = n\psi_n$ ……⑦ を用いて，
$\hat{a}^\dagger\psi_n = C\psi_{n+1}$ ……⑩ の定数係数Cを，条件式：
$(\psi_{n+1},\ \psi_{n+1}) = (\psi_n,\ \psi_n)$ ……(a) から決定せよ。

---

⑩より，$\psi_{n+1} = \dfrac{1}{C}\hat{a}^\dagger\psi_n$ となる。これを(a)の左辺に代入すると，

$$((a)\text{の左辺}) = (\psi_{n+1},\ \psi_{n+1}) = \left(\frac{1}{C}\hat{a}^\dagger\psi_n,\ \frac{1}{C}\hat{a}^\dagger\psi_n\right)$$

$$= \frac{1}{\underbrace{C^*C}_{|C|^2}}(\hat{a}^\dagger\psi_n,\ \hat{a}^\dagger\psi_n)$$

(これは，移動させて$\hat{a}$となる。($\because$ $\hat{a}^\dagger$は$\hat{a}$のエルミート共役な演算子))

$$= \frac{1}{|C|^2}(\psi_n,\ \underbrace{\hat{a}\hat{a}^\dagger}_{(\hat{a}^\dagger\hat{a}+1)\ (⑤\text{より})}\psi_n) = \frac{1}{|C|^2}(\psi_n,\ (\hat{a}^\dagger\hat{a}+1)\psi_n)$$

$$= \frac{1}{|C|^2}(\psi_n,\ \underbrace{\hat{a}^\dagger\hat{a}\psi_n}_{n\psi_n\ (⑦\text{より})} + \psi_n)$$

よって，

$$((a)\text{の左辺}) = \frac{1}{|C|^2}(\psi_n,\ (n+1)\psi_n)$$

$$= \underbrace{\frac{n+1}{|C|^2}}_{1}(\psi_n, \psi_n) = (\psi_n, \psi_n) = ((a)\text{の右辺})$$ が成り立つために，

$\frac{n+1}{|C|^2} = 1$ となる。　$\therefore |C|^2 = n+1$

よって，$C = \sqrt{n+1}$ と決定できる。

$n+1>0$ とすると，$C = \sqrt{n+1}\cdot e^{i\theta}$ となるが，$\theta = 0$ として，簡単な実数の形で C の値を決定した。

これを⑩に代入して，

$\hat{a}^\dagger\psi_n = \sqrt{n+1}\,\psi_{n+1}$ ………⑩′　となるんだね。

(ii) では次，$\hat{a}^\dagger\hat{a}\,\psi_n = n\psi_n$ ………⑦ の両辺に，

左から $\hat{a}$ を作用させると，

$\hat{a}\hat{a}^\dagger\hat{a}\psi_n = \hat{a}\,n\psi_n$　ここで，n は定数より，

$\underbrace{\hat{a}\hat{a}^\dagger}_{(\hat{a}^\dagger\hat{a}+1)\ (⑤より)}\hat{a}\psi_n = n\hat{a}\,\psi_n$　$(\hat{a}^\dagger\hat{a}+1)\hat{a}\,\psi_n = n\hat{a}\,\psi_n$

$\hat{a}^\dagger\hat{a}\,\hat{a}\,\psi_n + \hat{a}\,\psi_n = n\hat{a}\,\psi_n$　より，

$\therefore \underbrace{\hat{a}^\dagger\hat{a}}_{演算子}\ \underbrace{\hat{a}\,\psi_n}_{固有関数} = \underbrace{(n-1)}_{固有値}\ \underbrace{\hat{a}\,\psi_n}_{固有関数}$ ………⑪　となる。

⑪は，演算子 $\hat{a}^\dagger\hat{a}$ について，固有関数が $\hat{a}\,\psi_n$，固有値が $(n-1)$ の式になっている。このように，$\hat{a}$ を⑦に左から作用させることにより，固有値が n から $n-1$ に減少した式が導けるので，$\hat{a}$ を "**消滅演算子**" (***annihilation operator***) と呼ぶ。

⑪の固有値 $n-1$ に対応させて，固有関数 $\hat{a}\,\psi_n$ を

$\hat{a}\,\psi_n = C'\psi_{n-1}$ ………⑫　(C'：複素定数)　とおくことにしよう。

そして，今回も，固有関数列 $\{\psi_n\}$ の規格化のための必要条件としての $(\psi_{n-1}, \psi_{n-1}) = (\psi_n, \psi_n)$ から，定数係数 C' の値を次の例題で決定しよう。

例題 27　$\hat{a}^\dagger\hat{a}\,\psi_n = n\psi_n$ ……⑦ を用いて，
$\hat{a}\,\psi_n = C'\psi_{n-1}$ ……⑫ の定数係数 C' を，条件式：
$(\psi_{n-1},\ \psi_{n-1}) = (\psi_n,\ \psi_n)$ ……(b) から決定せよ。

⑫より，$\psi_{n-1} = \dfrac{1}{C'}\hat{a}\psi_n$ となる。これを (b) の左辺に代入して，

$$((b)\text{の左辺}) = (\psi_{n-1},\ \psi_{n-1}) = \left(\frac{1}{C'}\hat{a}\psi_n,\ \frac{1}{C'}\hat{a}\psi_n\right)$$

$$= \frac{1}{\underbrace{C'^*C'}_{|C'|^2}}(\hat{a}\psi_n,\ \hat{a}\psi_n)$$

これは，移動させて $\hat{a}^\dagger$ となる。
$(\because\ \hat{a}^\dagger$ は $\hat{a}$ のエルミート共役な演算子)

$$= \frac{1}{|C'|^2}(\psi_n,\ \underbrace{\hat{a}^\dagger\hat{a}\psi_n}_{n\psi_n\ (⑦\text{より})}) = \frac{1}{|C'|^2}(\psi_n,\ n\psi_n)$$

$$= \underbrace{\frac{n}{|C'|^2}}_{1}(\psi_n,\ \psi_n) = (\psi_n,\ \psi_n) = ((b)\text{の右辺})$$ が成り立つために，

$\dfrac{n}{|C'|^2} = 1$ となる。　$\therefore\ |C'|^2 = n$

よって，$C' = \sqrt{n}$ と決定できる。

$n > 0$ とすると，$C' = \sqrt{n}\cdot e^{i\theta}$ となるが，$\theta = 0$ として，簡単な実数の形で C' の値を決定した。

これを⑫に代入して，

$\hat{a}\psi_n = \sqrt{n}\,\psi_{n-1}$ ………⑫′　と表すことができるんだね。大丈夫だった？

ここで，⑫′と (b) より，もし n が整数でなければ，数が 1 つずつ減って，いくらでも小さくなり得る。⑫′の右辺の係数 $\sqrt{n}$ も，実は複素数と考えれば，n は負の値も取り得るからだ。したがって，これに対応して，エネルギー固有値 $E_n = \hbar\omega\left(n + \dfrac{1}{2}\right)$ もいくらでも小さな負の値を取り得ることになって，矛盾が生じるんだね。これから，n は 0 以上の整数でなければならないことが導かれるんだね。

よって，たとえば，$n=7$ のとき，消滅演算子 $\hat{a}$ により，⑫′から，

$\hat{a}\psi_7=\sqrt{7}\psi_6$，$\hat{a}\psi_6=\sqrt{6}\psi_5$，……，$\hat{a}\psi_1=\sqrt{1}\psi_0$，$\hat{a}\psi_0=0$ ………⑬ となって，ここで⑫′の漸化式による変形は終了する。そして，固有関数 ψ_0 に対応して，エネルギー固有値 E_0 も最小値 $E_0=\frac{1}{2}\hbar\omega$ をとることになる。

$E_n=\hbar\omega\left(n+\frac{1}{2}\right)$ ………$(*m_0)$ より

したがって，この場合，⑫′により，ψ_{-1}，ψ_{-2}，ψ_{-3}，…… が生成されることはないんだね。

では次の解説に入ろう。もう 1 度⑩′と⑫′を列記して，

$$\begin{cases} \hat{a}^\dagger\psi_n=\sqrt{n+1}\,\psi_{n+1} & \cdots\cdots⑩' \\ \hat{a}\psi_n=\sqrt{n}\,\psi_{n-1} & \cdots\cdots⑫' \end{cases}$$ となるね。

そして，これから，P173 で解説した公式

$$x\psi_n=\frac{1}{\alpha}\left(\sqrt{\frac{n+1}{2}}\psi_{n+1}+\sqrt{\frac{n}{2}}\psi_{n-1}\right)\ \cdots\cdots(*s_0) \qquad \left(\alpha=\sqrt{\frac{m\omega}{\hbar}}\right)$$

を導くこともできる。

⑩′+⑫′より，

$$(\hat{a}^\dagger+\hat{a})\psi_n=\sqrt{n+1}\,\psi_{n+1}+\sqrt{n}\,\psi_{n-1}\ \cdots\cdots(c)$$ となる。

ここで，

$$\hat{a}^\dagger=\frac{1}{\sqrt{2m\hbar\omega}}(m\omega\hat{x}-i\hat{p})\ \cdots\cdots(*x_0)',\quad \hat{a}=\frac{1}{\sqrt{2m\hbar\omega}}(m\omega\hat{x}+i\hat{p})\ \cdots\cdots(*x_0)$$

を (c) に代入すると，

$$\frac{1}{\sqrt{2m\hbar\omega}}(m\omega\underbrace{\hat{x}}_{x}\cancel{-i\hat{p}}+m\omega\underbrace{\hat{x}}_{x}\cancel{+i\hat{p}})\psi_n=\sqrt{n+1}\,\psi_{n+1}+\sqrt{n}\,\psi_{n-1}$$

$$\sqrt{2}\cdot\underbrace{\sqrt{\frac{m\omega}{\hbar}}}_{\alpha}x\psi_n=\sqrt{n+1}\,\psi_{n+1}+\sqrt{n}\,\psi_{n-1}$$

∴公式：$x\psi_n=\frac{1}{\alpha}\left(\sqrt{\frac{n+1}{2}}\psi_{n+1}+\sqrt{\frac{n}{2}}\psi_{n-1}\right)$ ………$(*s_0)$ が導けるんだね。

このように，理解が進むと，様々な公式が互いに密接に関連し合っていることが分かって，さらに面白くなっていくと思う。

● 最後に，ψ_0 を求めてみよう！

それでは，最後に，解析的なアプローチもしておこう。**P213** で示した

$\hat{a}\psi_0 = 0$ ………⑬　は，これに，

$$\hat{a} = \frac{1}{\sqrt{2m\hbar\omega}}(m\omega\underbrace{\hat{x}}_{x} + i\underbrace{\hat{p}}_{-i\hbar\frac{d}{dx}}) = \frac{1}{\sqrt{2m\hbar\omega}}\left(m\omega x + \hbar\frac{d}{dx}\right) \cdots\cdots(*x_0)$$　を

代入すると，簡単な次のような **1** 階の常微分方程式になるんだね。

$$\frac{1}{\sqrt{2m\hbar\omega}}\left(m\omega x\psi_0 + \hbar\frac{d\psi_0}{dx}\right) = 0$$

両辺に $\sqrt{2m\hbar\omega}$ をかけて，まとめると，

$$\frac{d\psi_0}{dx} = -\frac{m\omega}{\hbar}x\psi_0$$　より，

これは，変数を分離して $\frac{1}{\psi_0}d\psi_0 = -\frac{m\omega}{\hbar}x\,dx$ として両辺を積分すればいい。

$$\int\frac{1}{\psi_0}d\psi_0 = -\frac{m\omega}{\hbar}\int x\,dx$$

$$\log|\psi_0| = -\frac{m\omega}{2\hbar}x^2 + C_1 \quad (C_1：積分定数)$$

$$|\psi_0| = e^{-\frac{m\omega}{2\hbar}x^2 + C_1} \qquad \psi_0 = \underbrace{\pm e^{C_1}}_{これを新たに C とおく}\cdot e^{-\frac{m\omega}{2\hbar}x^2}$$

$$\psi_0 = Ce^{-\frac{1}{2}\frac{m\omega}{\hbar}x^2} \cdots\cdots⑭ \quad (ただし，C = \pm e^{C_1})$$

ここで，固有関数 ψ_0 を規格化することにより，定数 C を求めると，

$$(\psi_0,\ \psi_0) = \int_{-\infty}^{\infty}\underbrace{\psi_0{}^2}_{\psi_0{}^*\psi_0(\because \psi_0 は実数関数)}dx = C^2\int_{-\infty}^{\infty}e^{-\frac{m\omega}{\hbar}x^2}dx$$

ガウスの積分公式 $\int_{-\infty}^{\infty}e^{-ax^2}dx = \sqrt{\frac{\pi}{a}}$

$$= C^2\sqrt{\frac{\pi}{\frac{m\omega}{\hbar}}} = \boxed{C^2\sqrt{\frac{\pi\hbar}{m\omega}} = 1} \quad (全確率)$$

よって，$C^2=\sqrt{\dfrac{m\omega}{\pi\hbar}}$ より，定数 $C=\sqrt[4]{\dfrac{m\omega}{\pi\hbar}}$ となる。

これを⑭に代入して，固有関数 ψ_0 は，

$$\psi_0(x)=\sqrt[4]{\frac{m\omega}{\pi\hbar}}\,e^{-\frac{1}{2}\frac{m\omega}{\hbar}x^2}\ \cdots\cdots\cdots ⑭'$$ となるんだね。

これは，P106 で解説した例題 9 の結果と一致する。

また，定数 $\alpha=\sqrt{\dfrac{m\omega}{\hbar}}$ を用いると⑭′は，

$$\psi_0(x)=\sqrt{\frac{\alpha}{\sqrt{\pi}}}\,e^{-\frac{1}{2}\alpha^2x^2}\ \cdots\cdots\cdots ⑭''$$ となる。

これは，P170 で解説した調和振動子の固有関数の一般公式

$$\psi_n(x)=\sqrt{\frac{\alpha}{2^n n!\sqrt{\pi}}}\,H_n(\alpha x)\,e^{-\frac{1}{2}\alpha^2x^2}\ \cdots\cdots(*r_0)\quad (n=0,\ 1,\ 2,\ \cdots)$$

の n に $n=0$ を代入した

$$\psi_0(x)=\sqrt{\frac{\alpha}{2^0\cdot 0!\sqrt{\pi}}}\,\underbrace{H_0(\alpha x)}_{1}\,e^{-\frac{1}{2}\alpha^2x^2}=\sqrt{\frac{\alpha}{\sqrt{\pi}}}\,e^{-\frac{1}{2}\alpha^2x^2}$$ と一致するんだね。

そして，この ψ_0 が分かったので，ψ_1, ψ_2, ψ_3, …，については，固有関数の

漸化式：$x\psi_n=\dfrac{1}{\alpha}\left(\sqrt{\dfrac{n+1}{2}}\,\psi_{n+1}+\sqrt{\dfrac{n}{2}}\,\psi_{n-1}\right)$ ………$(*s_0)$ を変形して，

$$\psi_{n+1}=\sqrt{\frac{2}{n+1}}\left(\alpha x\psi_n-\sqrt{\frac{n}{2}}\,\psi_{n-1}\right)$$ として

（$n=0$ のとき，ψ_{-1} は定義されないので，これは 0 とすればいい。）

順次，$n=0$, 1, 2, …を代入していけば，ψ_1, ψ_2, ψ_3, …を求めていくこともできるんだね。

ψ_0 に関してだけは，解析的な微分方程式の解法を用いたんだけれど，それ以外はすべて演算子法による代数的な手法のみで，固有関数 ψ_n ($n=1$, 2, 3, …) を求めることができるんだね。どう？とても面白かったでしょう？

§3. 演算子の行列形式

では，最後のテーマとして"**演算子の行列形式**"について解説しよう。正規直交系で完全系の固有関数列$\{\psi_i\}$の**1**次結合により，任意の関数を表すことができるんだね。この任意の関数として，$f=\sum_{i=1}^{\infty}f_i\psi_i$ と $g=\sum_{i=1}^{\infty}g_i\psi_i$ の**2**つが与えられているものとしよう。このとき，演算子$\hat{A}$を使って，内積$(f,\ \hat{A}g)$を求めると，これは次のベクトルと行列

$$\boldsymbol{f}=\begin{bmatrix} f_1 \\ f_2 \\ \vdots \end{bmatrix},\ \boldsymbol{g}=\begin{bmatrix} g_1 \\ g_2 \\ \vdots \end{bmatrix},\ \boldsymbol{A}=\begin{bmatrix} a_{11} & a_{12} & \cdots \\ a_{21} & a_{22} & \cdots \\ \vdots & \vdots & \ddots \end{bmatrix}$$ を用いて，

$(f,\ \hat{A}g)={}^t\boldsymbol{f}^*\boldsymbol{A}\boldsymbol{g}$ の"**行列形式**"で表すことができる。この式の$\boldsymbol{f}$，$\boldsymbol{g}$は

("$*$"は複素共役を表し，"t"は転置行列を表す。)

∞次元のベクトルであり，$\boldsymbol{A}$は(∞行∞列)の行列なので，初めはとまどうかも知れないね。でも，量子力学の基本構造を理解する上で，この演算子の行列形式は是非ともマスターしなければならない重要テーマの**1**つなんだね。

そして，ここでは，既に解説した"**エルミート演算子**"$\hat{A}_H$に加えて，"**ユニタリ演算子**"$\hat{U}_U$についても教えよう。また，これらの行列形式として"**エルミート行列**"(***Hermitian matrix***)$\boldsymbol{A}_H$と"**ユニタリ行列**"(***unitary matrix***)$\boldsymbol{U}_U$が存在する。そして，このエルミート行列$\boldsymbol{A}_H$は，$\boldsymbol{U}_U^{-1}\boldsymbol{A}_H\boldsymbol{U}_U$によって，固有値$\{\lambda_i\}$を対角要素にもつ対角行列に変換できることも解説するつもりだ。

最後まで，内容満載だけれど，これで量子力学の理解がさらに深まるし，また，丁寧に解説するので，楽しみながら，学んで頂きたい。

● $(f,\ \hat{A}g)$を行列形式で表そう！

シュレーディンガーの波動方程式を解いて，完全系で，かつ正規直交系の固有関数列$\{\psi_i\}$が求められたとき，任意の波動関数f，gは，この固有

(具体的には，$\psi_1,\ \psi_2,\ \psi_3,\cdots$のことだ。ここでは**1**スタートの関数列としよう。)

関数列の**1**次結合として，次のように表すことができるんだね。

$$\begin{cases} f = \sum_{i=1}^{\infty} f_i \psi_i = f_1\psi_1 + f_2\psi_2 + f_3\psi_3 + \cdots\cdots & \cdots\cdots\cdots ① \quad (f_i：複素係数) \\ g = \sum_{i=1}^{\infty} g_i \psi_i = g_1\psi_1 + g_2\psi_2 + g_3\psi_3 + \cdots\cdots & \cdots\cdots\cdots ② \quad (g_i：複素係数) \end{cases}$$

（$\{\psi_i\}$の正規直交性から，①と②の複素係数f_i，g_i ($i = 1, 2, 3, \cdots$) は，$f_i = (\psi_i, f)$，$g_i = (\psi_i, g)$で求められることも大丈夫だね。）

ここで，演算子$\hat{A}$を用いて，fと$\hat{A}g$の内積$(f, \hat{A}g)$について考えてみよう。もちろんgがfと等しいとき，これは，$(f, \hat{A}f) = \langle A \rangle$となるので，波動関数$f$の状態で，力学変数$A$を測定したときの$A$の平均値が求められることになるのもいいね。

話を元に戻して，ここでは$(f, \hat{A}g)$を，行列形式で表す方法について解説しよう。このとき，演算子$\hat{A}$に対応する行列Aは，(∞行∞列)の次に示すような形のものになるんだね。

$$A = \begin{bmatrix} a_{11} & a_{12} & a_{13} & \cdots \\ a_{21} & a_{22} & a_{23} & \cdots \\ a_{31} & a_{32} & a_{33} & \cdots \\ \vdots & \vdots & \vdots & \ddots \end{bmatrix} \quad \cdots\cdots\cdots ③$$

ただし，行列Aの第i行第j列の成分a_{ij}は，次式で求めるものとする。

$$a_{ij} = (\psi_i, \hat{A}\psi_j) = \int \psi_i{}^* \hat{A} \psi_j \, dx \quad \cdots\cdots\cdots ④ \quad (i, j = 1, 2, 3, \cdots)$$

ここで，2つの任意関数fとgの係数$\{f_i\}$と$\{g_i\}$を要素にもつ∞次元のベクトル$\boldsymbol{f}$，$\boldsymbol{g}$を

（$\{f_i\}$：$f_1, f_2, f_3, \cdots$　$\{g_i\}$：$g_1, g_2, g_3, \cdots$ のこと。）

$$\boldsymbol{f} = \begin{bmatrix} f_1 \\ f_2 \\ f_3 \\ \vdots \end{bmatrix} \quad \cdots\cdots\cdots ⑤ \qquad \boldsymbol{g} = \begin{bmatrix} g_1 \\ g_2 \\ g_3 \\ \vdots \end{bmatrix} \quad \cdots\cdots\cdots ⑥$$

とおく。すると，

f と $\hat{A}g$ の内積 $(f,\ \hat{A}g)$ は，行列とベクトルの積，つまり行列形式で次のように表せる。

$$(f,\ \hat{A}g) = {}^t\boldsymbol{f}^*\boldsymbol{A}\boldsymbol{g} \quad \cdots\cdots\cdots(*z_0)$$

$f = \sum_i f_i \psi_i$ …………①

$g = \sum_i g_i \psi_i$ …………②

$a_{ij} = (\psi_i,\ \hat{A}\psi_j)$ ……④

ン？これだけでは何のことか，全然分からないって!? 当然だね。これから詳しく解説しよう。

一般に，行列 $\boldsymbol{X}$ の対角線に関して対称に成分を入れ換えたものを“**転置行列**”といい，${}^t\boldsymbol{X}$ で表す。

転置行列の定義

行列 $\boldsymbol{X}$ の行と列を入れ換えた行列を，$\boldsymbol{X}$ の“転置行列”(***transpose of a matrix***) と呼び，${}^t\boldsymbol{X}$ で表す。

$$\boldsymbol{X} = \begin{bmatrix} x_{11} & x_{12} & x_{13} & \cdots \\ x_{21} & x_{22} & x_{23} & \cdots \\ x_{31} & x_{32} & x_{33} & \cdots \\ \vdots & \vdots & \vdots & \ddots \end{bmatrix} \qquad {}^t\boldsymbol{X} = \begin{bmatrix} x_{11} & x_{21} & x_{31} & \cdots \\ x_{12} & x_{22} & x_{32} & \cdots \\ x_{13} & x_{23} & x_{33} & \cdots \\ \vdots & \vdots & \vdots & \ddots \end{bmatrix}$$

(イメージ $\boldsymbol{X} = [\ \equiv\ ]$ ←行と列の入れ換えのイメージ→ ${}^t\boldsymbol{X} = [\ |||\ ]$)

したがって，$\boldsymbol{f} = \begin{bmatrix} f_1 \\ f_2 \\ f_3 \\ \vdots \end{bmatrix}$ の転置行列は ${}^t\boldsymbol{f} = [f_1\ \ f_2\ \ f_3\ \ \cdots]$ となって列ベクトルが行ベクトルに変わるだけだね。今回は，この複素共役なベクトルをとって，${}^t\boldsymbol{f}^*$は，${}^t\boldsymbol{f}^* = [f_1^*\ \ f_2^*\ \ f_3^*\ \ \cdots]$ となるんだね。よって，$(*z_0)$ の右辺を具体的に行列とベクトルの積の形で表すと，次のようになる。

$$(f,\ \hat{A}g) = [f_1^*\ \ f_2^*\ \ f_3^*\ \ \cdots] \begin{bmatrix} a_{11} & a_{12} & a_{13} & \cdots \\ a_{21} & a_{22} & a_{23} & \cdots \\ a_{31} & a_{32} & a_{33} & \cdots \\ \vdots & \vdots & \vdots & \ddots \end{bmatrix} \begin{bmatrix} g_1 \\ g_2 \\ g_3 \\ \vdots \end{bmatrix} \quad \cdots\cdots\cdots(z_0)'$$

これを計算すると，(**1** 行 ∞ 列)×(∞ 行 ∞ 列)×(∞ 行 **1** 列)=(**1** 行 **1** 列) となって，

ベクトルではなく，1つの式または値(スカラー)になることに気を付けよう。

では，どのようにして$(*z_0)$(または$(*z_0)'$)が導かれるのか？
これから解説しよう。

まず，$\sum_{i=1}^{\infty}$と$\sum_{j=1}^{\infty}$は，これから，それぞれ$\sum_i$，$\sum_j$と略記することにする。

そして，初めに，$\hat{A}\psi_j = \sum_i a_{ij}\psi_i$ ………$(*a_1)$　$(j = 1, 2, 3, \cdots)$が成り立つ

ことを，次の例題で示そう。

> 例題 28　$\hat{A}\psi_j = \sum_i a_{ij}\psi_i$ ………$(*a_1)$　$(j = 1, 2, 3, \cdots)$
> の両辺にψ_k^* $(k = 1, 2, 3, \cdots)$を左からかけて，積分区間$(-\infty, \infty)$で無限積分することにより，$(*a_1)$が成り立つことを示せ。

(i) まず，$(*a_1)$の左辺に，左からψ_k^*をかけて，無限積分すると，

$$\int_{-\infty}^{\infty}\psi_k^*\hat{A}\psi_j\,dx = (\psi_k,\ \hat{A}\psi_j) \quad \cdots\cdots\cdots ⑦$$
となる。

(ii) 次に，$(*a_1)$の右辺に，左からψ_k^*をかけて，無限積分すると，

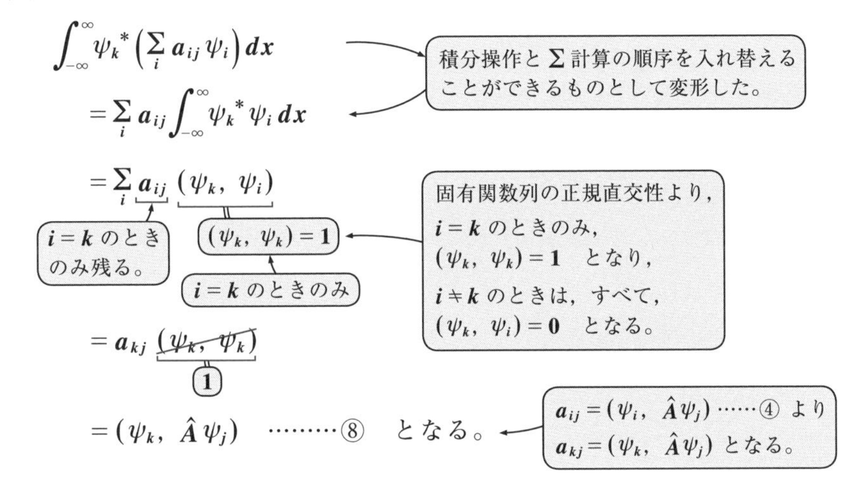

$$\int_{-\infty}^{\infty}\psi_k^*\left(\sum_i a_{ij}\psi_i\right)dx$$
$$= \sum_i a_{ij}\int_{-\infty}^{\infty}\psi_k^*\psi_i\,dx$$
$$= \sum_i a_{ij}\,(\psi_k,\ \psi_i)$$
$$= a_{kj}\,(\psi_k,\ \psi_k)$$
$$= (\psi_k,\ \hat{A}\psi_j) \quad \cdots\cdots\cdots ⑧$$
となる。

以上(i)，(ii)より，すべて自然数kに対して，⑦と⑧は一致する。
よって，$\hat{A}\psi_j = \sum_i a_{ij}\psi_i$ ………$(*a_1)$ は成り立つと言えるんだね。

では次に，$(*a_1)$ を使って，$(f,\ \hat{A}g)$ の中の $\hat{A}g$ を求めてみよう。すると，

$f = \sum_i f_i \psi_i$ ……………①

$g = \sum_i g_i \psi_i$ ……………②

$a_{ij} = (\psi_i,\ \hat{A}\psi_j)$ ………④

$\hat{A}\psi_j = \sum_i a_{ij} \psi_i$ ……$(*a_1)$

$$\hat{A}g = \hat{A}\sum_j g_j \psi_j$$

$\hat{A}(g_1\psi_1 + g_2\psi_2 + \cdots) = g_1\hat{A}\psi_1 + g_2\hat{A}\psi_2 + \cdots$

$$= \sum_j g_j \hat{A}\psi_j = \sum_j g_j \left(\sum_i a_{ij}\psi_i\right)$$

$\sum_i a_{ij}\psi_i$ （$(*a_1)$ より）

$$= \sum_i \psi_i \left(\sum_j a_{ij} g_j\right)$$

$$= \sum_i \psi_i (a_{i1}g_1 + a_{i2}g_2 + a_{i3}g_3 + \cdots)$$

これを Q_i とおこう。

$$= \sum_i Q_i \psi_i$$

$$= Q_1\psi_1 + Q_2\psi_2 + Q_3\psi_3 + \cdots \quad \cdots\cdots\cdots ⑨$$ となる。

$a_{11}g_1 + a_{12}g_2 + a_{13}g_3 + \cdots$

$a_{21}g_1 + a_{22}g_2 + a_{23}g_3 + \cdots$

$a_{31}g_1 + a_{32}g_2 + a_{33}g_3 + \cdots$

よって，内積 $(f,\ \hat{A}g)$ は，①と⑨より

$$(f,\ \hat{A}g) = (f_1\psi_1 + f_2\psi_2 + f_3\psi_3 + \cdots,\ Q_1\psi_1 + Q_2\psi_2 + Q_3\psi_3 + \cdots)$$

$$= f_1^* Q_1 (\psi_1,\ \psi_1) + f_2^* Q_2 (\psi_2,\ \psi_2) + f_3^* Q_3 (\psi_3,\ \psi_3) + \cdots$$

$(\psi_1,\psi_1)=1$, $(\psi_2,\psi_2)=1$, $(\psi_3,\psi_3)=1$

$\{\psi_i\}$ の正規直交性より，$(\psi_i,\ \psi_j) = \delta_{ij}$ だから，$(\psi_1,\ \psi_1)$，$(\psi_2,\ \psi_2)$，$(\psi_3,\ \psi_3)$，… のみが残って，他は 0 となるからね。

$$= f_1^* Q_1 + f_2^* Q_2 + f_3^* Q_3 + \cdots$$ となる。

よって，これを，ベクトルと行列の積の形式に変形すると，

$$(f,\ \hat{A}g)=[f_1{}^*\ f_2{}^*\ f_3{}^*\ \cdots]\begin{bmatrix} Q_1 \\ Q_2 \\ Q_3 \\ \vdots \end{bmatrix}$$

$$=[f_1{}^*\ f_2{}^*\ f_3{}^*\ \cdots]\begin{bmatrix} a_{11}g_1+a_{12}g_2+a_{13}g_3+\cdots \\ a_{21}g_1+a_{22}g_2+a_{23}g_3+\cdots \\ a_{31}g_1+a_{32}g_2+a_{33}g_3+\cdots \\ \cdots\cdots\cdots\cdots\cdots\cdots\cdots\cdots \end{bmatrix}$$

$$=\underbrace{[f_1{}^*\ f_2{}^*\ f_3{}^*\ \cdots]}_{{}^t f^*}\underbrace{\begin{bmatrix} a_{11} & a_{12} & a_{13} & \cdots \\ a_{21} & a_{22} & a_{23} & \cdots \\ a_{31} & a_{32} & a_{33} & \cdots \\ \vdots & \vdots & \vdots & \ddots \end{bmatrix}}_{A}\underbrace{\begin{bmatrix} g_1 \\ g_2 \\ g_3 \\ \vdots \end{bmatrix}}_{g}\ \cdots\cdots(*z_0)^*$$ となる。

$\therefore (f,\ \hat{A}g)={}^t\boldsymbol{f}^*A\boldsymbol{g}$ ………$(*z_0)$ が導かれるんだね。

そして，これは，**P62** で紹介したブラ・ベクトルとケット・ベクトルを用いると，$(f,\ \hat{A}g)=\langle f|A|g\rangle$ と表される。$\langle f|$ が複素共役な行ベクトル ${}^t\boldsymbol{f}^*$,

（ブラ・ベクトル ${}^t\boldsymbol{f}^*$ のこと）（ケット・ベクトル $\boldsymbol{g}$ のこと）

A が行列，$|g\rangle$ が列ベクトル $\boldsymbol{g}$ となって，$(*z_0)$ をうまく表現していることがご理解頂けると思う。

> ここでは，$\hat{A}$ と固有値 C_i，固有関数 ψ_i の式：
>
> $\underbrace{\hat{A}}_{演算子}\ \underbrace{\psi_i}_{固有関数} = \underbrace{C_i}_{固有値}\ \underbrace{\psi_i}_{固有関数}$ ……$(*)$ が成り立つことを前提にしていないんだけれど，
>
> ここで，$(*)$ が成り立っている場合について，A がどうなるか示しておこう。
>
> $(f,\ \hat{A}g)=(f_1\psi_1+f_2\psi_2+f_3\psi_3+\cdots,\ \hat{A}(g_1\psi_1+g_2\psi_2+g_3\psi_3+\cdots))$
>
> （$g_1\hat{A}\psi_1+g_2\hat{A}\psi_2+g_3 A_3\psi_3+\cdots$，$\hat{A}\psi_1=C_1\psi_1$，$\hat{A}\psi_2=C_2\psi_2$，$\hat{A}\psi_3=C_3\psi_3$）
>
> $=(f_1\psi_1+f_2\psi_2+f_3\psi_3+\cdots,\ C_1g_1\psi_1+C_2g_2\psi_2+C_3g_3\psi_3+\cdots)$ より，

$$(f,\ \hat{A}g) = f_1{}^*C_1g_1\underbrace{(\psi_1,\ \psi_1)}_{1} + f_2{}^*C_2g_2\underbrace{(\psi_2,\ \psi_2)}_{1} + f_3{}^*C_3g_3\underbrace{(\psi_3,\ \psi_3)}_{1} + \cdots$$

$$= f_1{}^*C_1g_1 + f_2{}^*C_2g_2 + f_3{}^*C_3g_3 + \cdots$$

$$= [f_1{}^*\ f_2{}^*\ f_3{}^*\ \cdots]\begin{bmatrix} C_1g_1 \\ C_2g_2 \\ C_3g_3 \\ \vdots \end{bmatrix}$$

$$= \underbrace{[f_1{}^*\ f_2{}^*\ f_3{}^*\ \cdots]}_{{}^tf^*}\underbrace{\begin{bmatrix} C_1 & 0 & 0 & \cdots \\ 0 & C_2 & 0 & \cdots \\ 0 & 0 & C_3 & \cdots \\ \vdots & \vdots & \vdots & \ddots \end{bmatrix}}_{\text{対角行列}A}\underbrace{\begin{bmatrix} g_1 \\ g_2 \\ g_3 \\ \vdots \end{bmatrix}}_{g}$$

となって，行列 A は，対角行列になるんだね。しかし，ここでは，
$\hat{A}\psi_i = C_i\psi_i$ ……(*) が成り立つとは限らない一般論で考えているので，行列 A は，今の時点では，対角行列ではない，ある(∞行∞列)の行列であると考えて頂きたい。そして，この行列 A を対角化する手法については，後で詳しく解説しよう。

● エルミート演算子 $\hat{A}_H$ とユニタリ演算子 $\hat{U}_U$ を押さえよう！

それでは，これから，エルミート演算子の簡単な復習と，ユニタリ演算子の定義について，解説しよう。

波動関数 f，g について，

$(f,\ \hat{A}g) = (\hat{A}^\dagger f,\ g)$ または $(\hat{A}f,\ g) = (f,\ \hat{A}^\dagger g)$

の関係があるとき，$\hat{A}^\dagger$を演算子 $\hat{A}$ のエルミート共役というんだった。そして，$\hat{A}^\dagger = \hat{A}$，すなわち，

$(\hat{A}f,\ g) = (f,\ \hat{A}g)$ ………$(*u_0)$ が成り立つとき，

$\hat{A}$ をエルミート演算子と呼び，この節では，$\hat{A}_H$ と表すことにしよう。
（H：*Hermitian matrix* の頭文字）

では次，ユニタリ演算子$\hat{U}_U$の定義を下に示そう。

ユニタリ演算子

任意の2つの関数f, gと，演算子$\hat{A}$について，
$(\hat{A}f,\ \hat{A}g)=(f,\ g)$ が成り立つとき，
$\hat{A}$をユニタリ演算子と呼び，$\hat{U}_U$で表す。すなわち，ユニタリ演算子$\hat{U}_U$は，
$(\hat{U}_Uf,\ \hat{U}_Ug)=(f,\ g)$ ………$(*c_1)$ で定義される。
また，$(*c_1)$より，
$(f,\ \underbrace{\hat{U}_U{}^\dagger\hat{U}_U}_{1}g)=(\underbrace{\hat{U}_U{}^\dagger\hat{U}_U}_{1}f,\ g)=(f,\ g)$ となるので，
$\hat{U}_U{}^\dagger\hat{U}_U=\hat{U}_U\hat{U}_U{}^\dagger=1$ ………$(*d_1)$ が成り立つ。

ユニタリ演算子$\hat{U}_U$の定義式$(*c_1)$から明らかに，ユニタリ演算子$\hat{U}_U$は波動関数f, gに作用しても，これらの内積が変化しない，つまり，不変性を保つものなので，ベクトル空間における回転に対応するものと考えることができるんだね。
また，$\underbrace{\hat{U}_U{}^\dagger}_{\hat{U}_U{}^{-1}}\hat{U}_U=\hat{U}_U\underbrace{\hat{U}_U{}^\dagger}_{\hat{U}_U{}^{-1}}=1$ ………$(*d_1)$ より，
$\hat{U}_U{}^\dagger$は$\hat{U}_U$の逆演算子$\hat{U}_U{}^{-1}$となる。つまり，

$\hat{U}_U{}^\dagger=\hat{U}_U{}^{-1}$ ………$(*e_1)$ と表せる。

ここで，波動関数f, gに，ユニタリ演算子$\hat{U}_U$が左から作用したとき，f, gがそれぞれf', g'に変換されたとしよう。つまり，
$f'=\hat{U}_Uf$ ………① $g'=\hat{U}_Ug$ ………② とする。
このとき，波動関数の取り方に関わらず，物理量は一定でなければならないので，gとg'に作用する演算子をそれぞれ$\hat{A}$, $\hat{A}'$とおくと，
$(f,\ \hat{A}g)=(f',\ \hat{A}'g')$ ………③ が
成り立たないといけないんだね。①，②より，③の右辺を変形すると，
$(f,\ \hat{A}g)=(\underbrace{f'}_{\hat{U}_Uf\text{（①より）}},\ \hat{A}'\underbrace{g'}_{\hat{U}_Ug\text{（②より）}})=(\hat{U}_Uf,\ \hat{A}'\hat{U}_Ug)=(f,\ \underbrace{\hat{U}_U{}^\dagger\hat{A}'\hat{U}_U}_{\hat{A}}g)$ となる。

よって，第1式と最終式とを比較して，

$\hat{A} = \underbrace{\hat{U}_U^{\dagger}}_{\hat{U}_U^{-1}} \hat{A}' \hat{U}_U = \hat{U}_U^{-1} \hat{A}' \hat{U}_U$，または $\hat{A}' = \hat{U}_U \hat{A} \hat{U}_U^{-1}$ が導ける。

（この両辺に，左から $\hat{U}_U$，右から $\hat{U}_U^{-1}$ を作用させた。）

$$\therefore \quad \hat{A} = \hat{U}_U^{-1} \hat{A}' \hat{U}_U \cdots\cdots\cdots (*f_1) \quad , \quad \hat{A}' = \hat{U}_U \hat{A} \hat{U}_U^{-1} \cdots\cdots\cdots (*f_1)'$$

● エルミート行列 A_H とユニタリ行列 U_U を定義しよう！

それでは，エルミート演算子 $\hat{A}_H$ に対応するエルミート行列 A_H と，ユニタリ演算子 $\hat{U}_U$ に対応するユニタリ行列 U_U について，解説しよう。まず，エルミート行列 A_H の定義を下に示そう。

エルミート行列 A_H の定義

成分が複素数である複素行列 A が，

${}^tA^* = A \cdots\cdots\cdots (*g_1)$　をみたすとき，

行列 A を **"エルミート行列"** と呼び，A_H で表す。

エルミート行列 A_H は，$(*g_1)$ から分かるように，A_H を転置行列にして，かつ各成分を共役複素数に書き換えた ${}^tA_H^*$ が，元の A_H と等しい行列のことなんだね。

つまり，　${}^tA_H^* = A_H \cdots\cdots\cdots (*g_1)'$　となる。

これから，エルミート行列 A_H は，左上から右下にかけての対角成分は実数であり，かつ，この対角線に関して対称な位置にある成分は互いに共役な複素数になるんだね。ここで，**2** 次および **3** 次のエルミート行列の例を $(ex1)$ と $(ex2)$ に示そう。

$(ex1)$ **2**次のエルミート行列の例

$$A_H = \begin{bmatrix} 3 & 1+i \\ 1-i & -2 \end{bmatrix}$$

$(ex2)$ **3**次のエルミート行列の例

$$B_H = \begin{bmatrix} 1 & i & 2-i \\ -i & 2 & -3i \\ 2+i & 3i & -1 \end{bmatrix}$$

$(ex1)$ の A_H について，この転置行列 ${}^tA_H$ は，

${}^tA_H = \begin{bmatrix} 3 & 1-i \\ 1+i & -2 \end{bmatrix}$　であり，この複素共役な行列 ${}^tA_H^*$ は，

${}^tA_H^* = \begin{bmatrix} 3^* & (1-i)^* \\ (1+i)^* & (-2)^* \end{bmatrix} = \begin{bmatrix} 3 & 1+i \\ 1-i & -2 \end{bmatrix} = A_H$　となって，$(*g_1)'$ をみたす。

よって，A_H はエルミート行列であることが分かるんだね。
$(ex2)$ の B_H についても，これがエルミート行列であることを確認して頂きたい。
では次，ユニタリ行列 U_U について，その定義をまず下に示そう。

ユニタリ行列 U_U の定義

成分が複素数である複素行列 U が，
$\underbrace{{}^tU^*}_{U^{-1}}U = U\underbrace{{}^tU^*}_{U^{-1}} = I$ (単位行列) ………$(*h_1)$　をみたすとき，
行列 U を **"ユニタリ行列"** と呼び，U_U で表す。

ユニタリ行列 U_U は，その定義式 $(*h_1)$ から，
$\underbrace{{}^tU_U{}^*}_{U_U{}^{-1}}U_U = U_U\underbrace{{}^tU_U{}^*}_{U_U{}^{-1}} = I$　となるので，U_U を転置行列にして，かつ各成分を共役複素数に書き換えた ${}^tU_U{}^*$ が，U_U の逆行列 $U_U{}^{-1}$ になる。

つまり，　${}^tU_U{}^* = U_U{}^{-1}$ ………$(*h_1)'$　となるんだね。

このユニタリ行列 U_U の第 1 列，第 2 列，第 3 列，… の列ベクトルを順に $\boldsymbol{u}_1$, $\boldsymbol{u}_2$, $\boldsymbol{u}_3$, … と表すと，U_U と ${}^tU_U{}^*$ のイメージは次のようになる。つまり，

$$U_U = \begin{bmatrix} \boldsymbol{u}_1 & \boldsymbol{u}_2 & \boldsymbol{u}_3 & \cdots \end{bmatrix}$$ であり，$${}^tU_U{}^* = \begin{bmatrix} {}^t\boldsymbol{u}_1{}^* \\ {}^t\boldsymbol{u}_2{}^* \\ {}^t\boldsymbol{u}_3{}^* \\ \vdots \end{bmatrix}$$ だね。

よって，$(*h_1)$ の定義より，${}^tU_U{}^*U_U = I$ (単位行列) になるということは，ベクトルの集合 $\{\boldsymbol{u}_i\}$ $(i = 1, 2, 3, \cdots)$ が 正規 直交 基底であることを示している。
（$\{\boldsymbol{u}_i\}$：具体的には $\boldsymbol{u}_1$, $\boldsymbol{u}_2$, $\boldsymbol{u}_3$, … のこと。　正規：$\|\boldsymbol{u}_i\| = 1$　直交：$\boldsymbol{u}_i \cdot \boldsymbol{u}_j = 0\ (i \neq j)$）

つまり，$\boldsymbol{u}_i$ と $\boldsymbol{u}_j$ の内積を $\boldsymbol{u}_i \cdot \boldsymbol{u}_j$ で表すと，これが，

$$\boldsymbol{u}_i \cdot \boldsymbol{u}_j = {}^t\boldsymbol{u}_i{}^*\boldsymbol{u}_j = \delta_{ij} = \begin{cases} 1 & (i = j \text{ のとき}) \\ 0 & (i \neq j \text{ のとき}) \end{cases}$$

となることを示しているんだね。
実際に，このイメージも利用して，${}^tU_U{}^* \cdot U_U$ を求めてみると

$$
{}^tU_U{}^* \cdot U_U = \begin{bmatrix} \boxed{{}^t\boldsymbol{u}_1{}^*} \\ \boxed{{}^t\boldsymbol{u}_2{}^*} \\ \boxed{{}^t\boldsymbol{u}_3{}^*} \\ \vdots \end{bmatrix} \begin{bmatrix} \boxed{\boldsymbol{u}_1} & \boxed{\boldsymbol{u}_2} & \boxed{\boldsymbol{u}_3} & \cdots \end{bmatrix}
$$

$$
= \begin{bmatrix} {}^t\boldsymbol{u}_1{}^*\boldsymbol{u}_1 & {}^t\boldsymbol{u}_1{}^*\boldsymbol{u}_2 & {}^t\boldsymbol{u}_1{}^*\boldsymbol{u}_3 & \cdots \\ {}^t\boldsymbol{u}_2{}^*\boldsymbol{u}_1 & {}^t\boldsymbol{u}_2{}^*\boldsymbol{u}_2 & {}^t\boldsymbol{u}_2{}^*\boldsymbol{u}_3 & \cdots \\ {}^t\boldsymbol{u}_3{}^*\boldsymbol{u}_1 & {}^t\boldsymbol{u}_3{}^*\boldsymbol{u}_2 & {}^t\boldsymbol{u}_3{}^*\boldsymbol{u}_3 & \cdots \\ \vdots & \vdots & \vdots & \ddots \end{bmatrix}
$$

$$
= \begin{bmatrix} \overset{1}{\boxed{\boldsymbol{u}_1\cdot\boldsymbol{u}_1}} & \overset{0}{\boxed{\boldsymbol{u}_1\cdot\boldsymbol{u}_2}} & \overset{0}{\boxed{\boldsymbol{u}_1\cdot\boldsymbol{u}_3}} & \cdots \\ \overset{0}{\boxed{\boldsymbol{u}_2\cdot\boldsymbol{u}_1}} & \overset{1}{\boxed{\boldsymbol{u}_2\cdot\boldsymbol{u}_2}} & \overset{0}{\boxed{\boldsymbol{u}_2\cdot\boldsymbol{u}_3}} & \cdots \\ \overset{0}{\boxed{\boldsymbol{u}_3\cdot\boldsymbol{u}_1}} & \overset{0}{\boxed{\boldsymbol{u}_3\cdot\boldsymbol{u}_2}} & \overset{1}{\boxed{\boldsymbol{u}_3\cdot\boldsymbol{u}_3}} & \cdots \\ \vdots & \vdots & \vdots & \ddots \end{bmatrix}
$$

$\boldsymbol{u}_i \cdot \boldsymbol{u}_j = \delta_{ij} = \begin{cases} 1 & (i = j) \\ 0 & (i \neq j) \end{cases}$
を利用する。

$$
= \begin{bmatrix} 1 & 0 & 0 & \cdots \\ 0 & 1 & 0 & \cdots \\ 0 & 0 & 1 & \cdots \\ \vdots & \vdots & \vdots & \ddots \end{bmatrix} = \boldsymbol{I}\ (\text{単位行列})
$$
となるからなんだね。大丈夫？

それでは，次に，(i) エルミート演算子 $\hat{A}_H$ とエルミート行列 A_H の関係，および (ii) ユニタリ演算子 $\hat{U}_U$ とユニタリ行列 U_U の関係についても示しておこう。

(i) エルミート演算子 $\hat{A}_H$ の特徴は，任意の 2 つの波動関数 f, g について，

$(f,\ \hat{A}_H g) = (\hat{A}_H f,\ g)$ ………① が成り立つことだった。

移動できる

そして，①の左辺は，行列形式で書き換えると，エルミート行列 A_H を用いて，

$(f,\ \hat{A}_H g) = {}^t\boldsymbol{f}^* A_H \boldsymbol{g}$ ………$(*z_0)'$ と表すことができた。

では次，①の右辺も調べてみよう。ここで，一般に，2 つの行列 A, B の

積の転置行列の公式：${}^t(\boldsymbol{A}\cdot\boldsymbol{B}) = {}^t\boldsymbol{B}\cdot{}^t\boldsymbol{A}$ ……$(*i_1)$ と，

エルミート行列の定義：${}^t\boldsymbol{A_H}^* = \boldsymbol{A_H}$ ……$(*g_1)'$ を利用して，①の右辺も同様に行列形式で書き換えると，

$$(\hat{A}_H f,\ g) = \underbrace{{}^t(\boldsymbol{A_H f})^*}_{({}^t\boldsymbol{f}\cdot{}^t\boldsymbol{A_H})^*\ ((*i_1)より)}\boldsymbol{g} = ({}^t\boldsymbol{f}\ {}^t\boldsymbol{A_H})^*\boldsymbol{g}$$

$$= {}^t\boldsymbol{f}^*\ \underbrace{{}^t\boldsymbol{A_H}^*}_{\boldsymbol{A_H}\ ((*g_1)'より)}\boldsymbol{g} = {}^t\boldsymbol{f}^*\boldsymbol{A_H g}$$ となって，

①の左辺の行列形式の結果$(*z_0)'$と一致することが分かったでしょう。

(ii) 次，ユニタリ演算子$\hat{U}_U$とユニタリ行列$\boldsymbol{U_U}$の関係は明解だね。

ユニタリ演算子$\hat{U}_U$が，

$\hat{U}_U^\dagger \hat{U}_U = \hat{U}_U \hat{U}_U^\dagger = 1$ ……$(*d_1)$ と，$\hat{U}_U^\dagger = \hat{U}_U^{-1}$ ……$(*e_1)$ を

みたすのに対応して，ユニタリ行列$\boldsymbol{U_U}$も，

${}^t\boldsymbol{U_U}^*\boldsymbol{U_U} = \boldsymbol{U_U}\,{}^t\boldsymbol{U_U}^* = \boldsymbol{I}$ ……$(*h_1)$ と，${}^t\boldsymbol{U_U}^* = \boldsymbol{U_U}^{-1}$ ……$(*h_1)'$ を

みたすんだね。納得いった？

では，最後のテーマの解説に入ろう。エルミート演算子$\hat{A}_H$についても，ここでは，固有値と固有関数の関係式：

$\hat{A}_H\psi_i = C_i\psi_i$ ……$(*)'$ が成り立つことを前提にしていないため，

$(f,\ \hat{A}_H g) = {}^t\boldsymbol{f}^*\boldsymbol{A_H g}$ ……$(*z_0)'$ の式の中のエルミート行列$\boldsymbol{A_H}$は，

一般に対角行列ではないと考えよう。しかし，**P224**で示した，ユニタリ演算子による演算子$\hat{A}$と$\hat{A}'$の変換公式：

$\underset{D\,(対角行列)}{\hat{A}} = \hat{U}_U^{-1}\underset{A_H\,(エルミート行列)}{\hat{A}'}\hat{U}_U$ ……$(*f_1)$ を利用して，エルミート行列$\boldsymbol{A_H}$を対角行列

$\boldsymbol{D}$に変換できる。$(*f_1)$の式について，$\hat{A}\to\boldsymbol{D}$，$\hat{U}_U\to\boldsymbol{U_U}$，$\hat{A}'\to\boldsymbol{A_H}$と

（$\boldsymbol{D}$："対角行列"（*diagonal matrix*）の頭文字をとった。）

置き換えると，これは，数学的には"エルミート行列$\boldsymbol{A_H}$のユニタリ行列$\boldsymbol{U_U}$による対角化の問題"に帰着し，次の方程式が導けるんだね。

$\boldsymbol{D} = \boldsymbol{U_U}^{-1}\boldsymbol{A_H}\boldsymbol{U_U}$ ……$(*f_1)''$

この$(*f_1)''$について，これから詳しく解説しよう。

● A_H は U_U により対角化できる！

エルミート行列 A_H のユニタリ行列 U_U による対角化のための準備として，まず，エルミート行列 A_H の固有値 λ_i と固有ベクトル $\boldsymbol{u}_i$ $(i = 1, 2, 3, \cdots)$ について，考えよう。

一般に，エルミート行列 A_H について，異なる実数の固有値 λ_i, λ_j が存在するとき，それぞれに対応する規格化(正規化)された固有ベクトル $\boldsymbol{u}_i$ と $\boldsymbol{u}_j$ は互いに直交するんだね。このことを証明しておこう。

$A_H \boldsymbol{u}_i = \lambda_i \boldsymbol{u}_i$ ………①　　$A_H \boldsymbol{u}_j = \lambda_j \boldsymbol{u}_j$ ………②

ここで，$\lambda_i(\boldsymbol{u}_i \cdot \boldsymbol{u}_j)$ を変形すると，

（これは，$\boldsymbol{u}_i$ と $\boldsymbol{u}_j$ の内積を表す。）

$$\lambda_i(\boldsymbol{u}_i \cdot \boldsymbol{u}_j) = \lambda_i \boldsymbol{u}_i \cdot \boldsymbol{u}_j = A_H \boldsymbol{u}_i \cdot \boldsymbol{u}_j = {}^t(A_H \boldsymbol{u}_i)^* \boldsymbol{u}_j$$

（①より）

（内積のイメージは，▭* ▯ と計算すればいい。）

$$= ({}^t\boldsymbol{u}_i\, {}^tA_H)^* \boldsymbol{u}_j = {}^t\boldsymbol{u}_i^*\, {}^tA_H^*\, \boldsymbol{u}_j$$

（${}^t(AB) = {}^tB\,{}^tA$ より）　（A_H ($\because A_H$ はエルミート行列)）

$$= {}^t\boldsymbol{u}_i^* A_H \boldsymbol{u}_j = {}^t\boldsymbol{u}_i^* \lambda_j \boldsymbol{u}_j$$

（②より）

$$= \lambda_j\, {}^t\boldsymbol{u}_i^* \boldsymbol{u}_j = \lambda_j(\boldsymbol{u}_i \cdot \boldsymbol{u}_j)$$

よって，$\lambda_i(\boldsymbol{u}_i \cdot \boldsymbol{u}_j) = \lambda_j(\boldsymbol{u}_i \cdot \boldsymbol{u}_j)$　より，

$(\lambda_i - \lambda_j)(\boldsymbol{u}_i \cdot \boldsymbol{u}_j) = 0$　　ここで，$\lambda_i \neq \lambda_j$　より，

（0 ($\because \lambda_i \neq \lambda_j$)）

$\boldsymbol{u}_i \cdot \boldsymbol{u}_j = 0$，すなわち $\boldsymbol{u}_i$ と $\boldsymbol{u}_j$ は直交するんだね。

ここで，話を簡単化するために，∞次のエルミート行列 A_H が異なる固有値 λ_i と，それに対応する規格化(正規化)された∞次元の固有ベクトル $\boldsymbol{u}_i$ $(i = 1, 2, 3, \cdots)$ をもつものとする。すると，

（(∞行∞列)のこと。）

$A_H \boldsymbol{u}_1 = \lambda_1 \boldsymbol{u}_1$ ……③，$A_H \boldsymbol{u}_2 = \lambda_2 \boldsymbol{u}_2$ ……④，$A_H \boldsymbol{u}_3 = \lambda_3 \boldsymbol{u}_3$ ……⑤，…

と表せるので，これら③，④，⑤，… を 1 つの方程式にまとめると，

$$A_H[\boldsymbol{u}_1\ \boldsymbol{u}_2\ \boldsymbol{u}_3\ \cdots] = [\lambda_1 \boldsymbol{u}_1\ \ \lambda_2 \boldsymbol{u}_2\ \ \lambda_3 \boldsymbol{u}_3\ \cdots]$$

この右辺をさらに変形すると，

$$\underbrace{A_H[\boldsymbol{u}_1\ \boldsymbol{u}_2\ \boldsymbol{u}_3\ \cdots]}_{U_U}=\underbrace{[\boldsymbol{u}_1\ \boldsymbol{u}_2\ \boldsymbol{u}_3\ \cdots]}_{U_U}\underbrace{\begin{bmatrix}\lambda_1 & 0 & 0 & \cdots\\ 0 & \lambda_2 & 0 & \cdots\\ 0 & 0 & \lambda_3 & \cdots\\ \vdots & \vdots & \vdots & \ddots\end{bmatrix}}_{D}\ \cdots\cdots⑥$$

と表せるんだね。

ここで，⑥の中の行ベクトル $[\boldsymbol{u}_1\ \boldsymbol{u}_2\ \boldsymbol{u}_3\ \cdots]$ の各列ベクトル $\boldsymbol{u}_i$ と $\boldsymbol{u}_j$ は，

$\boldsymbol{u}_i\cdot\boldsymbol{u}_j=\delta_{ij}=\begin{cases}1 & (i=j\text{のとき})\\ 0 & (i\neq j\text{のとき})\end{cases}$ の性質をみたすので，

$[\boldsymbol{u}_1\ \boldsymbol{u}_2\ \boldsymbol{u}_3\ \cdots]$ は，ユニタリ行列 U_U とおくことができる。

また，固有値 λ_1，λ_2，λ_3，… を対角成分にもつ，⑥の対角行列を D とおくと，⑥は，

$A_H U_U=U_U D$ ………⑥′　となる。

よって，⑥′の両辺に U_U の逆行列 U_U^{-1} を左からかけると，

$D=U_U^{-1}A_H U_U$ ………$(*j_1)$　が導けるんだね。納得いった？

> 一般に，エルミート行列 A_H が与えられると，$A_H\boldsymbol{x}=\lambda\boldsymbol{x}$ より，
> $(A_H-\lambda I)\boldsymbol{x}=\boldsymbol{0}$　ここで，$\boldsymbol{x}$ は自明な解 $\boldsymbol{0}$ 以外の解をもつので，
> $|A_H-\lambda I|=0$ となる。よって，この固有方程式 $|A_H-\lambda I|=0$ を解いて，
> $\lambda=\lambda_1$，λ_2，λ_3，…と固有値を求め，それぞれに対応した固有ベクトル
> $\boldsymbol{x}_1$，$\boldsymbol{x}_2$，$\boldsymbol{x}_3$，…を求める。そして，これら固有ベクトルを規格化（正規化）したものを，$\boldsymbol{u}_1$，$\boldsymbol{u}_2$，$\boldsymbol{u}_3$，…とおくと，これからユニタリ行列 U_U が
> $U_U=[\boldsymbol{u}_1\ \boldsymbol{u}_2\ \boldsymbol{u}_3\ \cdots]$ により求められる。このユニタリ行列を用いて，
> エルミート行列 A_H は，$U_U^{-1}A_H U_U$ により対角化できるんだね。
> この一連の流れの具体的な計算練習については，
> **「線形代数キャンパス・ゼミ」**や**「演習 線形代数キャンパス・ゼミ」**で
> 学習されることを勧める。

このA_Hの対角化の操作を演算子　$D = U_U{}^{-1} A_H U_U$ ……(*j₁)
との関係で確認しておこう。

まず，波動関数 f と g は，波動関数 f' と g' それぞれにユニタリ演算子 $\hat{U}_U$ を作用させたものとすると，

$f = \hat{U}_U f'$ ………①　　$g = \hat{U}_U g'$ ………②　となる。

これを，行列形式で示すと，

$\boldsymbol{f} = U_U \boldsymbol{f}'$ ………①′　　$\boldsymbol{g} = U_U \boldsymbol{g}'$ ………②′　となるんだね。

よって，$(f,\ \hat{A}_H g)$ は，次のように変形できる。

$$(f,\ \hat{A}_H g) = {}^t\boldsymbol{f}^* A_H \boldsymbol{g} = {}^t(U_U \boldsymbol{f}')^* A_H U_U \boldsymbol{g}'$$

${}^t\boldsymbol{f}^* = {}^t(U_U \boldsymbol{f}')^*$，$\boldsymbol{g} = U_U \boldsymbol{g}'$，$({}^t\boldsymbol{f}' \cdot {}^tU_U)^* = {}^t\boldsymbol{f}'^* \cdot {}^tU_U{}^*$，${}^tU_U{}^* = U_U{}^{-1}$

$$= {}^t\boldsymbol{f}'^* (U_U{}^{-1} A_H U_U) \boldsymbol{g}'$$

$U_U{}^{-1} A_H U_U = D$ (対角行列) ((*j₁)より)

$$= {}^t\boldsymbol{f}'^* D \boldsymbol{g}' = (f',\ \hat{D} g')$$　となるんだね。

①,②より，$f' = \hat{U}_U{}^{-1} f$，$g' = \hat{U}_U{}^{-1} g$ となるので，逆ユニタリ演算子 $\hat{U}_U{}^{-1}$ によって，波動関数 $f,\ g$ を $f',\ g'$ に変換することにより，エルミート演算子 $\hat{A}_H$ のエルミート行列 A_H を対角行列 D に変換していたんだね。これで，すべてご理解頂けたと思う。

以上で，「**量子力学キャンパス・ゼミ**」の講義は，すべて終了です！1次元問題に絞って解説してきたんだけれど，これで量子力学の基本的な考え方をマスターすることができるので，この後シッカリ反復練習して，是非実力を定着させて頂きたい。読者の皆様のさらなるご成長を祈りつつ……。

マセマ代表　馬場敬之（けいし）

講義 4 ● 量子力学と演算子法　公式エッセンス

1. エルミート共役とエルミート演算子

(1) $(\hat{A}u,\ v)=(u,\ \hat{B}v)$ が成り立つとき，
　$\hat{B}$ は $\hat{A}$ のエルミート共役といい，$\hat{B}=\hat{A}^\dagger$ と表す。

(2) $(\hat{A}u,\ v)=(u,\ \hat{A}v)$ が成り立つとき，$\hat{A}$ をエルミート演算子という。
　$\hat{A}$ がエルミート演算子であるとき，
　$\hat{A}u_n=\lambda_n u_n$　(u_n：固有関数，λ_n：実数の固有値) となり，
　固有関数列 $\{u_n\}$ は，正規直交系である。

2. 演算子の交換関係

(1) $\hat{A}$ と $\hat{B}$ の交換子 $[\hat{A},\ \hat{B}]$ を，$[\hat{A},\ \hat{B}]=\hat{A}\hat{B}-\hat{B}\hat{A}$ で定義する。

(2) $[\hat{A},\ \hat{B}]=0$ のとき可換，$[\hat{A},\ \hat{B}]\neq 0$ のとき非可換という。

3. 演算子法による調和振動子の解法

(1) $\hat{a}=\dfrac{1}{\sqrt{2m\hbar\omega}}(m\omega\hat{x}+i\hat{p})$，$\hat{a}^\dagger=\dfrac{1}{\sqrt{2m\hbar\omega}}(m\omega\hat{x}-i\hat{p})$ とおくと，
　$\hat{H}=\dfrac{\hbar\omega}{2}(\hat{a}\hat{a}^\dagger+\hat{a}^\dagger\hat{a})$ となる。$(\hat{H}\psi_n=E_n\psi_n)$

(2) $\hat{a}$ は消滅演算子で，$\hat{a}\psi_n=\sqrt{n}\,\psi_{n-1}$ となり，
　$\hat{a}^\dagger$ は生成演算子で，$\hat{a}^\dagger\psi_n=\sqrt{n+1}\,\psi_{n+1}$ となる。

4. 演算子の行列形式

(1) $(f,\ \hat{A}g)$ の行列形式

$$(f,\ \hat{A}g)={}^t\boldsymbol{f}^*A\,\boldsymbol{g}=\begin{bmatrix} f_1^* & f_2^* & \cdots \end{bmatrix}\begin{bmatrix} a_{11} & a_{12} & \cdots \\ a_{21} & a_{22} & \cdots \\ \vdots & \vdots & \ddots \end{bmatrix}\begin{bmatrix} g_1 \\ g_2 \\ \vdots \end{bmatrix}$$

(2) エルミート行列 A_H とユニタリ行列 U_U
　(i) ${}^tA_H^*=A_H$　　(ii) ${}^tU_U^*=U_U^{-1}$

(3) エルミート行列 A_H は，ユニタリ行列 U_U を用いて，
　$U_U^{-1}A_HU_U$ を計算することにより，対角化できる。

◆◆ Appendix（付録）◆◆

1. 相対論を考慮に入れたラグランジアン L

粒子の速度 v が，光の速度 c （$\fallingdotseq 2.998 \times 10^8$ m/s）に対して無視できない大きさである場合，質量 m の自由粒子のラグランジアンを L とおくと，自由粒子なので，そのポテンシャル V は無視できる。

ここで，一般に，"作用積分"（*action integral*）I は，ラグランジアン L を用いて，次のように表される。

$$I = \int_{t_1}^{t_2} L\,dt \cdots\cdots ① \quad (t,\ t_1,\ t_2 : \text{時刻})$$

この変分 δI が，$\delta I = 0$ のとき，最小作用の原理から，オイラー・ラグランジュの方程式：$\dfrac{d}{dt}\left(\dfrac{\partial L}{\partial \dot{x}}\right) - \dfrac{\partial L}{\partial x} = 0$ が導ける。（「**解析力学キャンパス・ゼミ**」参照）

一方，4 次元時空において，右のローレンツ変換によっても不変な世界点（*world-point*）の間の距離を s とおくと，s^2 は，

$$s^2 = c^2t^2 - x^2 - y^2 - z^2$$

で表される。この微小量を ds とおくと，

ローレンツ変換の行列表示

$$\begin{bmatrix} ct' \\ x' \\ y' \\ z' \end{bmatrix} = \begin{bmatrix} \gamma & -\frac{v}{c}\gamma & 0 & 0 \\ -\frac{v}{c}\gamma & \gamma & 0 & 0 \\ 0 & 0 & 1 & 0 \\ 0 & 0 & 0 & 1 \end{bmatrix} \begin{bmatrix} ct \\ x \\ y \\ z \end{bmatrix}$$

$\left(\text{ローレンツ因子 } \gamma = \dfrac{1}{\sqrt{1 - \dfrac{v^2}{c^2}}}\right)$

$$ds = \sqrt{c^2dt^2 \underbrace{- dx^2 - dy^2 - dz^2}_{-(dx^2+dy^2+dz^2) = -dr^2}}$$

$$= \sqrt{c^2dt^2 - dr^2} = c\sqrt{1 - \frac{1}{c^2}\left(\frac{dr}{dt}\right)^2}\,dt \quad \text{となる。}$$

（$\dfrac{dr}{dt}$：自由粒子の速度 v のこと）

$$\therefore\ ds = c\sqrt{1 - \frac{v^2}{c^2}}\,dt \cdots\cdots ② \quad \text{となる。}$$

ここで，相対性理論において，自由粒子に対する作用積分 I は，②の ds に，係数 $-a\,(a > 0)$ をかけたものを被積分関数として，次の定積分で表される。

$I = -a\int_{s_1}^{s_2} ds$ ……③

③に，②を代入して，時刻 t による定積分に書き換えると，

$I = -ac\int_{t_1}^{t_2} \sqrt{1-\frac{v^2}{c^2}}\,dt$ ……④ となる。

（ただし，$s_1 \to s_2$ のとき，$t_1 \to t_2$ とする）

ここで，①と④の被積分関数を比較して，さらに，$v \ll c$ すなわち $\frac{v}{c} \fallingdotseq 0$ の場合，つまり相対論を考慮しなくてよい場合を考えると，

$L = -ac\sqrt{1-\left(\frac{v}{c}\right)^2} \fallingdotseq -ac\left(1-\frac{1}{2}\cdot\frac{v^2}{c^2}\right)$ ……⑤ となる。

$\left\{1-\left(\frac{v}{c}\right)^2\right\}^{\frac{1}{2}} \fallingdotseq 1-\frac{1}{2}\left(\frac{v}{c}\right)^2$ ← $\alpha \fallingdotseq 0$ のとき，$(1+\alpha)^n \fallingdotseq 1+n\alpha$

$\therefore L = -ac + \frac{av^2}{2c}$ ……⑥ （ただし，$v \ll c$）である。

$v \ll c$ のとき，自由粒子のラグランジアン L は，ポテンシャル $V=0$ より，

$L = \frac{1}{2}mv^2 + C_1$ ……⑦ （C_1：定数）← 定数項 C_1 が，存在しても L は，オイラー・ラグランジュの方程式をみたす。

と表される。ここで，

$a = mc$ ……⑧ とおいて，⑧を⑥に代入すると，

$L = \frac{mcv^2}{2c} - mc^2 = \frac{1}{2}mv^2 \underline{-mc^2}$ となって，⑦をみたす。

（定数 C_1 のこと）

⑤の元の式は，相対論を考慮に入れたラグランジアンであるが，これは当然，$v \ll c$ のときの相対論を考慮に入れなくていい場合の式⑦をみたさないといけない。つまり必要条件から，定数 a の値を⑧のように定めたんだね。納得いった？

これから，⑧を⑤の元の式に代入すると，相対性理論を考慮に入れた，ラグランジアン L が，次のように表されることが分かるんだね。

$$L = -mc^2\sqrt{1-\frac{v^2}{c^2}} \quad \cdots\cdots (*p)$$

（P40参照）

補充問題 1　●不確定性原理と原子の直径●

直径が a(m) の原子中にある電子の運動エネルギーの平均 E が，$E = 2.42 \times 10^{-18}$(J) であるとき，不確定性原理から，近似式：$\Delta x \cdot \Delta p \fallingdotseq \hbar$ ……(＊) $\left(\Delta x \fallingdotseq \frac{a}{2}\right)$ が成り立つものとして直径 a の近似値を求めよ。(ただし $\hbar = 1.05 \times 10^{-34}$(J・s)，電子の質量 $m = 9.1 \times 10^{-31}$(kg)，x と p はそれぞれ電子の位置と運動量を表すものとする。)

ヒント！ $<x> = <p> = 0$，$\Delta p = \sqrt{<p^2> - <p>^2}$ などの式から解いていけばいいんだね。

解答＆解説

電子は，原子の原子核を中心に運動していると考えられるので，原子核の位置を原点 0 とすると，電子の位置 x と運動量 p の平均は共に 0 となる。

よって，$<x> = 0$ と $<p> = 0$ ……①

次に，x のバラツキを Δx とおくと，これは題意より原子の半径 $\frac{a}{2}$ で近似できるので $\Delta x \fallingdotseq \frac{a}{2}$ ……② となる。②を不確定性原理を表す式(＊)に代入すると，

$\frac{a}{2} \cdot \Delta p \fallingdotseq \hbar$ より，$\Delta p \fallingdotseq \frac{2\hbar}{a}$ ……(＊)′ となる。

また p のバラツキ Δp は，$\Delta p = \sqrt{<p^2> - <p>^2}$ より，

$\sigma p = \sqrt{E[p^2] - E[p]^2}$

0^2 (①より)

p^2 の平均 $<p^2>$ は $<p^2> = (\Delta p)^2$ ……③ となる。③に(＊)′ を代入して，

$<p^2> \fallingdotseq \frac{4\hbar^2}{a^2}$ ……④ となる。よって，電子の運動エネルギーの平均 E は，

$E = \frac{<p^2>}{2m}$ ……⑤ とおけるので，⑤に④を代入して，

$E \fallingdotseq \frac{1}{2m} \cdot \frac{4\hbar^2}{a^2} = \frac{2\hbar^2}{ma^2} \quad \therefore a \fallingdotseq \sqrt{\frac{2\hbar^2}{mE}}$ ……⑥ となる。

⑥に $\hbar$ と m と E の値を代入すると，原子の直径 a は近似的に，

$a \fallingdotseq \sqrt{\frac{2 \times (1.05 \times 10^{-34})^2}{9.1 \times 10^{-31} \times 2.42 \times 10^{-18}}} = 1.00 \times 10^{-10}(\mathrm{m}) = 1.00(\text{Å})$ となる。…(答)

 Term・Index 

あ行

か行

さ行

メモ

スバラシク実力がつくと評判の
量子力学 キャンパス・ゼミ
改訂 6

著　者　馬場 敬之
発行者　馬場 敬之
発行所　マセマ出版社
〒 332-0023 埼玉県川口市飯塚 3-7-21-502
TEL 048-253-1734　FAX 048-253-1729
Email：info@mathema.jp
https://www.mathema.jp

編　集　清代 芳生
校閲・校正　高杉 豊　秋野 麻里子
制作協力　間宮 栄二　冨木 朋子
町田 朱美
カバーデザイン　馬場 冬之
ロゴデザイン　馬場 利貞
印刷所　中央精版印刷株式会社

平成 27 年 6 月 28 日　初版発行
平成 27 年 12 月 7 日　改訂 1 4 刷
平成 29 年 12 月 13 日　改訂 2 4 刷
令和 元 年 5 月 24 日　改訂 3 4 刷
令和 3 年 4 月 14 日　改訂 4 4 刷
令和 4 年 12 月 12 日　改訂 5 4 刷
令和 6 年 4 月 17 日　改訂 6 初版発行

ISBN978-4-86615-334-6 C3042